中等职业教育非机械类专业教材

机 械 制 图

少学时

第 9 版

金大鹰　主编

机 械 工 业 出 版 社

本书依据中等职业学校《机械制图教学大纲》，参照制图员国家职业标准对制图基础理论的要求，在非机械类专业规划教材《机械制图（少学时）》第8版的基础上，体现课程改革和创新，按立体化教材建设思路，采用现行机械制图国家标准修订而成。

全书共九章，前八章为必修内容，第九章管路图为选学内容。此次修订，更换了较难图例，适当降低理论要求，调整并优化部分章节的内容。本书以识读一面视图为手段，培养学生创新精神；为提高看图能力，编有看图材料和看图方法指导；注重培养学生综合实践能力和动手能力，加强零部件测绘和徒手画草图的训练，增强学生就业的竞争力。

新设计制作的电子课件与本书配套且互补。全面修订了习题集答案并附精准的立体图，提升立体感，减轻学生作业负担。使用本书配套的二维码和 AR 技术及微课、教学法指导书等整套教学资源，可以提高教学质量。

本书适合于中等专业学校、技工学校、职业高中等非机械类各专业的制图教学，也可作为职业培训教材使用。

图书在版编目（CIP）数据

机械制图：少学时/金大鹰主编. —9 版. —北京：机械工业出版社，2019. 11（2024. 6重印）
中等职业教育非机械类专业教材
ISBN 978-7-111-64113-1

Ⅰ.①机… Ⅱ.①金… Ⅲ.①机械制图–中等专业学校–教材 Ⅳ.①TH126

中国版本图书馆 CIP 数据核字（2019）第 242090 号

机械工业出版社（北京市百万庄大街22 号 邮政编码100037）
策划编辑：张 萍 责任编辑：张 萍 丁 锋 张亚秋
责任校对：王明欣 樊钟英 封面设计：马精明
责任印制：常天培
固安县铭成印刷有限公司印刷
2024 年 6 月第 9 版第 5 次印刷
184mm×260mm · 14.75 印张 · 365 千字
标准书号：ISBN 978-7-111-64113-1
定价：39.00 元

电话服务 网络服务
客服电话：010-88361066 机 工 官 网：www.cmpbook.com
010-88379833 机 工 官 博：weibo.com/cmp1952
010-68326294 金 书 网：www.golden-book.com
封底无防伪标均为盗版 机工教育服务网：www.cmpedu.com

前　言

　　本书是根据国务院 2014 年颁发的《关于加快发展现代职业教育的决定》及教育部 2010 年制定的《中等职业学校机械制图教学大纲》的要求，在非机械类《机械制图（少学时）》第 8 版基础上，采用现行机械制图国家标准，参照制图员国家职业标准对制图基础理论的要求修订而成的。与金大鹰主编的《机械制图习题集（少学时）》第 9 版配套使用。

　　此次修订，以行业需求为导向，以学生的综合职业能力为中心，体现识图为主、画图为辅的编写原则，力求体系安排合理，知识有序衔接且深浅适中。本书有如下特点：

　　从社会发展对人才的需要出发，培养学生创新精神和实践能力，特设一节识读一面视图，以增强空间想象能力和创造力。适当降低理论要求，增加一些实际应用的零件图和装配图识读内容。选学内容（书中标"＊"者）——管路图是为适应职业变化需要安排的。

　　与职业能力对接，以科学理论为支持，本书以体开篇，揭示画图的实质；以直观图（轴测图）为媒介，阐明空间（物）与平面（图）之间的转化规律。识读一面视图，以一题多解为主要特征，使学生走上正确的看图之路，从中激发学生的学习兴趣，增强形象思维和构形能力。

　　为提高看图能力，从投影作图到装配图都编写与教学进程相应的看图材料，并编有看图方法指导。在几何体、切割体和剖视图中，带答案的扩展题有一定难度，通过教师引导，使学生在反复看图实践中，悟出对看图有益且有规律的理论知识。

　　为强化看图方法和技能的训练，组合体习题较多，应采用讲练结合的办法，学生先做题，教师有针对性地讲解，学生继续做，教师做总结，边做边讲，边做边学，精讲多练，师生互动，促使学生主动学习，充分体现"做中教"与"做中学"的职业教育创新理念，利于提升学生解决问题的能力。

　　职业教育突出实际技能操作的培养，与未来岗位对接，培养学生综合实践能力和动手能力，加强画图、零部件测绘和徒手画草图训练，增强学生就业的竞争力。

　　习题集与教材内容同步、配套且互补，有答案并附有立体图，题型多、角度新，有巩固知识的基本题，开发智能的趣题，还有问答、填空、改错和"一补二、二补三"的补图、补线题，使学生得到有效的训练。

　　为实现立体化教学，我们完善了教材的配套资源，通过 AR、二维动画、微课等手段，打造全新机械制图立体化教材。教材配套资源包括："优视" APP、70 个二维动画、8 节微课、翔实版 PPT 课件（含丰富动画）、习题集答案和教学法建议等。选用本书的教师，可在机械工业出版社教育服务网（http://www.cmpedu.com），对教材相关配套资源进行免费下载。

　　➤打开"优视" APP，使用智能手机扫描书中零部件图片，即可通过交互的形式，实现零部件的自由旋转、拆分及组合，使零部件的结构一目了然。

➢ 使用智能手机扫描书中二维码,可直接观看书中相关知识点和关键操作步骤的动画,方便学生学习和理解课程内容。

➢ 8 节微课对机械制图课程中的重点、难点进行了详细讲解。

➢ 翔实版 PPT 课件,通过丰富的动画,生动地演示了绘图的过程。

本书适用于中等专业学校、技工学校、职业高中等非机械类各专业的制图教学,也可作为职业培训教材使用。

参加本书修订的有金大鹰、高俊芳、张鑫、王忠强、高航怡、邓毅红,金大鹰任主编。

由于我们的水平所限,书中的缺点在所难免,诚请读者批评指正。

编 者

目　　录

绪 论

根据投影原理、标准及有关规定，表示工程对象，并有必要的技术说明的图，称为图样。

本课程所研究的图样主要是机械图，用它来准确地表达机件的形状和尺寸，以及制造和检验该机件时所需要的技术要求，如图0-1所示。图中给出了拆卸器和横梁的立体图，这种图看起来很直观，但是它还不能把机件的真实形状、大小和各部分的相对位置确切地表示出来，因此生产中一般不采用这种图样。实际生产中使用的图样是用相互联系着的一组视图（平面图），如图0-1所示的装配图和零件图，它们就是用两个视图表达的。这种图虽然立体感不强，但却能够满足生产、加工零件和装配机器的一切要求，因此在机械行业中被广泛地采用。

在现代化的生产活动中，无论是机器的设计、制造、维修或是船舶、桥梁等工程的设计与施工，都必须依据图样才能进行（图0-1下部的直观图即表示依据图样在车床上加工轴零件的情形）。图样已成为人们表达设计意图、交流技术思想的工具和指导生产的技术文件。因此，作为生产一线的技术工人，必须具有画、看机械图的本领。

机械制图就是研究机械图样的绘制（画图）和识读（看图）规律的一门学科。

一、本课程的任务和要求

机械制图是工科职业学校最重要的一门专业基础课。其主要任务如下：

1）掌握正投影法的基本理论和作图方法。

2）能够正确执行制图国家标准及其有关规定。

3）能够正确使用常用的绘图工具绘图，并具有绘制草图的技能。

4）能绘制、识读中等复杂程度的零件图和简单的装配图。

5）培养创新精神和实践能力、团队合作与交流能力和良好的职业道德，以及严谨、敬业的工作作风。

二、本课程的学习方法

1. 要注重形象思维

制图课主要是研究怎样将空间物体用平面图形表示出来，怎样根据平面图形将空间物体的形状想象出来的一门学科，其思维方法独特（注重形象思维），故学习时一定要抓住"物""图"之间相互转化的方法和规律，注意培养自己的空间想象能力和思维能力。不注意这一点，即便学习很努力，也是徒劳无益的。

2. 要注重基础知识

制图是一门新课，其基础知识主要来自于本课自身，即从投影概念，点、直线、平面、

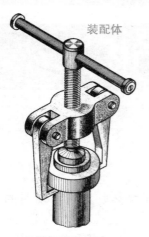

装配体

机器(装配体)都是由零件组合而成的。制造机器时，首先要根据零件图制造零件，再根据装配图把零件装配成机器。因此，图样是工程界的技术语言，是指导生产的技术文件。

零件

拆卸器的工作原理

顺时针转动把手2(见装配图)，压紧螺杆1随之转动。由于螺纹的作用，横梁5即同时沿螺杆上升，通过横梁两端的销轴6，带动两个抓子7上升，被抓子勾住的零件(套)也一起上升，直到将其从轴上拆下。

拆卸器立体图

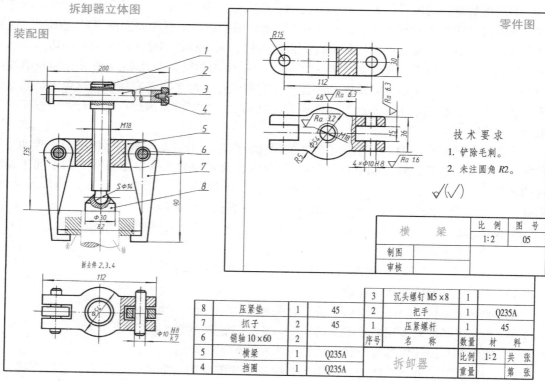

8	压紧垫	1	45	3	沉头螺钉 M5×8	1	
7	抓子	2	45	2	把手	1	Q235A
6	销轴 10×60	2		1	压紧螺杆	1	45
5	横梁	1	Q235A	序号	名 称	数量	材 料
4	挡圈	1	Q235A		拆卸器		

在车床上加工轴零件

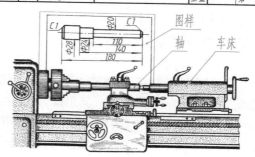

图 0-1　装配体、装配图，零件、零件图及依据图样加工零件

几何体的投影……一阶一阶地砌垒而成。基础打好了，才能为进入"组合体"的学习做好铺垫。

组合体在整个制图教学中具有重要地位，是学习画图、标注尺寸，尤其是训练看图的关键阶段。可以说，能够绘制、读懂组合体视图，画、看零件图就不会有困难了，故应特别注意组合体及其前段知识的学习，掌握画图、看图、标注尺寸的方法；否则，此后的学习将会严重受阻，甚至很难完成本课的学习任务。

3. 要注重作图实践

制图课的实践性很强，"每课必练"是本课的又一突出特点。就是说，若想学好这门课，使自己具有画图、看图的本领，只有完成一系列作业，认认真真、反反复复地"练"才能奏效。

综上所述，本课是以形象思维为主的新课，学习时切勿采用背记的方法，注意打好知识基础；只有通过大量的作图实践，才能不断提高看图和画图能力，达到本课最终的学习目标，圆满地完成"看、画零件图和装配图"的学习任务，为毕业后的工作创造一个有利的条件。

第一节　绘图工具和用品的使用

"工欲善其事，必先利其器"。正确地选择和使用绘图工具，是提高绘图质量和效率的前提。现将几种常用的绘图工具和用品的使用方法简介如下：

一、图板

图板是固定图纸用的矩形木板（图1-1）。一般用胶合板制成，板面要求平整光滑，左侧为导边，必须平直。使用时，应注意保持图板的整洁完好。

二、丁字尺

丁字尺由尺头和尺身构成（图1-1），主要用来画水平线。使用时，尺头内侧必须靠紧图板的导边，用左手推动丁字尺上、下移动，移动到所需位置后，改变手势，压住尺身，用右手由左至右画水平线，如图1-2所示。

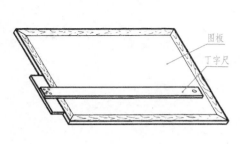

图1-1　图板和丁字尺

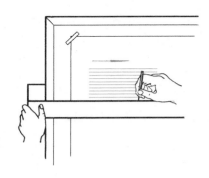

图1-2　用丁字尺画水平线

三、三角板

三角板由45°和30°-60°两块合成为一副。将三角板和丁字尺配合使用，可画出垂直线（图1-3）、倾斜线（图1-4）和一些常用的特殊角度，如15°、75°、105°等。

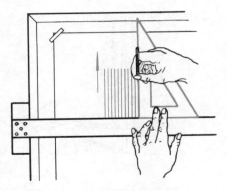

图 1-3　垂直线的画法

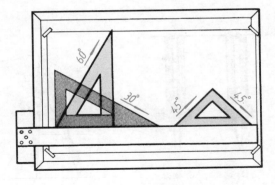

图 1-4　倾斜线的画法

四、圆规

圆规主要用来画圆或圆弧。圆规的附件有钢针插脚、铅芯插脚、鸭嘴插脚和延伸插杆等。画圆时，圆规的钢针应使用有肩台的一端，并使肩台与铅芯尖平齐。

圆规的使用方法如图 1-5、图 1-6 所示。

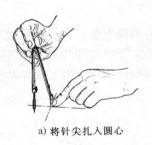

a) 将针尖扎入圆心　　　b) 圆规向画线方向倾斜　　　c) 画大圆时圆规两脚垂直纸面

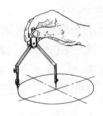

图 1-5　圆规的用法

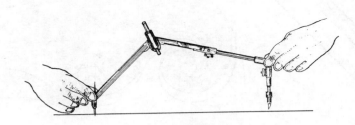

图 1-6　加入延伸插杆用双手画较大半径的圆

五、分规

分规是用来截取尺寸、等分线段和圆周的工具。

分规的两个针尖并拢时应对齐，如图 1-7a 所示；调整分规两脚间距离的手法如图 1-8 所示；用分规截取尺寸的手法如图 1-9 所示。

六、比例尺

比例尺俗称三棱尺（图 1-10），是供绘制不同比例的图形用的。

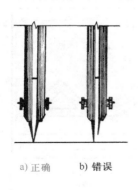

a) 正确　　　b) 错误

图 1-7　针尖对齐

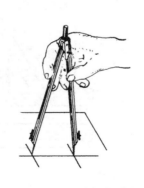

图 1-8　调整分规的手法

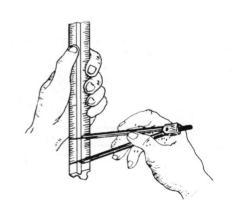

图 1-9　截取尺寸的手法

使用时，将比例尺放在图纸的作图部位，根据所需的刻度用笔尖在图纸上作一记号（或用针尖扎一小孔）。当同一尺寸需要次数较多时，可用分规在其上量出（图 1-9，注意勿损尺面），再在图线上截取。

比例尺只能用来量取尺寸，不可作为直尺画线用。

七、曲线板

曲线板用于绘制不规则的非圆曲线。使用时，应先徒手将曲线上各点轻轻地依次连成光滑的曲线，然后在曲线上找出足够的点，如图 1-11 那样，至少可使其画线边通过 1、2、3 点，在画出 1、2、3 点后，再移动曲线板，使其重新与 3 点相吻合，并画出 3 到 4 乃至 5 点间的曲线，以此类推，完成非圆曲线的作图。

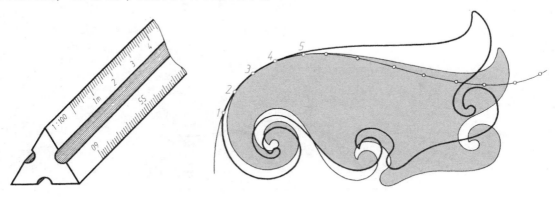

图 1-10　比例尺　　　　　　　　　　图 1-11　曲线板

描画对称曲线时，最好先在曲线板上标上记号，然后翻转曲线板，便能方便地按记号的位置描画对称曲线的另一半。

八、铅笔

铅笔分硬、中、软三种。标号有 6H、5H、4H、3H、2H、H、HB、B、2B、3B、4B、5B 和 6B 等 13 种。6H 最硬，HB 为中等硬度，6B 最软。

绘制图形底稿时，建议采用 2H 或 3H 铅笔，并削成尖锐的圆锥形；描深底稿时，建议采用 B 或 HB 铅笔，削成扁铲形。铅笔应从没有标号的一端开始使用，以便保留软硬的标号，如图 1-12 所示。

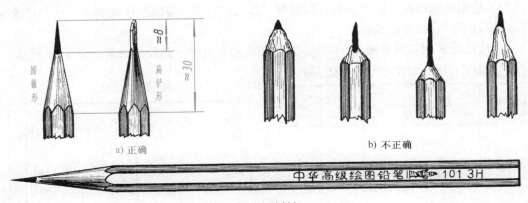

a) 正确　　　　　　b) 不正确

c) 从无字端削起

图 1-12　铅笔的削法

九、绘图纸

绘图纸要求质地坚实，用橡皮擦拭不易起毛。必须用图纸的正面画图。识别方法是用橡皮擦拭几下，不易起毛的一面即为正面。

画图时，将丁字尺尺头靠紧图板，以丁字尺上缘为准，将图纸摆正，然后绷紧图纸，用胶带纸将其固定在图板上。当图幅不大时，图纸宜固定在图板左下方，但图纸下方应留出足够放置丁字尺的地方，如图 1-13 所示。

除上述工具和用品外，必备的绘图用品还有橡皮、小刀、砂纸、胶带纸等。

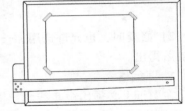

图 1-13　固定图纸的位置

<h2 align="center">第二节　制图的基本规定</h2>

国家标准《技术制图》是一项基础技术标准，是工程界各种专业技术图样的通则性规定；国家标准《机械制图》是一项机械专业制图标准，它们都是绘制、识读和使用图样的准绳。因此，我们必须认真学习和遵守这些规定。

现以"GB/T 4458.1—2002《机械制图　图样画法　视图》"为例，说明标准的构成。

国家标准(简称"国标")由标准编号(GB/T 4458.1—2002)和标准名称(机械制图　图样画法　视图)两部分构成。"GB"是国标两字的拼音缩写，与 GB 用斜线相隔的"T"表示"推荐性标准"，"4458.1"表示标准的顺序号，"2002"表示标准的批准年号；标准名称则表示这是机械制图标准图样画法中的视图部分。

本节将介绍制图标准中的图纸幅面、比例、字体和图线等基本规定中的主要内容。

一、图纸幅面和格式(GB/T 14689—2008)

1. 图纸幅面

为了使图纸幅面统一,便于装订和保管,以及符合缩微复制原件的要求,绘制技术图样时,应按以下规定选用图纸幅面。

1)应优先采用基本幅面(表 1-1)。基本幅面共有五种,其尺寸关系如图 1-14 所示。

表 1-1 图纸幅面尺寸 (单位:mm)

幅面代号	B×L	e	c	a
A0	841×1189	20	10	25
A1	594×841			
A2	420×594			
A3	297×420	10	5	
A4	210×297			

注:e、c、a 为留边宽度,参见图 1-15、图 1-16。

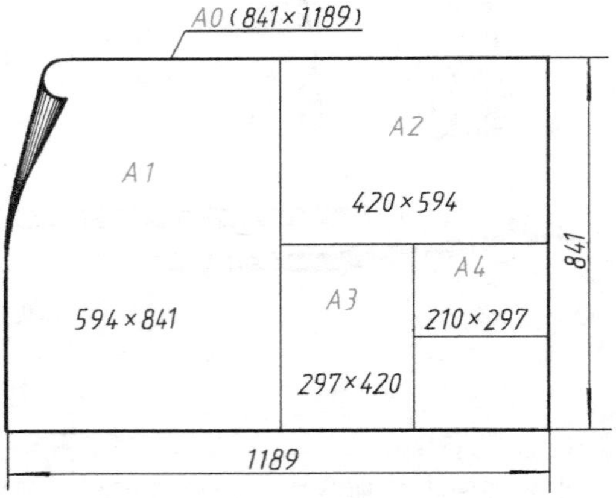

图 1-14 基本幅面的尺寸关系

2)必要时,也允许选用加长幅面。但加长幅面的尺寸必须由基本幅面的短边成整数倍增加后得出。

2. 图框格式

在图纸上必须用粗实线画出图框,其格式分为不留装订边(图 1-15)和留有装订边(图 1-16)两种(同一产品的图样只能采用一种格式),尺寸按表 1-1 的规定。

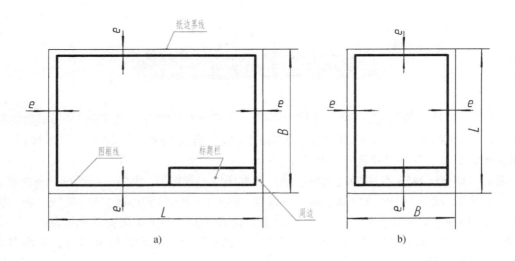

图 1-15 不留装订边的图框格式

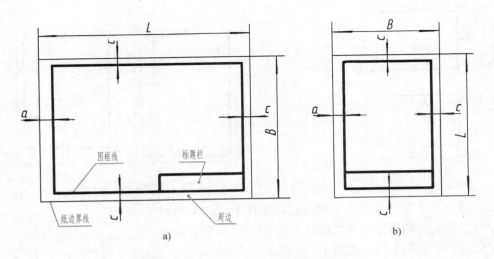

图 1-16　留有装订边的图框格式

3. 标题栏的方位与看图方向

每张图纸上都必须画出标题栏。标题栏的格式和尺寸应按 GB/T 10609.1—2008 的规定画出(标题栏长度为 180mm)。在制图作业中建议采用图 1-17 的格式和尺寸。

57		15	45	(13)	7
（图名）		比　例	材　料	图　号	
制图	（姓名）	（学号）	（校名、班级）		4×7(=28)
审核					
12	25	20	(73)		
		130			

图 1-17　制图作业标题栏的格式

标题栏的方位与看图方向密切相联。在正常情况下(指 A4 图纸竖放,其他图纸横放),标题栏的位置应位于图纸的右下角,如图 1-15、图 1-16 所示。此时,应按看标题栏的方向看图,即以标题栏中的文字方向为看图方向。但在特殊情况下,即指为了利用预先印制的图纸,即当 A4 图纸横放(图 1-18)、其他图纸竖放(图 1-19),且标题栏位于图纸右上角时,应按方向符号(三角形)指示的方向看图(用未预先印制的图纸画图时,其标题栏的方位和看图方向也应与上述规定一致)。

图 1-18 和图 1-19 中位于图纸各边中点处的粗实线短画,称为对中符号。这是为了便于图样复制和缩微摄影时定位方便而画出的,对基本幅面(含部分加长幅面)的各号图纸,均应画出对中符号。其画法是:线宽不小于 0.5mm,长度为从纸边界线开始至伸入图框线内约 5mm。当其处在标题栏范围内时,则伸入标题栏部分可省略不画,如图 1-18 所示。对中符号的位置误差应不大于 0.5mm。

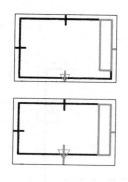

图 1-18   A4 图纸横放

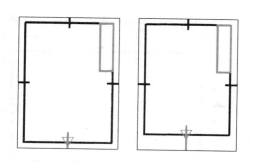

图 1-19   A3 等图纸竖放

方向符号为等边三角形，用细实线绘制在图纸的下边对中符号处，其大小和所处的位置如图 1-20 所示。画有方向符号的装订边位于图纸下边，如图 1-18、图 1-19 所示。

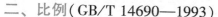

图 1-20   方向符号大小和位置

二、比例（GB/T 14690—1993）

1. 术语

（1）比例   图中图形与其实物相应要素的线性尺寸之比。

（2）原值比例   比值为 1 的比例，即 1：1。

（3）放大比例   比值大于 1 的比例，如 2：1 等。

（4）缩小比例   比值小于 1 的比例，如 1：2 等。

2. 比例系列

1）需要按比例绘制图样时，应由表 1-2 "优先选择系列" 中选取适当的比例。

2）必要时，也允许从表 1-2 "允许选择系列" 中选取适当的比例。

表 1-2   比例系列

种　　类	优先选择系列			允许选择系列				
原值比例	1：1			—				
放大比例	5：1	2：1		4：1		2.5：1		
	5×10^n：1	2×10^n：1	1×10^n：1	4×10^n：1		2.5×10^n：1		
缩小比例	1：2	1：5	1：10	1：1.5	1：2.5	1：3	1：4	1：6
	$1：2 \times 10^n$	$1：5 \times 10^n$	$1：1 \times 10^n$	$1：1.5 \times 10^n$	$1：2.5 \times 10^n$	$1：3 \times 10^n$	$1：4 \times 10^n$	$1：6 \times 10^n$

注：n 为正整数。

为了从图样上直接反映出实物的大小，绘图时应尽量采用原值比例。因各种实物的大小与结构千差万别，绘图时，应根据实际需要选取放大比例或缩小比例。

3. 标注方法

1）比例符号应以 "："表示。比例的表示方法如 1：1、1：2、2：1 等。

2）比例一般应标注在标题栏中的比例栏内。

不论采用何种比例，图形中所标注的尺寸数值必须是实物的实际大小，与图形的比例无关，如图 1-21 所示。

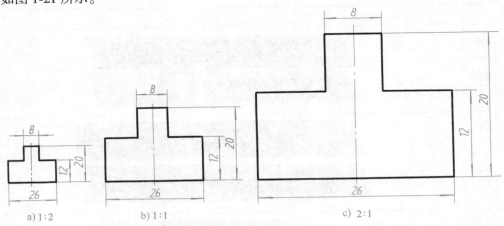

图 1-21　图形比例与尺寸数字

三、字体（GB/T 14691—1993）

1. 基本要求

1）在图样中书写的汉字、数值和字母，都必须做到"字体工整、笔画清楚、间隔均匀、排列整齐"。

2）字体高度代表字体的号数。例如：5 号字其字高为 5mm。

3）汉字应写成长仿宋体字，汉字的高度 h 不应小于 3.5mm，其字宽一般为 $h/\sqrt{2}$。

书写长仿宋体字的要领是横平竖直、注意起落、结构匀称、填满方格。初学者应打格子书写。书写时，笔画应一笔写成，不要勾描。另外，由于字形特征不同，切忌一律追求满格，对笔画少的字尤应注意，如"月"字不可写得与格子同宽；"工"字不要写得与格子同高；"图"字不能写得与格子同大等。

4）字母和数字可写成斜体和直体。斜体字字头向右倾斜，与水平基准线成 75°。

2. 字体示例

汉字、数字和字母的示例见表 1-3。

表 1-3　字体示例

字　体		示　　例
长仿宋体汉字	10 号	字体工整、笔画清楚、间隔均匀、排列整齐
	7 号	横平竖直 注意起落 结构均匀 填满方格
	5 号	技术制图石油化工机械电子汽车航空船舶土木建筑矿山井坑港口纺织焊接设备工艺
	3.5 号	螺纹齿轮端子接线飞行指导驾驶舱位挖填施工引水通风闸阀坝棉麻化纤

（续）

字 体		示 例
拉丁字母	大写斜体	ABCDEFGHIJKLMNOP QRSTUVWXYZ
	小写斜体	abcdefghijklmnopq rstuvwxyz
阿拉伯数字	斜体	0123456789
	正体	0123456789
罗马数字	斜体	IIIIIIIVVVVIVIIVIIIX X
	正体	IIIIIIIVVVVIVIIVIIIX X

四、图线（GB/T 17450—1998、GB/T 4457.4—2002）

1. 线型及图线尺寸

机械图样中主要采用如下九种图线，其名称、线型、宽度和一般应用见表 1-4。

表 1-4　机械制图的线型及其应用（摘自 GB/T 4457.4—2002）

图线名称	线 型	图线宽度	一般应用
粗实线	————————	d	1）可见轮廓线 2）可见边棱线
细实线	————————	$d/2$	1）尺寸线及尺寸界线 2）剖面线 3）过渡线
细虚线	— — — — —	$d/2$	1）不可见轮廓线 2）不可见边棱线
细点画线	—·—·—·—	$d/2$	1）轴线 2）对称中心线 3）剖切线
波浪线	∼∼∼∼∼	$d/2$	1）断裂处的边界线 2）视图与剖视图的分界线

（续）

图线名称	线 型	图线宽度	一般应用
双折线	~∿∿∿∿~	$d/2$	1）断裂处的边界线 2）视图与剖视图的分界线
细双点画线	—·—·—	$d/2$	1）相邻辅助零件的轮廓线 2）可动零件的极限位置的轮廓线 3）成形前的轮廓线 4）轨迹线
粗点画线	━·━·━	d	限定范围的表示线
粗虚线	━ ━ ━ ━	d	允许表面处理的表示线

　　粗线、细线的宽度比例为 2∶1（粗线为 d，细线为 $d/2$）。图线的宽度应根据图纸幅面的大小和所表达对象的复杂程度，在 0.13mm、0.18mm、0.25mm、0.35mm、0.5mm、0.7mm、1mm、1.4mm、2mm 数系中选取（常用的为 0.25mm、0.35mm、0.5mm、0.7mm、1mm）。在同一图样中，同类图线的宽度应一致。

　　2. 图线的应用

　　图线的应用示例，如图 1-22 所示。

a) 轴测图

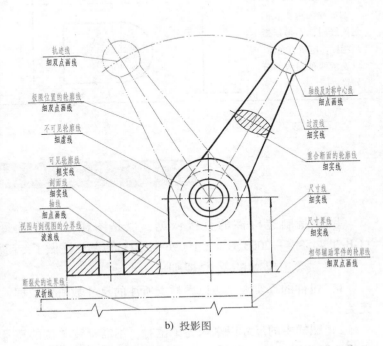

b) 投影图

图 1-22　图线的应用示例

3. 图线的画法

图线的画法见表1-5。

表1-5 图线的画法

注 意 事 项	图 例	
	正 确	错 误
细点画线应以长画相交。细点画线的起始与终了应为长画		
中心线应超出圆周约5mm，较小的圆形其中心线可用细实线代替，超出图形约3mm		
细虚线与细虚线相交，或与实线相交时，应以线段相交，不得留有空隙		
细虚线为粗实线的延长线时，不得以短画相接，应留有空隙，以表示两种图线的分界线		

第三节 尺 寸 注 法

尺寸是制造机件的直接依据，也是图样中指令性最强的部分。因此，制图标准（GB/T 4458.4—2003、GB/T 19096—2003）对其标注做了专门规定。

一、标注尺寸的基本规则

1）机件的真实大小应以图样上所注的尺寸数值为依据，与图形的大小及绘图的准确度无关。

2）图样中的尺寸以毫米为单位时，不需标注单位的符号或名称，如采用其他单位，则必须注明相应的单位符号。

3）标注尺寸常用的符号和缩写词见表1-6。

表1-6　常用的符号和缩写词

名　称	符号或缩写词	名　称	符号或缩写词
直径	ϕ	45°倒角	C
半径	R	深度	▼
球直径	$S\phi$	沉孔或锪平	⊔
球半径	SR	埋头孔	∨
厚度	t	均布	EQS
正方形	□		

二、尺寸的组成

完整的尺寸由尺寸数字、尺寸线和尺寸界线等要素组成，其标注示例见图1-23。图中的尺寸线终端可以有箭头、斜线两种形式(机械图样中一般采用箭头)。箭头的形式如图1-24所示，图1-25所示箭头的画法均不符合要求。线用细实线绘制，如图1-24所示。

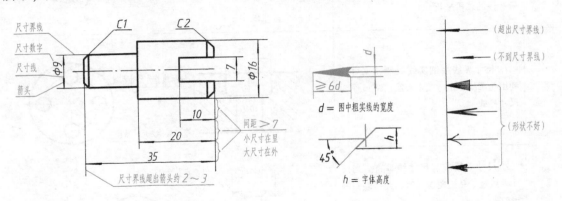

图1-23　尺寸的标注示例　　　图1-24　箭头的形式　　图1-25　不好的箭头

三、常见尺寸的标注方法

下面通过表1-7对尺寸要素的运用和常见尺寸的注法做进一步的说明。

表1-7　常见尺寸的标注方法

项目	说　明	图　例
尺寸数字	1. 线性尺寸的数字一般注在尺寸线的上方，也允许填写在尺寸线的中断处。应尽可能采用一种方法	数字注在尺寸线上方　　数字注在尺寸线中断处
	2. 线性尺寸的数字应按图a所示的方向填写，并尽量避免在图示30°范围内标注尺寸。对于非水平方向的尺寸，其数字可水平地注写在尺寸线的中断处(图b)	a)　　　　　b)

(续)

项目	说　明	图　例
尺寸数字	3. 数字不可被任何图线所通过。当不可避免时，图线必须断开	
尺寸线	1. 尺寸线必须用细实线单独画出。轮廓线、中心线或它们的延长线均不可作为尺寸线使用	
尺寸线	2. 标注线性尺寸时，尺寸线必须与所标注的线段平行	正确　　　　　　错误
尺寸界线	1. 尺寸界线用细实线绘制，也可以利用轮廓线(图a)或中心线(图b)作为尺寸界线	
尺寸界线	2. 尺寸界线应与尺寸线垂直。当尺寸界线过于贴近轮廓线时，允许倾斜画出(图c)	a) 　　　　　　b)
尺寸界线	3. 在光滑过渡处标注尺寸时，必须用细实线将轮廓线延长，从它们的交点引出尺寸界线(图d)	c) 　　　　　　d)
直径与半径	1. 标注直径尺寸时，应在尺寸数字前加注符号"ϕ"；标注半径尺寸时，加注符号"R"。尺寸线应通过圆心	
直径与半径	2. 标注小直径或半径尺寸时，箭头和数字都可以布置在外面	

项目	说明	图 例
小尺寸的注法	1. 标注一连串的小尺寸时，可用小圆点代替箭头，但最外两端箭头仍应画出 2. 小尺寸可按右图标注	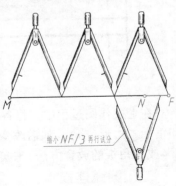
角度	1. 角度的尺寸界线必须沿径向引出，尺寸线应画成圆弧，其圆心为该角的顶点 2. 角度的数字一律写成水平方向，一般注写在尺寸线的中断处，必要时允许写在外面，或引出标注	

第四节　几何作图

机件的形状虽各有不同，但都是由各种基本的几何图形组成的。因此，绘制机械图样应当首先掌握常见几何图形的作图原理、作图方法，以及图形与尺寸间相互依存的关系。

一、等分作图

1. 等分线段

常利用试分法。试分时，先凭目测估计出分段的长度，用分规自线段的一端进行试分，如不能恰好将线段分尽，可视其"不足"或"剩余"部分的长度调整分规的开度，再行试分，直到分尽为止，如图1-26所示。

2. 等分圆周和正多边形的作法

（1）圆周的四、八等分　用45°三角板和丁字尺配合作图，可直接将圆周进行四、八等分。将各等分点依次连线，即可分别作出圆的内接正四边形或正八边形，如图1-27所示。

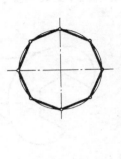

图1-26　用分规试分线段

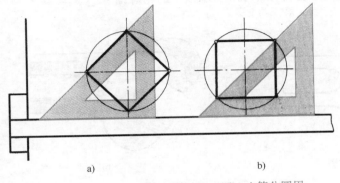

a)　　　　　　　　　　b)　　　　　　　　c)

图1-27　四、八等分圆周

(2) 圆周的三、六、十二等分　有两种作图方法。用圆规的作图方法如图 1-28 所示。

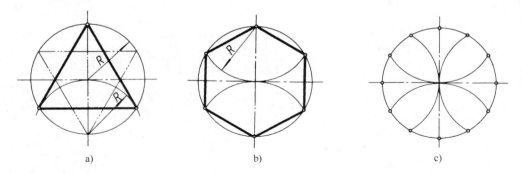

a)　　　　　　　　b)　　　　　　　　c)

图 1-28　用圆规三、六、十二等分圆周

用 30°-60° 三角板和丁字尺配合作图的方法如图 1-29 所示。

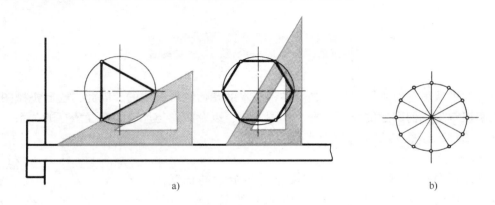

a)　　　　　　　　　　　　　　　b)

图 1-29　用三角板和丁字尺三、六、十二等分圆周

在上述作图过程中，将各等分点依次连线，即可分别作出圆的内接正三角形、正六边形和正十二边形(略)。如需改变正三角形和正六边形的方位，可通过调整取等分点的起点位置(或三角板的放置方法)来实现，如图 1-28a 所示。

二、圆弧连接

用一圆弧光滑地连接相邻两线段(直线或圆弧)的作图方法，称为圆弧连接。圆弧连接在机件轮廓图中经常可见，图 1-30a 即图 1-30b 所示扳手的轮廓图。

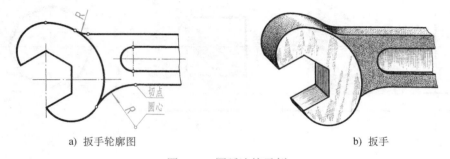

a) 扳手轮廓图　　　　　　　　　　b) 扳手

图 1-30　圆弧连接示例

1. 圆弧连接的作图原理

圆弧连接的作图，关键是要求出连接弧的圆心和切点。表1-8阐明了圆弧连接的作图原理。

表1-8　圆弧连接的作图原理

圆弧与直线连接（相切）	圆弧与圆弧连接（外切）	圆弧与圆弧连接（内切）
1. 连接弧圆心的轨迹为一平行于已知直线的直线。两直线间的垂直距离为连接弧的半径 R 2. 由圆心向已知直线作垂线，其垂足即切点	1. 连接弧圆心的轨迹为一与已知圆弧同心的圆，该圆的半径为两圆弧半径之和（R_1+R） 2. 两圆心的连线与已知圆弧的交点即切点	1. 连接弧圆心的轨迹为一与已知圆弧同心的圆，该圆的半径为两圆弧半径之差（R_1-R） 2. 两圆心连线的延长线与已知圆弧的交点即切点

2. 两直线间的圆弧连接

两直线间的圆弧连接见表1-9。

表1-9　两直线间的圆弧连接

类别	用圆弧连接锐角或钝角的两边		用圆弧连接直角的两边
图例			
作图步骤	1. 作与已知角两边分别相距为 R 的平行线，交点 O 即为连接弧圆心 2. 自 O 点分别向已知角两边作垂线，垂足 M、N 即切点 3. 以 O 为圆心，R 为半径在两切点 M、N 之间画连接圆弧即所求		1. 以角顶为圆心，R 为半径画弧，交直角两边于 M、N 2. 以 M、N 为圆心，R 为半径画弧，相交得连接弧圆心 O 3. 以 O 为圆心，R 为半径在 M、N 间画连接圆弧即所求

3. 两圆弧之间的圆弧连接

两圆弧间的圆弧连接见表1-10。

表 1-10　直线与圆弧以及圆弧之间的圆弧连接

名　称	已知条件和作图要求	作　图　步　骤		
直线和圆弧间的圆弧连接	以已知的连接弧半径 R 画弧,与直线 I 和 O_1 圆相外切	1. 作直线 II 平行于直线 I (其间距离为 R);再作已知圆弧的同心圆(半径为 R_1+R)与直线 II 相交于 O	2. 作 OA 垂直于直线 I;连 OO_1 交已知圆弧于 B,A、B 即切点	3. 以 O 为圆心,R 为半径画圆弧,连接直线 I 和圆弧 O_1 于 A、B,即完成作图
两圆弧间的圆弧连接　外连接	以已知的连接弧半径 R 画弧,与两圆外切	1. 分别以 (R_1+R) 及 (R_2+R) 为半径,O_1、O_2 为圆心,画弧交于 O	2. 连 OO_1 交已知弧于 A,连 OO_2 交已知弧于 B,A、B 即切点	3. 以 O 为圆心,R 为半径画圆弧,连接已知弧于 A、B 即完成作图
内连接	以已知的连接弧半径 R 画弧,与两圆内切	1. 分别以 $(R-R_1)$ 和 $(R-R_2)$ 为半径,O_1 和 O_2 为圆心,画弧交于 O	2. 连 OO_1、OO_2 并延长,分别交已知弧于 A、B,A、B 即切点	3. 以 O 为圆心,R 为半径画圆弧,连接两已知弧于 A、B 即完成作图
混合连接	以已知的连接弧半径 R 画弧,与 O_1 圆外切,与 O_2 圆内切	1. 分别以 (R_1+R) 及 (R_2-R) 为半径,O_1、O_2 为圆心,画弧交于 O	2. 连 OO_1 交已知弧于 A;连 OO_2 并延长交已知弧于 B,A、B 即切点	3. 以 O 为圆心,R 为半径画圆弧,连接两已知弧于 A、B 即完成作图

综合上述,可归纳出圆弧连接的画图步骤:

1) 根据圆弧连接的作图原理,求出连接弧的圆心。

2) 求出切点。

3）用连接弧半径画弧。

4）描深——为保证连接光滑，一般应先描圆弧，后描直线。当几个圆弧相连接时，应依次相连，避免同时连接两端。

三、斜度和锥度

1. 斜度

斜度是指一直线对另一直线或一平面对另一平面的倾斜程度，其大小用两直线或两平面间夹角的正切值来表示（图 1-31a），即 $\tan\alpha=\dfrac{H}{L}$。

在图样上常以 $1:n$ 的形式加以标注，并在其前面加注斜度符号"$\angle$"（画法如图 1-31b 所示，h 为字体的高度，符号线宽为 $h/10$），符号的方向应与斜度方向一致，其标注方法如图 1-32 所示。斜度 $1:6$ 的作图方法如图 1-33 所示。

图 1-31　斜度及斜度符号

2. 锥度（C）

锥度是指圆锥的底圆直径与圆锥高度之比。如果是锥台，则是两底圆直径之差与锥台高度之比（图 1-34），即：

$$\text{锥度 } C=\frac{D}{L}=\frac{D-d}{l}=2\tan\frac{\alpha}{2}$$

锥度也常以 $1:n$ 的形式加以标注，并在其前面加注锥度符号，如图 1-35a 所示（符号注在从圆锥素线引出的基准线上，其方向应与锥度方向一致），图 1-35b 为该锥度的作图方法。锥度符号的画法如图 1-36 所示。

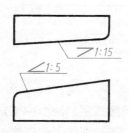

图 1-32　斜度的标注方法

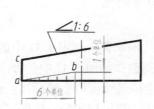

图 1-33　斜度的绘制方法

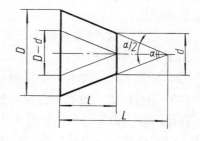

图 1-34　锥度

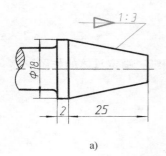

a)

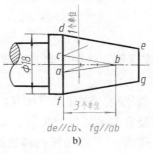

b)

$de//cb$、$fg//ab$

图 1-35　塞规头及锥度的绘制与标注

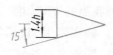

图 1-36　锥度符号

<h2 style="text-align:center">第五节　平面图形的画法</h2>

平面图形常由许多线段连接而成，这些线段之间的相对位置和连接关系靠给定的尺寸来确定。因此，画图时，只有通过分析尺寸的性质，才能明确各线段间的连接关系，才能明确该平面图形应从何处着手，以及按什么顺序作图。

一、尺寸分析

平面图形中的尺寸，按其作用可分为两类：

（1）定形尺寸　用于确定线段的长度、圆弧的半径（或圆的直径）和角度大小等的尺寸，称为定形尺寸，如图 1-37 中的 15、$\phi 20$，以及 $R10$、$R15$、$R12$ 等。

（2）定位尺寸　用于确定线段在平面图形中所处位置的尺寸，称为定位尺寸，如图 1-37 中 8 确定了 $\phi 5$ 的圆心位置；75 间接地确定了 $R10$ 的圆心位置；45 确定了 $R50$ 圆心的一个坐标值。

尺寸的位置通常以图形的对称线、中心线或某一轮廓线来确定，它们叫作尺寸基准，如图 1-37 中的 A 和 B。

二、线段分析

平面图形中的线段（直线或圆弧），根据其定位尺寸的完整与否，可分为三类（因为直线连接的作图比较简单，所以这里只讲圆弧连接的作图问题）。

手柄
平面图

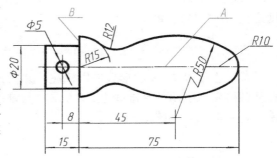

图 1-37　手柄平面图

（1）已知圆弧　具有两个定位尺寸的圆弧，如图 1-37 中的 $R10$。

（2）中间圆弧　具有一个定位尺寸的圆弧，如图 1-37 中的 $R50$。

（3）连接圆弧　没有定位尺寸的圆弧，如图 1-37 中的 $R12$。

在作图时，由于已知圆弧有两个定位尺寸，可直接画出；而中间圆弧虽然缺少一个定位尺寸，但它总是和一个已知线段相连接，利用相切的条件便可画出；连接圆弧则由于缺少两个定位尺寸，唯有借助于它和已经画出的两条线段的相切条件才能画出来。

画图时，应先画已知圆弧，再画中间圆弧，最后画连接圆弧。

三、绘图方法和步骤

1. 准备工作

分析图形的尺寸及其线段；确定比例，选用图幅，固定图纸；拟定具体的作图顺序。

2. 绘制底稿

画底稿的步骤如图 1-38 所示。画底稿应注意以下几点：

1）画底稿用 3H 铅笔，铅芯应经常修磨以保持尖锐。

2）底稿上，各种线型均暂不分粗细，并要画得很轻很细。

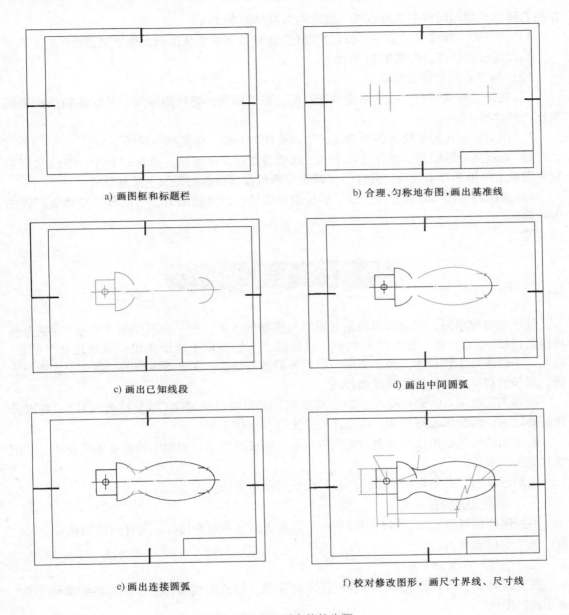

a) 画图框和标题栏

b) 合理、匀称地布图，画出基准线

c) 画出已知线段

d) 画出中间圆弧

e) 画出连接圆弧

f) 校对修改图形，画尺寸界线、尺寸线

图 1-38　画底稿的步骤

3. 铅笔描深底稿

（1）描深底稿的步骤

1）先粗后细。一般应先描深全部粗实线，再描深全部细虚线、细点画线及细实线等，这样既可提高作图效率，又可保证同一线型在全图中粗细一致，不同线型之间的粗细也符合比例关系。

2）先曲后直。在描深同一种线型（特别是粗实线）时，应先描深圆弧和圆，然后描深直线，以保证连接圆滑。

3）先水平、后垂斜。先用丁字尺自上而下画出全部相同线型的水平线，再用三角板自左向右画出全部相同线型的垂直线，最后画出倾斜的直线。

4）画箭头，填写尺寸数字、标题栏等(此步骤可将图纸从图板上取下来进行)。

描深完成后的图，如图1-37所示。

（2）描深底稿的注意事项

1）在铅笔描深以前，必须全面检查底稿，修正错误，把画错的线条及作图辅助线用软橡皮轻轻擦净。

2）用HB或B铅笔描深各种图线，用力要均匀一致，以免线条浓淡不匀。

3）为避免弄脏图面，要保持双手和三角板及丁字尺的清洁。描深过程中，应经常用毛刷将图纸上的铅芯浮末扫净，并应尽量减少三角板在已描深的图线上反复推磨。

4）描深后的图线很难擦净，故要尽量避免画错。需要擦掉时，可用软橡皮顺着图线的方向擦拭。

第六节　徒手画图的方法

徒手图也称草图。它是以目测估计图形与实物的比例，按一定画法要求徒手(或部分使用绘图仪器)绘制的图。在生产实践中，经常需要人们借助于画图来记录或表达技术信息，因此徒手画图是工程技术人员必备的一项重要的基本技能。在学习本课的过程中，应通过实践，逐步地提高徒手绘图的速度和技巧。

画草图的要求：①画线要稳，图线要清晰。②目测尺寸要准(尽量符合实际)，各部分比例要匀称。③绘图速度要快。④标注尺寸无误，字体工整。

画草图的铅笔比用仪器画图的铅笔软一号，削成圆锥形，画粗实线时笔尖要秃些，画细线时笔尖要细些。

要画好草图，必须掌握徒手绘制各种线条的基本手法。

一、握笔的方法

手握笔的位置要比用仪器绘图时高些，以利于运笔和观察目标。笔杆与纸面成45°~60°角，执笔要稳而有力。

二、直线的画法

画直线时，手腕靠着纸面，沿着画线方向移动，保证图线画得直。眼要注意终点方向，便于控制图线。

徒手绘图的手法如图1-39所示。画水平线时，图纸可放斜一点，不要将图纸固定住，以便随时可将图纸转动到画线最为顺手的位置，如图1-39a所示。画垂直线时，自上而下运笔，如图1-39b所示。画斜线时的运笔方向如图1-39c所示。为了便于控制图形大小比例和各图形间的关系，可利用方格纸画草图。

三、常用角度的画法

画30°、45°、60°等常用角度，可根据两直角边的比例关系，在两直角边上定出几点，然后连线而成，如图1-40a~图1-40c所示。若画10°、15°、75°等角度，则可先画出30°的角后再二等分、三等分得到，如图1-40d所示。

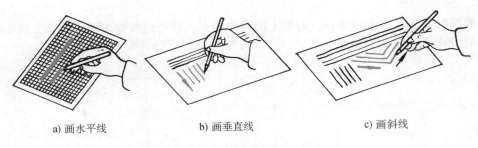

a) 画水平线   b) 画垂直线   c) 画斜线

图 1-39   直线的徒手画法

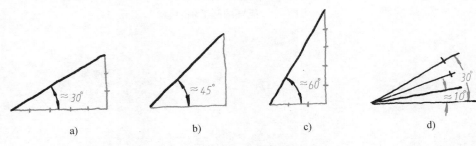

图 1-40   角度线的徒手画法

四、圆的画法

画小圆时,先定圆心,画中心线,再按半径大小在中心线上定出四个点,然后过四点分两半画出(图 1-41a)。画较大的圆时,可增加两条 45° 斜线,在斜线上再根据半径大小定出四个点,然后分段画出(图 1-41b)。

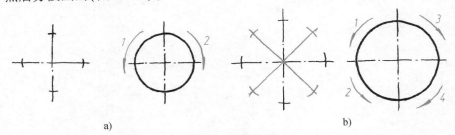

图 1-41   圆的徒手画法

五、圆弧的画法

画圆弧时,先将两直线徒手画成相交,然后目测,在分角线上定出圆心位置,使它与角两边的距离等于圆角半径的大小。过圆心向两边引垂线,定出圆弧的起点和终点,并在分角线上也定出一圆周点,然后画圆弧把三点连接起来(图 1-42)。

a) 1/4 圆弧的画法   b) 任意圆弧的画法

图 1-42   圆弧的徒手画法

六、椭圆的画法

画椭圆时，先目测定出其长、短轴上的四个端点，然后分段画出四段圆弧，画图时应注意图形的对称性(图 1-43)。

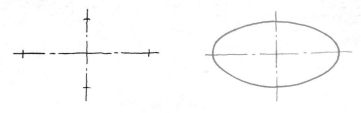

图 1-43   椭圆的徒手画法

投影的基本知识

第二章

第一节　投影法的基本概念

一、投影法的基本概念

当日光或灯光照射物体时，在地面或墙上就会出现物体的影子，这就是我们在日常生活中所见到的投影现象。人们将这种现象进行科学总结和抽象，提出了投影法。

如图 2-1 所示，将矩形薄板 *ABCD* 平行地放在平面 *P* 之上，然后由 *S* 点分别通过 *A*、*B*、*C*、*D* 各点向下引直线并将其延长，使它与平面 *P* 交于 *a*、*b*、*c*、*d*，则 □*abcd* 就是矩形薄板 *ABCD* 在平面 *P* 上的投影。点 *S* 称为投射中心，得到投影的面(*P*)称为投影面，直线 *Aa*、*Bb*、*Cc*、*Dd* 称为投射线。这种投射线通过物体向选定的面投射，并在该面上得到图形的方法，称为投影法。

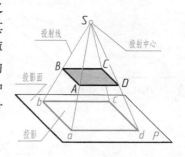

图 2-1　中心投影法

二、投影法的分类

投影法分为中心投影法和平行投影法两种。

1. 中心投影法

投射线汇交一点的投影法，称为中心投影法。用这种方法所得的投影称为中心投影(图 2-1)。

2. 平行投影法

投射线相互平行的投影法，称为平行投影法。

在平行投影法中，按投射线是否垂直于投影面，又可分为斜投影法和正投影法。

(1) 斜投影法　投射线与投影面相倾斜的平行投影法。根据斜投影法所得到的图形，称为斜投影或斜投影图(图 2-2a)。

(2) 正投影法　投射线与投影面相垂直的平行投影法。根据正投影法所得到的图形，称为正投影或正投影图(图 2-2b)，可简称为投影。

因为正投影法的投射线相互平行且垂直于投影面，所以当空间的平面图形平行于投影面时，其投影将反映该平面图形的真实形状和大小，即使改变它与投影面之间的距离，其投影

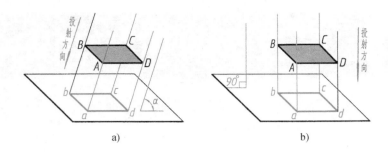

图 2-2　平行投影法

形状和大小也不会改变，而且作图简便，具有良好的度量性。因此，绘制机械图样主要采用正投影法。

三、正投影的基本性质

（1）显实性　当直线或平面与投影面平行时，则直线的投影反映实长、平面的投影反映实形的性质，称为显实性（图 2-3a）。

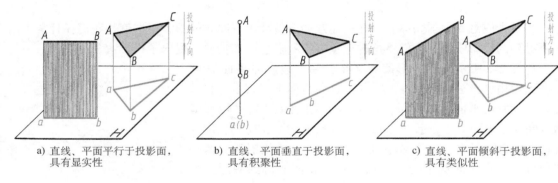

a）直线、平面平行于投影面，
具有显实性

b）直线、平面垂直于投影面，
具有积聚性

c）直线、平面倾斜于投影面，
具有类似性

图 2-3　正投影的特性

（2）积聚性　当直线或平面与投影面垂直时，则直线的投影积聚成一点、平面的投影积聚成一条直线的性质，称为积聚性（图 2-3b）。

（3）类似性　当直线或平面与投影面倾斜时，其直线的投影仍为直线、平面图形的投影仍与原来的形状相类似的性质，称为类似性（图 2-3c）。

第二节　三　视　图

微课：

三视图

一、视图的基本概念

用正投影法绘制出的物体多面正投影图形，称为视图。

应当指出，视图并不是观察者看物体所得到的直觉印象，而是把物体放在观察者和投影面之间，将观察者的视线视为一组相互平行且与投影面垂直的投射线（箭头表示投射方向），对物体进行投射所获得的正投影图，其投射情况如图 2-4 所示。

正投影中的"正"字，可理解为不歪斜的意思，即相对于投影面而言，物体要正放，投射线要正射(观察者要正视)。也就是说,无论投影面(数量或位置)怎样变化,物体、投射线与它始终要保持这种正放、正射的关系。

工程上一般需用多面视图表示物体的形状。

二、三视图的形成

一面视图一般不能完全确定物体的形状和大小(图 2-4)。因此,为了将物体的形状和大小表达清楚,工程上常用的是三视图。

1. 三投影面体系的建立

三投影面体系由三个互相垂直的投影面所组成(图 2-5),它们分别为正立投影面(简称正面或 V 面)、水平投影面(简称水平面或 H 面)、侧立投影面(简称侧面或 W 面)。

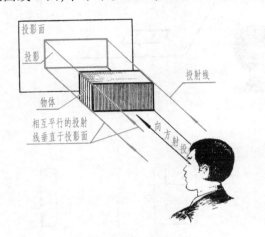

| 图 2-4 获得视图的投射情况 | 图 2-5 三投影面体系 |

三个投影面之间的交线,称为投影轴。V 面与 H 面的交线称为 OX 轴(简称 X 轴),它代表物体的长度方向;H 面与 W 面的交线称为 OY 轴(简称 Y 轴),它代表物体的宽度方向;V 面与 W 面的交线称为 OZ 轴(简称 Z 轴),它代表物体的高度方向。

三根投影轴互相垂直,其交点 O 称为原点。

2. 物体在三投影面体系中的投影

将物体放置在三投影面体系中,按正投影法向各投影面投射,即可分别得到物体的正面投影、水平面投影和侧面投影(不可见的轮廓线画成细虚线),如图 2-6a 所示。

3. 三投影面的展开

为了画图方便,需将互相垂直的三个投影面展开在同一个平面上,规定:V 面保持不动,H 面绕 OX 轴向下旋转 90°,W 面绕 OZ 轴向右旋转 90°(图 2-6b),使 H 面、W 面与 V 面在同一个平面上(这个平面就是图纸),这样就得到了图 2-6c 所示的展开后的三视图。应注意:H 面和 W 面在旋转时,OY 轴被分为两处,分别用 OY_H(在 H 面上)和 OY_W(在 W 面上)表示。

物体在 V 面上的投影,也就是由前向后投射所得的视图,称为主视图;物体在 H 面上的投影,也就是由上向下投射所得的视图,称为俯视图;物体在 W 面上的投影,也就是由左向右投射所得的视图,称为左视图,如图 2-6c 所示。以后画图时,不必画出投影面的范围,因为它的大小与视图无关。这样,三视图则更为清晰,如图 2-6d 所示。

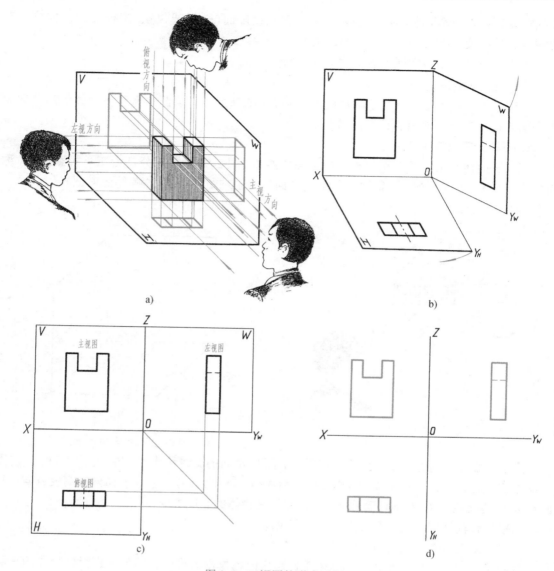

图 2-6 三视图的形成过程

三、三视图之间的关系

1. 三视图间的位置关系

以主视图为准,俯视图在它的正下方,左视图在它的正右方。

2. 三视图间的投影关系

从三视图的形成过程中可以看出(图 2-7),物体有长、宽、高三个尺度,但每个视图只能反映其中的两个,即

主视图反映物体的长度(X)和高度(Z);

俯视图反映物体的长度(X)和宽度(Y);

图 2-7 三视图间的投影关系

左视图反映物体的宽度(Y)和高度(Z)。

由此归纳得出：

主视图、俯视图长对正(等长)；

主视图、左视图高平齐(等高)；

俯视图、左视图宽相等(等宽)。

应当指出，无论是整个物体或物体的局部，其三面投影都必须符合"长对正、高平齐、宽相等"的"三等"规律。

作图时，为了实现俯、左视图宽相等，可利用自点 O 所作的 45°辅助线，来求得其对应关系，如图 2-6c 所示。

3. 视图与物体的方位关系

所谓方位关系，指的是以绘图者(或看图者)面对正面(即主视图的投射方向)来观察物体为准，看物体的上、下、左、右、前、后六个方位(图 2-8a)在三视图中的对应关系，如图 2-8b 所示，即

主视图反映物体的上、下和左、右；

俯视图反映物体的左、右和前、后；

左视图反映物体的上、下和前、后。

由图 2-8 可知，俯视图、左视图靠近主视图的一侧(里侧)，均表示物体的后面；远离主视图的一侧(外侧)，均表示物体的前面。

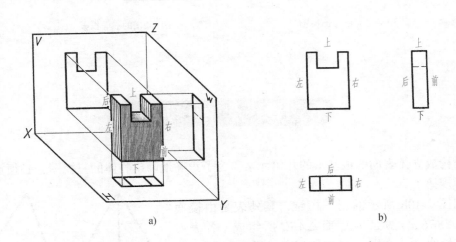

图 2-8　视图与物体的方位对应关系

四、三视图的作图方法与步骤

根据物体(或轴测图)画三视图时，首先应分析其结构形状，摆正物体(使其主要表面与投影面平行)，选好主视图的投射方向(即由前向后，在正面上获得主视图的投射方向)，再确定绘图比例和图纸幅面。

作图时，应先画出三视图的定位线。然后，通常从主视图入手，再根据"长对正、高平齐、宽相等"的投影规律，按物体的组成部分依次画出俯视图和左视图。图 2-9a 所示的物体，其三视图的作图步骤如图 2-9b~图 2-9d 所示。

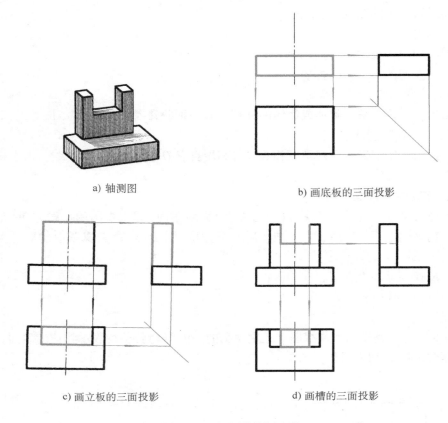

a) 轴测图

b) 画底板的三面投影

c) 画立板的三面投影

d) 画槽的三面投影

图 2-9   三视图的作图步骤

微课:
点的投影

第三节 点 的 投 影

点是构成立体表面的最基本的几何元素。为了正确地画出物体的三视图,必须首先掌握点的投影规律。

例如图 2-10b 所示的正三棱锥,其外表是由棱面 △SAB、△SBC、△SCA 及底面 △ABC 所组成,各表面分别交于棱线 SA、SB……各棱线汇交于顶点 A、B、C、S。显然,绘制三棱锥的三视图,实质上就是画出这些顶点,各顶点连线以及诸线段所围成的平面图形的三面投影,如图 2-10a 所示。

一、点的三面投影

在图 2-11 中,单独画出了图 2-10 所示的正三棱锥锥顶点 S 在三个投影面上的投影。

如图 2-11a 所示,求点 S 的三面投影,就是由点 S 分别向三个投影面作垂线,则其垂足 s、s′、s″即分别为

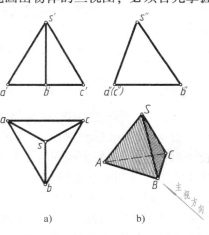

a)   b)

图 2-10   物体上点的投影分析

点 S 的三面投影⊖。如果移去空间点 S，将投影面按箭头所指的方向（图 2-11b）摊平在一个平面上，便得到点 S 的三面投影图（图 2-11c）。图中 s_x、s_y（s_{yH}、s_{yW}）、s_z 分别为点的投影连线与投影轴 X、Y、Z 的交点。

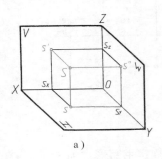 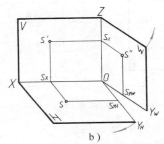 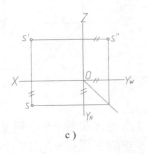

a)　　　　　　　　b)　　　　　　　　c)

图 2-11　点的三面投影

点的三面投影

通过上述点的三面投影图的形成过程，可总结出点的投影规律：

1) 点的两面投影的连线，必定垂直于相应的投影轴。即

$ss' \perp OX$，$s's'' \perp OZ$，而 $ss_{yH} \perp OY_H$、$s''s_{yW} \perp OY_W$。

2) 点的投影到投影轴的距离，等于空间点到相应的投影面的距离，即"影轴距等于点面距"。

$s's_x = s''s_y = Ss$（S 点到 H 面的距离）；

$ss_x = s''s_z = Ss'$（S 点到 V 面的距离）；

$ss_y = s's_z = Ss''$（S 点到 W 面的距离）。

已知点的两面投影求其第三面投影的作图过程可参看图 2-12 和图 2-13。

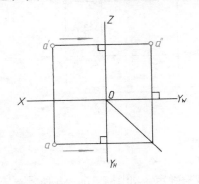 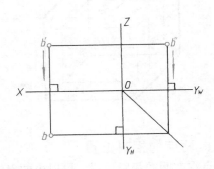

图 2-12　已知 H、V 面投影，求 W 面投影　　　　图 2-13　已知 V、W 面投影，求 H 面投影

二、点的投影与直角坐标

点的空间位置可用直角坐标来表示（图 2-14）。即把投影面当作坐标面，投影轴当作坐标轴，O 即为坐标原点。则：

⊖　关于空间点及其投影的规定标记：空间点用大写字母表示，例如 A、B、C……水平面投影用相应的小写字母表示，如 a、b、c……正面投影用相应的小写字母加一撇表示，如 a'、b'、c'……侧面投影用相应的小写字母加两撇表示，如 a''、b''、c''……

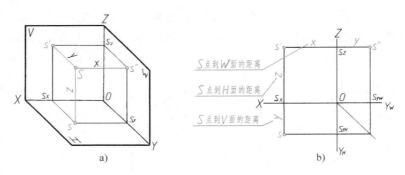

图 2-14 点的投影与直角坐标的关系

S 点的 X 坐标=S 点到 W 面的距离 Sa''；
S 点的 Y 坐标=S 点到 V 面的距离 Sa'；}点 S 坐标的规定书写形式为 $S(x、y、z)$。
S 点的 Z 坐标=S 点到 H 面的距离 Sa。

可见，点的投影与其坐标值是一一对应的，因此，我们可以直接从点的三面投影图中量得该点的坐标值。反之，根据所给定的点的坐标值，可按点的投影规律画出其三面投影图。

例 1 已知点 $S(40、20、30)$（图 2-15a），试作其三面投影图。

作图步骤如图 2-15b 所示。

1）画出投影轴 OX、OY_H、OY_W、OZ。

2）在 OX 轴上自 O 点量取 40 得 s_X 点，在 OZ 轴上自 O 点量取 30 得 s_Z 点，再在 OY_H 和 OY_W 轴上自 O 点量 20 得 s_{yh} 和 s_{yw} 点。

3）过所得各点引投影轴的垂线，所得交点即为点 S 的三面投影图。

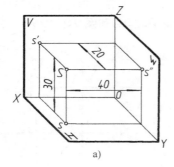
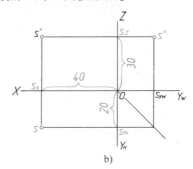

图 2-15 求点 S 的三面投影

三、两点的相对位置

两点在空间的相对位置，可以由两点的三向坐标差来确定，如图 2-16a、b 所示。

两点的左、右位置由 X 坐标差确定，X 坐标值大者在左，故点 A 在点 B 的左方；

两点的前、后位置由 Y 坐标差确定，Y 坐标值大者在前，故点 A 在点 B 的后方；

两点的上、下位置由 Z 坐标差确定，Z 坐标值大者在上，故点 A 在点 B 的下方。

总的来说，即点 A 在点 B 的左、后、下方。或者说，点 B 在点 A 的右、前、上方。

在图 2-16c、d 所示 E、F 两点的投影中，e' 和 f' 重合，这说明 E、F 两点的 X、Z 坐标相同。

可见，共处于同一条投射线上的两点，必在相应的投影面上具有重合的投影。这两个点（如 E、F）被称为对该投影面的一对重影点。

重影点的可见性需根据这两点不重影的投影的坐标大小来判别。

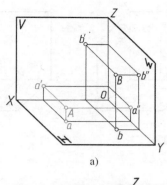

a)

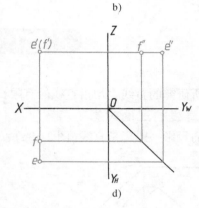

b)

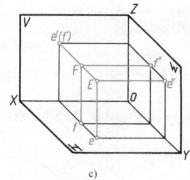

c)

判别重影点的可见性

d)

图 2-16　两点的相对位置

在投影图中，对不可见的点，需加圆括号表示。如图 2-16d 中，对不可见点 F 的 V 面投影，加圆括号表示为 (f')。

四、读点的投影图

读点的投影图（图 2-17a），实际上就是根据点的三面投影想象出点的空间位置（点至三个投影面的距离），并在脑海中浮现出其点投射的空间情状。其想象方法和过程如图 2-17b、图 2-17c 所示。

由于图 2-17b、图 2-17c 这种图比较难画，通常可以其轴测图（画法如图 2-18 所示）代替，其直观效果与图 2-17b、图 2-17c 是一样的。

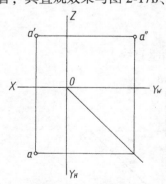

a) 已知点的三面投影

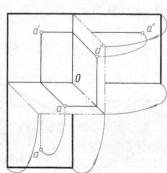

b) 将 H、W 面转回 90°，使其与 V 面垂直

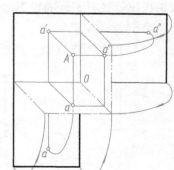

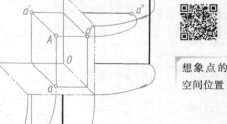

c) 过 a'、a、a″ 分别作 V、H、W 面的垂线，交点即为所求

想象点的空间位置

图 2-17　根据投影图想象空间点位置的过程

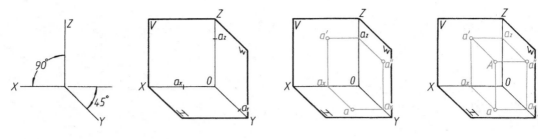

图2-18　点的轴测图画法

第四节　直线的投影

本节所研究的直线，均指直线的有限长度——线段。

一、直线的三面投影

直线的投影一般仍是直线（图2-19a），其作图步骤如图2-19b、图2-19c所示。

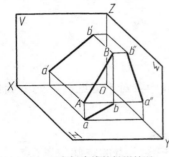 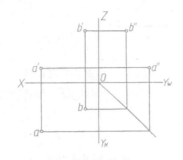 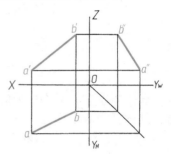

a) 空间直线的投影情况　　　　b) 作直线两端点的投影　　　　c)同面投影连线即为所求

图2-19　直线的三面投影

二、各种位置直线的投影特性

直线相对于投影面的位置共有三种情况：①垂直；②平行；③倾斜。由于位置不同，直线的投影就各有不同的投影特性，如图2-20所示。

1. 特殊位置直线

（1）投影面垂直线　垂直于一个投影面的直线，称为投影面垂直线。

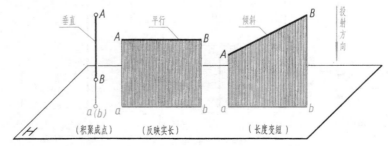

图2-20　直线对投影面的三种位置

垂直于 H 面的直线，称为铅垂线；垂直于 V 面的直线，称为正垂线；垂直于 W 面的直线，称为侧垂线。它们的投影图例及其投影特性，见表 2-1。

表 2-1　投影面垂直线的投影特性

名　称	铅垂线（$\perp H$）	正垂线（$\perp V$）	侧垂线（$\perp W$）
实例	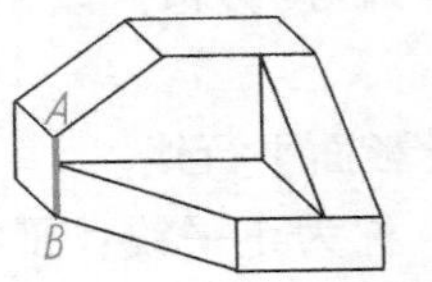	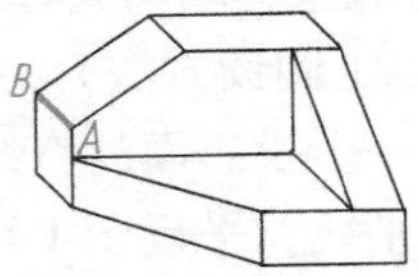	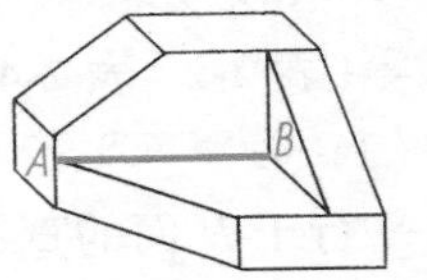
轴测图	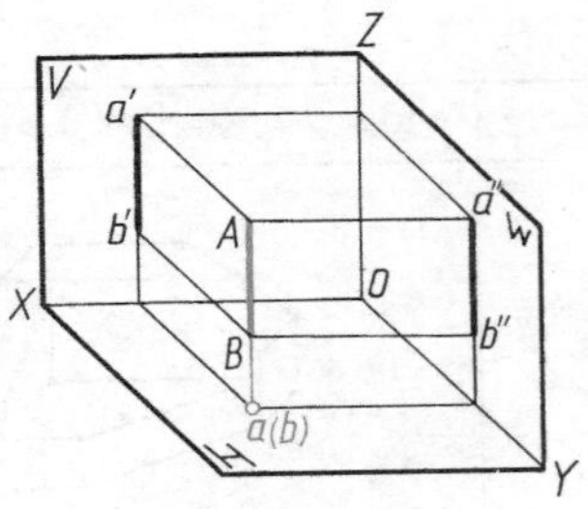	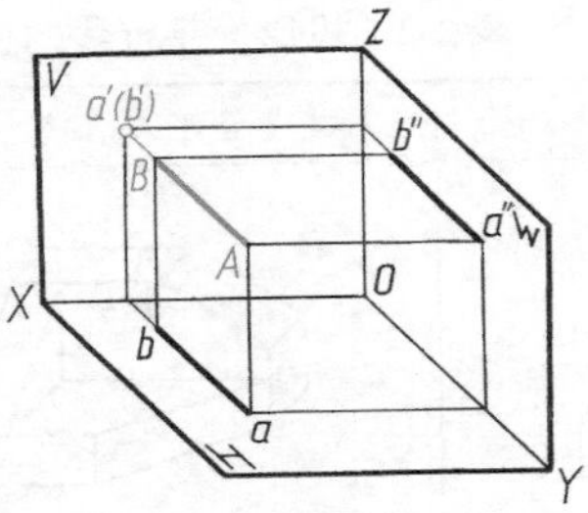	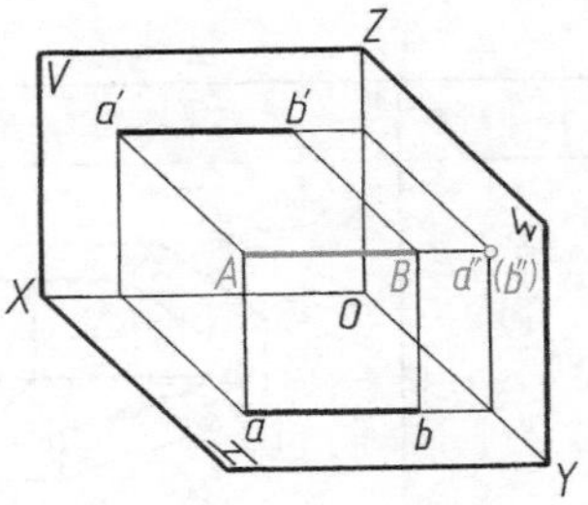
投影图	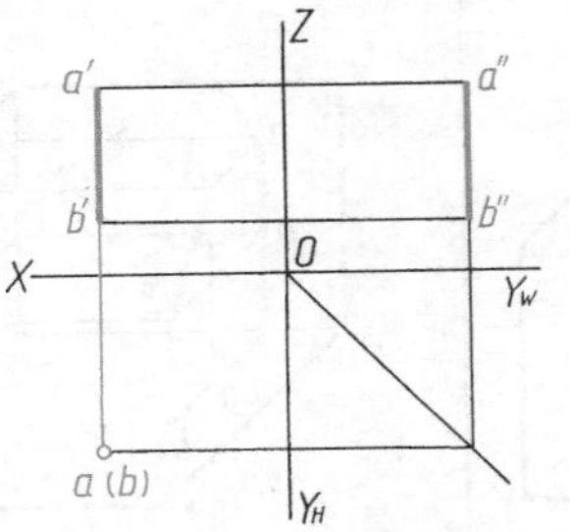	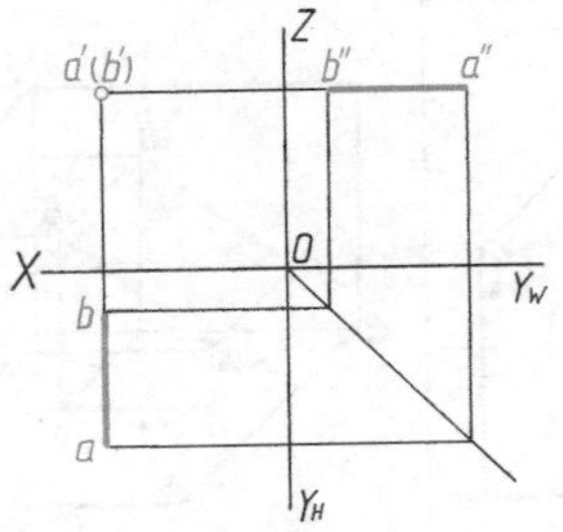	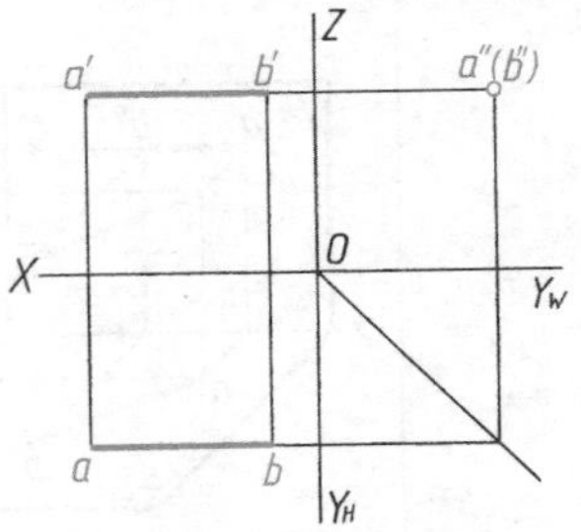
投影特性	① 水平投影 ab 积聚成一点 ② 正面投影 $a'b'$、侧面投影 $a''b''$ 都反映实长，且 $a'b' \perp OX$，$a''b'' \perp OY_W$	① 正面投影 $a'b'$ 积聚成一点 ② 水平投影 ab、侧面投影 $a''b''$ 都反映实长，且 $ab \perp OX$，$a''b'' \perp OZ$	① 侧面投影 $a''b''$ 积聚成一点 ② 水平投影 ab、正面投影 $a'b'$ 都反映实长，且 $ab \perp OY_H$，$a'b' \perp OZ$
小结：① 直线在所垂直的投影面上的投影有积聚性 ② 直线在其他两面投影反映线段实长，且垂直于相应的投影轴			

垂直线的投影特性

直线投影的内容几乎全都汇集于此表中，故在阅读表 2-1 时，应注意以下几点：

① 表中的竖向内容（从上到下）："实例"说明直线取自于体（可见几何元素的投影绝非虚无缥缈）；"轴测图"表示直线的空间投射情况；"投影图"为投影结果——平面图；"投影特性"是投影规律的总结。它们示出了由"物"到"图"的转化（画图）过程。反过来——自下而上，则表明由"图"到"物"的转化（读图）过程。阅读时，就是要抓住物（轴测图）、图（投影图）的相互转化，并应将这种思路、方法贯穿到本课程学习的始终。因为看图是学习重点，所以应特别强化这种逆向训练，其方法是：根据"投影特性"中的文字表述内容，画出投影草图，再据此勾勒出轴测图。因为这些都是在想象中进行的，所以对

培养空间想象能力和思维能力有莫大帮助。此外，还应对表中的图、文进行横向比较，找出异同点，以利于总结投影规律。

② 要熟记(各种位置直线)名称及投影图特征，其程度应达到：说出直线的名称，即可画出其三面投影图；一看投影图，便能说出其直线的名称。

③ 要反复地练。比如，可将教室的墙面当作投影面或自做投影箱，以铅笔当直线进行比试等(表 2-2~表 2-4 均应采用以上阅读方法)。

（2）投影面平行线　平行于一个投影面的直线，称为投影面平行线。

平行于 H 面的直线，称为水平线；平行于 V 面的直线，称为正平线；平行于 W 面的直线，称为侧平线。它们的投影图例及其投影特性，见表 2-2。

平行线的
投影特性

表 2-2　投影面平行线的投影特性

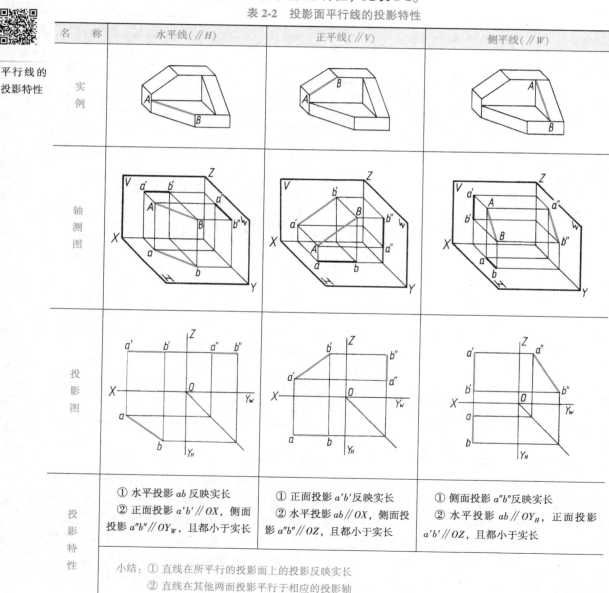

名　称	水平线(// H)	正平线(// V)	侧平线(// W)
实例			
轴测图			
投影图			
投影特性	① 水平投影 ab 反映实长 ② 正面投影 a'b' // OX，侧面投影 a"b" // OYw，且都小于实长	① 正面投影 a'b' 反映实长 ② 水平投影 ab // OX，侧面投影 a"b" // OZ，且都小于实长	① 侧面投影 a"b" 反映实长 ② 水平投影 ab // OYH，正面投影 a'b' // OZ，且都小于实长
	小结：① 直线在所平行的投影面上的投影反映实长 ② 直线在其他两面投影平行于相应的投影轴		

2. 一般位置直线

对三个投影面都倾斜的直线，称为一般位置直线。

如图 2-21 所示，因为一般位置直线的两端点到各投影面的距离都不相等，所以它的三面投影都与投影轴倾斜，并且均小于线段的实长。

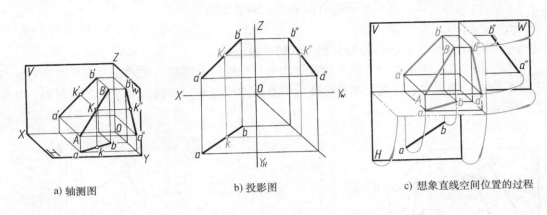

a) 轴测图   b) 投影图   c) 想象直线空间位置的过程

图 2-21 一般位置直线、直线上点的投影及直线投影图的读法

三、直线上的点

如图 2-21a、b 所示，点在直线上，则点的投影必在该直线的同面投影上。反之，如果点的各投影均在直线的各同面投影上，则点必在该直线上。

图 2-22 表示了已知直线 AB 的三面投影和直线上点 C 的水平投影 c，求点 C 的正面投影 c' 和侧面投影 c'' 的作图情况。

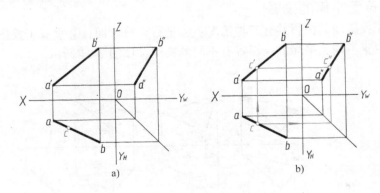

a)   b)

图 2-22 求直线上点的投影

四、读直线的投影图

读直线的投影图就是根据直线的两面或三面投影，想象直线的空间位置(一般位置直线、铅垂线、正平面……)。

例如，识读图 2-21b 所示 AB 直线的投影图。

根据三面投影均为直线且与各投影轴都倾斜的情况，可以判定出 AB 为一般位置直线，其空间"走向"为：从左、前、下方向右、后、上方倾斜(图 2-21a)，其想象过程与想象点的空间位置一脉相传(图 2-21c)，这里就不多述了。

微课：
平面的投影

第五节 平面的投影

本节所研究的平面，多指平面的有限部分，即平面图形。

一、平面的三面投影

平面图形的投影，一般仍为与其相类似的平面图形。

例如，图 2-23a 所示△ABC 的三面投影均为三角形。作图时，先求出三角形各顶点的投影(图 2-23b)，然后将各点的同面投影依次引直线连接起来，即得△ABC 的三面投影，如图 2-23c 所示。

平面图形
的投影

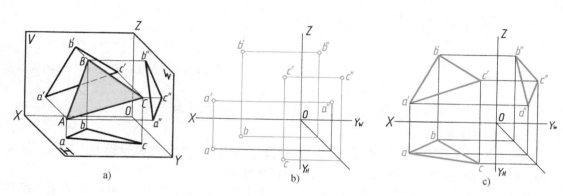

图 2-23 平面图形的投影

二、各种位置平面的投影

平面相对于投影面的位置共有三种情况：①平行于投影面；②垂直于投影面；③倾斜于投影面。由于位置不同，平面的投影各有不同的特性，如图 2-24 所示。

各种位置
平面的投
影特性

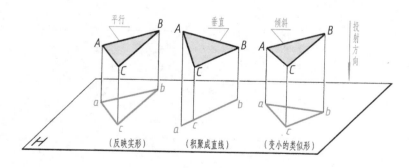

图 2-24 各种位置平面的投影特性

1. 特殊位置平面

（1）投影面垂直面 垂直于一个投影面，而倾斜于其他两个投影面的平面，称为投影面垂直面。

垂直于 H 面的平面，称为铅垂面；垂直于 V 面的平面，称为正垂面；垂直于 W 面的平面，称为侧垂面。它们的投影图例及投影特性见表 2-3。

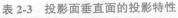

表 2-3 投影面垂直面的投影特性

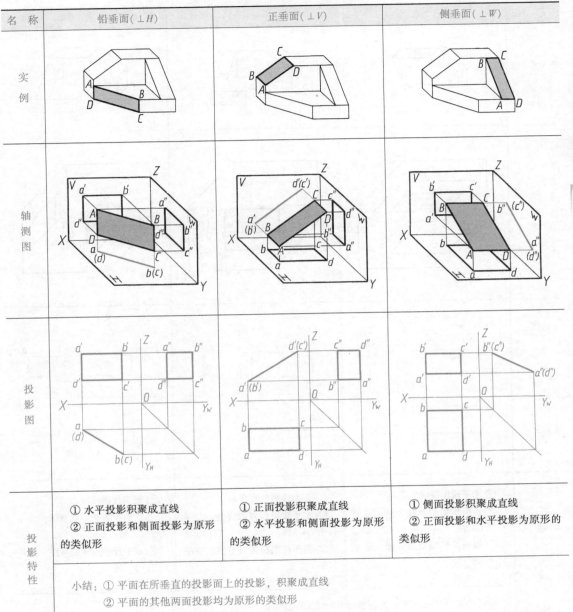

名　称	铅垂面（⊥H）	正垂面（⊥V）	侧垂面（⊥W）
实例			
轴测图			
投影图			
投影特性	① 水平投影积聚成直线 ② 正面投影和侧面投影为原形的类似形	① 正面投影积聚成直线 ② 水平投影和侧面投影为原形的类似形	① 侧面投影积聚成直线 ② 正面投影和水平投影为原形的类似形
	小结：① 平面在所垂直的投影面上的投影，积聚成直线 ② 平面的其他两面投影均为原形的类似形		

（2）投影面平行面　平行于一个投影面，而垂直于其他两个投影面的平面，称为投影面平行面。

平行于 H 面的平面，称为水平面；平行于 V 面的平面，称为正平面；平行于 W 面的平面，称为侧平面。它们的投影图例及投影特性，见表 2-4。

2. 一般位置平面

对三个投影面都倾斜的平面，称为一般位置平面。

垂直面的
投影特性

平行面的
投影特性

表 2-4 　投影面平行面的投影特性

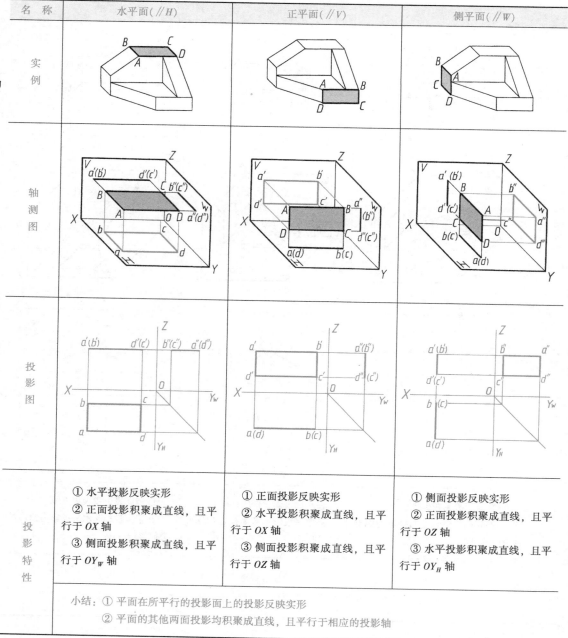

名　称	水平面(∥H)	正平面(∥V)	侧平面(∥W)
实例			
轴测图			
投影图			
投影特性	① 水平投影反映实形 ② 正面投影积聚成直线,且平行于 OX 轴 ③ 侧面投影积聚成直线,且平行于 OY_W 轴	① 正面投影反映实形 ② 水平投影积聚成直线,且平行于 OX 轴 ③ 侧面投影积聚成直线,且平行于 OZ 轴	① 侧面投影反映实形 ② 正面投影积聚成直线,且平行于 OZ 轴 ③ 水平投影积聚成直线,且平行于 OY_H 轴
	小结:① 平面在所平行的投影面上的投影反映实形 ② 平面的其他两面投影均积聚成直线,且平行于相应的投影轴		

因为一般位置平面对三个投影面都倾斜(图 2-23),所以它的三面投影都不可能积聚成直线,也不可能反映实形,而是小于原形的类似形。

三、平面上的直线和点

直线在平面上的条件:①直线经过平面上的两点;②直线经过平面上的一点,且平行于平面上的另一已知直线。

点在平面上的条件：如果点在平面的某一直线上，则此点必在该平面上。据此，在平面上取点时，应先在平面上取直线，再在直线上取点。

例 2 已知△*ABC* 上点 *K* 的 *V* 面投影 *k'*，求 *k* 和 *k"*（图 2-25）。

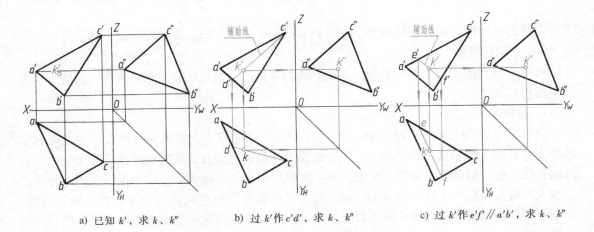

a) 已知 *k'*，求 *k*、*k"*　　b) 过 *k'* 作 *c'd'*，求 *k*、*k"*　　c) 过 *k'* 作 *e'f'∥a'b'*，求 *k*、*k"*

图 2-25　求平面上点的投影

求平面上点的投影，必须先过已知点作辅助线，例如：

图 2-25b 示出了过 *k'* 作辅助直线 *c'd'* 求 *k* 和 *k"* 的方法，图 2-25c 示出了过 *k'* 作平行线（*e'f'∥a'b'*）求 *k* 和 *k"* 的方法，具体作图步骤，如图中箭头所指。

四、读平面的投影图

读平面投影图的要求：想象出所示平面的形状和空间位置。

下面以图 2-26 为例，说明其读图方法。

根据三面投影均为类似形的情况，可判定该平面的原形是三角形，为一般位置平面。据此，还应进一步想象平面的具体形象（如空间位置、倾斜方向等），其想象过程见图2-27，图 2-27c 为想象的结果（此图即为轴测图）。因读图思路与识读点、直线的投影图基本相同，故不再赘述。

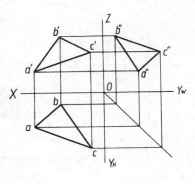

图 2-26　读平面的三面投影图

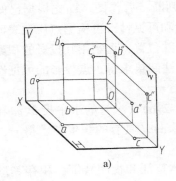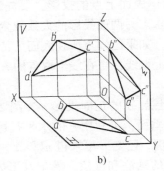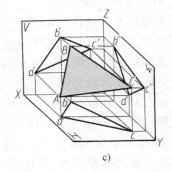

a)　　　　b)　　　　c)

图 2-27　读平面投影图的思维过程

43

第六节　几何体的投影

常见的几何体有棱柱、棱锥等平面立体和圆柱、圆锥、球、圆环等曲面立体。

一、平面立体

由于平面立体的表面都是平面，平面立体的三视图，就是平面立体各表面、棱线、顶点的三面投影的集合。

1. 棱柱体

（1）棱柱体的三视图　图 2-28a 为一正六棱柱的投射情况。正六棱柱的上、下底面都是水平面，其水平投影重合并反映实形，正面投影和侧面投影分别积聚成两条平行于相应投影轴的直线。前、后两个棱面为正平面，其正面投影重合并反映实形，水平投影和侧面投影都积聚成直线。其余四个棱面均为铅垂面，其水平投影分别积聚成倾斜于相应投影轴的直线，正面投影和侧面投影都是缩小的类似形。按其相对位置画出这些表面的三面投影，即正六棱柱的三视图，如图 2-28b 所示。

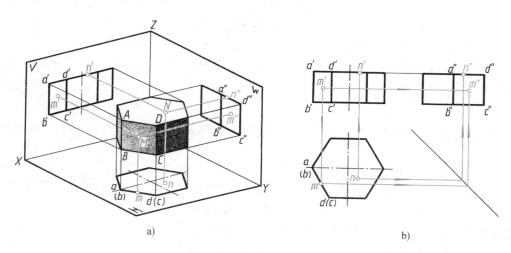

a)　　　　　　　　　　　　　　　b)

图 2-28　正六棱柱的三视图及表面上的点

（2）棱柱体表面上的点　求体表面上点的投影，要先判断、后作图。即先根据已知点的投影部位和可见性，判断出欲求点另两面投影的大致位置和可见性，再根据点所在表面的投影特性，选择合适的作图方法。如果已知点所在表面为特殊位置，可利用其投影的积聚性直接求出；否则，须通过先在面上取线，再在线上取点的方法间接求得。点投影的可见性取决于点所在表面投影的可见性。

如已知正六棱柱表面 $ABCD$ 上点 M 的正面投影 m'（图 2-28b），求它的水平投影 m 和侧面投影 m''。由于棱面 $ABCD$ 为铅垂面，可利用它的水平投影 $abcd$ 具有的积聚性求得 m，再根据 m' 和 m 求得 m''（可见）。同理，已知 n 可求得 n' 和 n''。

学习几何体投影图（即视图）的画法和读法，熟记其形体特征和视图特征，积存其形象储备，对深入学习复杂图形的绘制与识读是非常有帮助的。

下面，我们再看一些不同方位的棱柱体及其三视图，如图 2-29 所示。

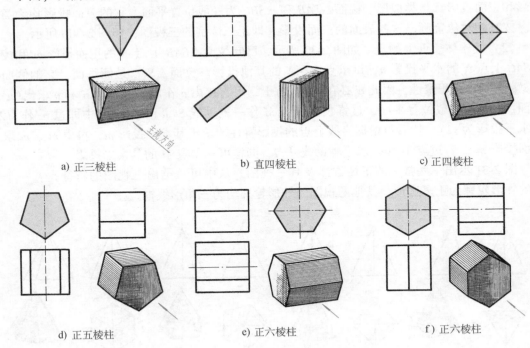

a) 正三棱柱   b) 直四棱柱   c) 正四棱柱

d) 正五棱柱   e) 正六棱柱   f) 正六棱柱

图 2-29 不同位置的棱柱体及其三视图

纵观上述的棱柱体，可总结出它们的三视图特征：一个视图为多边形，其他两个视图的外形轮廓均为矩形线框。

画棱柱体的三视图时，应先画出多边形，再画其另两面投影，然后将两底面对应顶点的同面投影用直线连接起来，即完成作图。

2. 棱锥体

（1）棱锥体的三视图 图 2-30a 为一正三棱锥的投射情况。正三棱锥由底面 $\triangle ABC$ 及三个棱面 $\triangle SAB$、$\triangle SBC$ 和 $\triangle SAC$ 所组成。其底面为水平面，它的水平投影反映实形，正面投

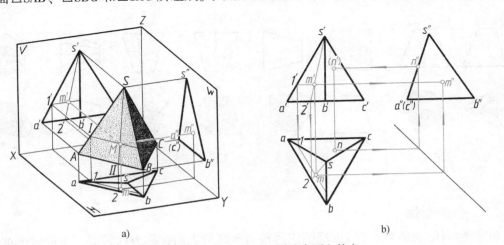

a)   b)

图 2-30 正三棱锥的三视图及表面上的点

棱锥的三视图及表面上的点

影和侧面投影分别积聚成一直线。棱面 SAC 为侧垂面,因此侧面投影积聚成一直线,水平投影和正面投影都是类似形。棱面 $\triangle SAB$ 和 $\triangle SBC$ 为一般位置平面,它的三面投影均为类似形。按其相对位置画出这些表面的三面投影,即正三棱锥的三视图,如图 2-30b 所示。

(2)棱锥体表面上的点 如图 2-30 所示,已知棱面 $\triangle SAB$ 上点 M 的正面投影 m' 和棱面 $\triangle SAC$ 上点 N 的水平投影 n,试求点 M、N 的其他投影。棱面 $\triangle SAC$ 是侧垂面,它的侧面投影 $s''a''(c'')$ 具有积聚性,因此 n'' 必在 $s''a''(c'')$ 上,可直接由 n 作出 n'',再由 n'' 和 n 求出 (n')。棱面 $\triangle SAB$ 是一般位置平面,过锥顶 S 及点 M 作一辅助线 $S\,\text{II}$(图 2-30b 中即过 m' 作 $s'2'$,其水平投影为 $s2$),然后再根据直线上点的投影特性,求出其水平投影 m,再由 m'、m 求出侧面投影 m''。若过点 M 作一水平辅助线 $\text{I}\,M$,同样可求得点 M 的其余二投影。

图 2-31 示出一些常见的正棱锥体及其三视图。从中可总结出三视图的特征是:一个视图的外形轮廓为正多边形,其他两视图的外形轮廓均为三角形线框。

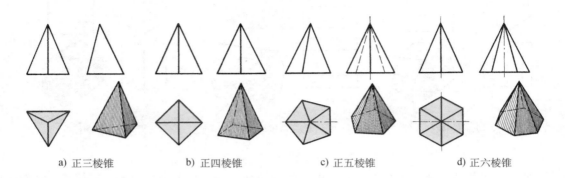

a) 正三棱锥   b) 正四棱锥   c) 正五棱锥   d) 正六棱锥

图 2-31 正棱锥体及其三视图

画棱锥体的三视图,应先画底面多边形的三面投影,再画锥顶点的三面投影,将锥顶点与底面各顶点的同面投影用直线连接起来,即得棱锥体的三视图。

棱锥体被平行于底面的平面截去其上部,所剩的部分叫作棱锥台,简称棱台,如图2-32所示。其三视图的特征:一个视图的内外轮廓为两个相似的正多边形;其他两个视图的外形轮廓均为梯形线框。

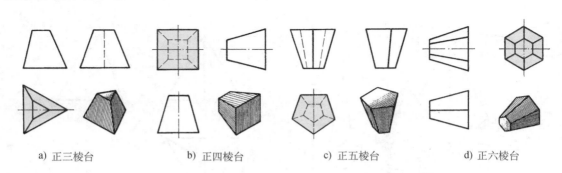

a) 正三棱台   b) 正四棱台   c) 正五棱台   d) 正六棱台

图 2-32 棱锥台及其三视图

二、曲面立体

由一条母线(直线或曲线)围绕轴线回转而形成的表面,称为回转面;由回转面或回转面与平面所围成的立体，称为回转体(本节所讨论的回转体均指实体)。

圆柱、圆锥、球等都是回转体，它们的画法和回转面的形成条件有关。下面分别介绍。

画回转体的三视图时，轴线的投影用细点画线绘制，圆的中心线用相互垂直的细点画线绘制，其交点为圆心。所画的细点画线均应超出轮廓线 3~5mm。

1. 圆柱体

(1) 圆柱体的形成　如图 2-33a 所示，圆柱面可看作一条直线 *AB* 围绕与它平行的轴线 *OO* 回转而成。*OO* 称为回转轴，直线 *AB* 称为母线，母线转至任一位置时，称为素线。圆柱体的表面由圆柱面和上、下底圆平面所围成。

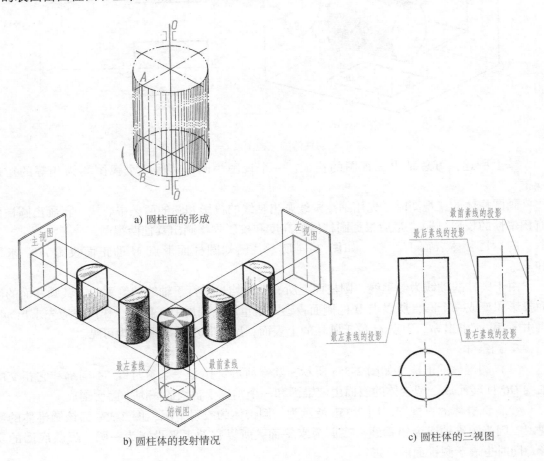

a) 圆柱面的形成

b) 圆柱体的投射情况

c) 圆柱体的三视图

图 2-33　圆柱体及其三视图

(2) 圆柱体的三视图　图 2-33b 为圆柱体的投射情况，图 2-33c 为其三视图。俯视图为一圆线框。因为圆柱轴线为铅垂线，圆柱面上所有素线都是铅垂线，所以其水平投影积聚成一个圆。圆柱体的上、下两底圆均平行于水平投影面，其水平投影反映实形，与圆柱面的水平投影重合。

主视图的矩形表示圆柱面的投影，其上、下两边分别为上、下底面的积聚性投影；左、右两边分别为圆柱面最左、最右素线的投影，这两条素线的水平投影积聚成两个点，其侧面投影与轴线的侧面投影重合。最左、最右素线将圆柱面分为前、后两半(图 2-33b)，是圆柱面由前向后的转向线，也是圆柱面在正面投影中可见与不可见部分的分界线。

左视图的矩形线框可与主视图的矩形线框进行类似的分析。

下面，再看一个图例：轴线为侧垂线的圆柱体投射情况及其三视图（图 2-34）。

圆柱的三视图及表面上的点

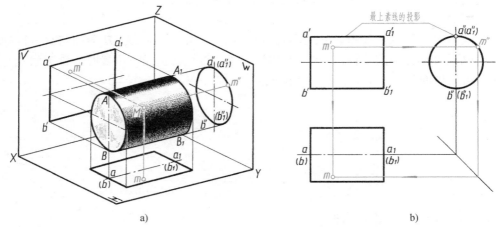

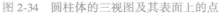

图 2-34　圆柱体的三视图及其表面上的点

综上所述，可总结出三视图的特征：一个视图为圆，其他两个视图均为相等的矩形线框。

画圆柱体的三视图时，先用细点画线画出轴线的投影和圆的两条中心线，再画出圆柱面有积聚性的投影（圆），最后根据圆柱体的高度和投影规律画出其他两视图。

（3）圆柱体表面上的点　如图 2-34 所示，已知圆柱面上点 M 的正面投影 m'，求 m 和 m''。

由于圆柱的轴线为侧垂线，圆柱面上所有素线均是平行于轴线的侧垂线，其圆柱面的侧面投影积聚成一个圆，所以点 M 的侧面投影一定重影在圆周上。据此，作图时应先求出 m''，再由 m' 和 m'' 求出 m。因点 M 位于圆柱的上表面，所以其水平投影 m 为可见。

2. 圆锥体

（1）圆锥体的形成　如图 2-35a 所示，圆锥面可看作是一条直母线 SA 围绕和它相交的轴线 OO 回转而成。圆锥体的表面由圆锥面和一个垂直于轴线的底圆平面所围成。

（2）圆锥体的三视图　图 2-35b 所示为一圆锥体的投射情况，图 2-35c 为该圆锥体的三视图。因为圆锥轴线为铅垂线，底面为水平面，所以它的水平投影为一圆，反映底面的实形，同时也表示圆锥面的投影。

主视图、左视图均为等腰三角形，其下边均为圆锥底面的积聚性投影。主视图中三角形的左、右两边，分别表示圆锥面最左、最右素线的投影（反映实长），它们是圆锥面的正面投影可见与不可见的分界线；左视图中三角形的两边，分别表示圆锥面最前、最后素线的投影（反映实长），它们是圆锥面的侧面投影可见与不可见的分界线。上述四条线的其他两面投影，请读者自行分析。

由此看出，圆锥体的三视图特征：一个视图为圆，其他两视图均为相等的等腰三角形。

画圆锥体的三视图时，应先依次画出轴线的投影、圆的中心线、底圆及顶点的各投影，再画出四条特殊位置素线的投影。

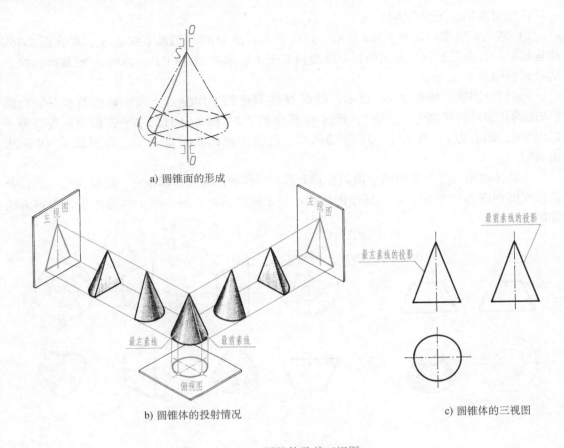

a) 圆锥面的形成

b) 圆锥体的投射情况

c) 圆锥体的三视图

图 2-35 圆锥体及其三视图

（3）圆锥体表面上的点　如图 2-36 所示，已知圆锥体表面上点 M 的正面投影 m'，求 m 和 m''。根据 M 的位置和可见性，可判定点 M 在前、左圆锥面上，因此，点 M 的三面投影均为可见。

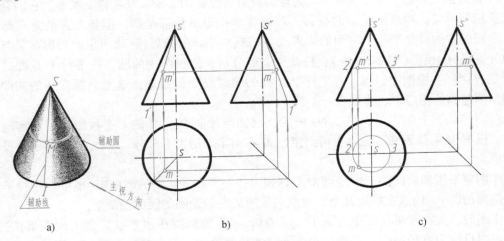

a)　　　　　　b)　　　　　　c)

图 2-36　圆锥体表面上的点的求法

圆锥的三视图及表面上的点

作图可采用如下两种方法：

1）辅助素线法：如图 2-36a 所示，过锥顶 S 和点 M 作一辅助素线 S Ⅰ，即在图 2-36b 中连接 s'm'，并延长到与底面的正面投影相交于 1'，求得 s1 和 s"1"；再由 m' 根据点在线上的投影规律求出 m 和 m"。

2）辅助圆法：如图 2-36a 所示，过点 M 在圆锥面上作垂直于圆锥轴线的水平辅助圆（该圆的正面投影积聚为一直线），即过 m' 所作的 2'3'（图 2-36c）的水平投影为一直径等于 2'3' 的圆，圆心为 s，由 m' 作 OX 轴的垂线，与辅助圆的交点即为 m。再根据 m' 和 m 求出 m"。

圆锥体被平行于其底面的平面截去其上部，所剩的部分叫作圆锥台，简称圆台。圆台及其三视图如图 2-37 所示，其三视图的特征：一个视图为两个同心圆；其他两个视图均为相等的等腰梯形。

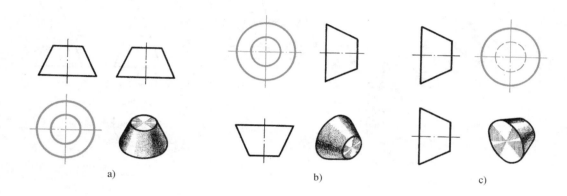

a)　　　　　　　　　　　　b)　　　　　　　　　　　　c)

图 2-37　圆台及其三视图

3. 球

（1）球体的形成　如图 2-38a 所示，球由球面围成。球面可看作一圆母线围绕它的直径回转而成（球体的任何直径都可视为球体的轴线）。

（2）球的三视图　图 2-38b 所示为球的投射情况，图 2-38c 为球的三视图。它们都是与球直径相等的圆，均表示球面的投影。球的各个投影虽然都是圆，但各个圆的意义却不相同。主视图中的圆是平行于 V 面的圆素线 Ⅰ（前、后半球的分界线，球面正面投影可见与不可见的分界线）的投影（图 2-38b、c）；按此作类似分析，俯视图中的圆，是平行于 H 面的圆素线 Ⅱ 的投影；左视图中的圆，是平行于 W 面的圆素线 Ⅲ 的投影。这三条圆素线的其他两面投影，都与圆的相应中心线重合。

（3）球表面上的点　如图 2-39a 所示，已知圆球面上点 M 的水平投影 m，求其他两面投影。根据 M 的位置和可见性，可判定点 M 在前半球的左上部分，因此点 M 的三面投影均为可见。

作图应采用辅助圆法。即过点 M 在球面上作一平行于正面的辅助圆（也可作平行于水平面或侧面的圆）。因点在辅助圆上，故点的投影必在辅助圆的同面投影上。

作图时，先在水平投影中过 m 作 ef // OX，ef 为辅助圆在水平投影面上的积聚性投影，再画正面投影为直径等于 ef 的圆，由 m 作 OX 轴的垂线，其与辅助圆正面投影的交点（因 m 可见，应取上面的交点）即为 m'，再由 m、m' 求得 m"（图2-39b）。

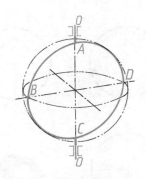

a) 球体的形成

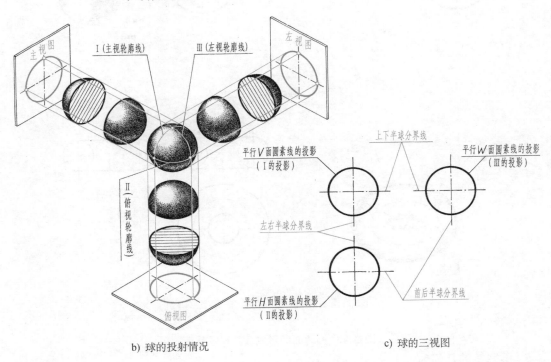

b) 球的投射情况

c) 球的三视图

图 2-38 球及其三视图

4. 圆环

如图 2-40a 所示，圆环面可看作由一圆母线绕一条与圆平面共面但不通过圆心的轴线回转而成。

圆环的形体如同手镯。其三视图（图 2-40b）的特征：一个视图为两个同心圆（分别为最大、最小圆的投影，两圆之间的部分为圆环面的投影，这两个圆也是圆环上、下表面的分界线）；其他两个视图的外轮廓均为长圆形（它们都是圆环面的投影）。主视图中的两个小圆，分别是平行于 V 面的最左、最右圆素线的投影，也是圆环前、后表面的分界线。圆的上、下两条公切线，分别为圆环最高圆和最低圆的投影。左视图也应作类似的分析。

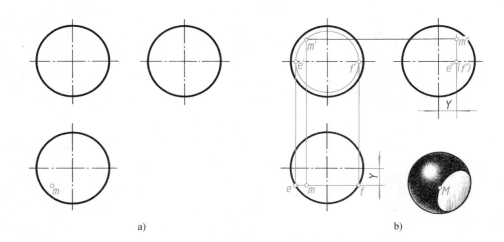

图 2-39　圆球体表面上的点

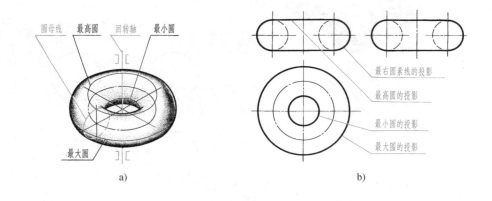

图 2-40　圆环面的形成及其视图分析

5. 不完整的几何体

几何体作为物体的组成部分不都是完整的，也并非总是直立的。多看、多画些形体不完整、方位多变的几何体及其三视图，熟悉它们的形象，对提高看图能力非常有益。为此，下面给出了多种形式的不完整回转体及其三视图供读者识读，如图 2-41、图 2-42 所示。

阅读不完整回转体的三视图时，应先看具有特征形状的视图，即先看具有圆（或其一部分）的视图，再根据其他两视图的外形轮廓线，分析它是哪种回转体，属于哪一部分，然后再将它归属于完整回转体及其三视图的方位之中。这样，在整体的提示下进行局部想象，往往会收到很好的学习效果。

值得一提的是，在看物记图、看图想物的过程中，不应忽略图中的细点画线。它往往是物体对称中心面、回转体轴线的投影或圆的中心线，在图形中起着基准或定位的重要作用。弄清这个道理，对看图、画图、标注尺寸等都很有帮助。

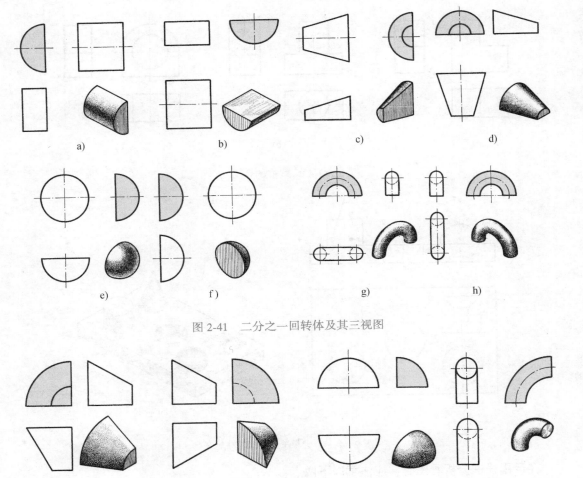

图 2-41　二分之一回转体及其三视图

图 2-42　四分之一回转体及其三视图

第七节　识读一面视图

视图是由若干个封闭线框组成的。搞清线框的含义，是学习看图必须具备的基本知识。

一、线框的含义

1) 视图中每一个封闭的线框，都表示物体上的一个表面(平面、曲面，图 2-43a、b；或其组合面，图 2-43c)或孔(图 2-43c)。

2) 视图中相邻的两个封闭线框，都表示物体上位置不同的两个表面，如图 2-43a、b所示。

3) 在一个大封闭线框内所包括的各个小线框，一般是表示在大平面体(或曲面体)上凸出或凹下的各个小平面体(或曲面体)，如图 2-43c、图 2-44a所示。

微课：识读一面视图

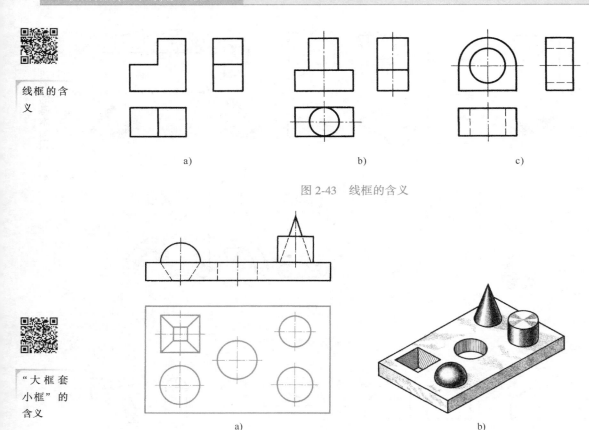

图 2-43　线框的含义

图 2-44　"大框套小框"的含义

在运用线框分析看图时，应注意以下两点：

1）由于几何体的视图大多是一个线框，如三角形、矩形、梯形和圆形等，看图时可先假定"一个线框表示的就是一个几何体"，然后根据该线框在其他视图中的对应投影，再确定此线框表示的是哪种几何体（或是几何体上的一个表面）。这样就可以利用我们熟悉的几何体视图形状想象出其立体形状（或按"面"的投影特性分析出该面的空间位置）。

2）线框的分法应根据视图形状而定。分的块可大可小，一个线框可作为一块，几个相连的线框也可以作为一块，只要与其他视图相对照，看懂该部分形体的形状就达到目的了。就是说，"线框的含义"是通过看图实践总结出的属于约定俗成的结论，故不要硬抠字眼和死板套用，当所看的视图难以划分线框或经线框分析不能奏效时，就不应采用此法，而应按"线、面"的投影特性去分析，进而将图看懂。

二、识读一面视图的方法

下面，以识读图 2-45 所示的主视图为例加以说明。

主视图是物体在正立投影面上的一面缩影，它是将属于该物体表面上的面、线、点由前向后径直地"压缩"而成的平面图形。主视图不反映物体的厚薄，而若想出形状又必须搞清其前后，因此，读图时就应像拉杆天线被拉出那样，使视图中每一线框表示的形体反向沿投射线脱"影"而出（图 2-45a）。可是，哪些形体凸出、凹下或是挖空，它们究竟凸起多高、凹下多深，仅从一面视图是无法确定的，因为常常具有几种可能性（图 2-45b）。由此可见，为了确定物体的形状，必须由俯视图、左视图加以配合。

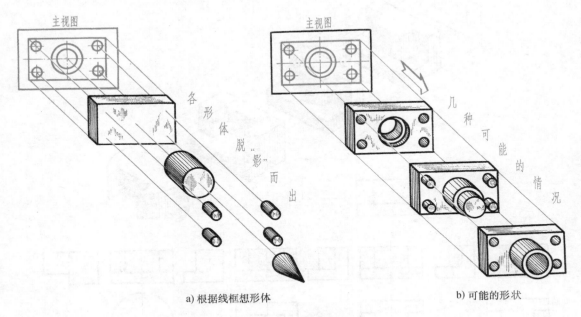

a) 根据线框想形体   b) 可能的形状

图 2-45　识读主视图的思维方法

识读一面视图

由此可总结出识读一面视图的方法步骤：

1）先假定一个线框表示的就是一个"体"，将平面图形看成是"起鼓"（凸、凹）的"立体图形"。

2）尽量多地想出物体的可能形状（本例只列出三种）。

3）补画其他视图，将想出物体的各个组成部分定形、定位。

例 3　根据同一主视图（图 2-46），补画俯视图、左视图。

识读主视图时，须运用"相邻框"和"框中框"的含义，将其所示的"面"或"体"向前拉出，以确定面与面之间的前、后位置或体与体之间的凸凹关系。补画出的视图，如图 2-46b、图 2-46c 所示。

例 4　根据同一俯视图（图 2-47），补画主视图、左视图。

根据俯视图补画主视图、左视图，首先假想将水平面向上旋回 90°，然后再运用"相邻框"和"框中框"的含义，将其所表示的"面"或"体"向上升起，以确定面与面之间的上、下位置或体与体之间的凸凹关系。补画出的视图及物体的轴测图，如图 2-47 所示。

例 5　根据同一左视图（图 2-48），补画主视图、俯视图。

补画视图的方法步骤与上例相类似。分析时，先假想将侧面向左旋回 90°，再将线框所表示的"面"或"体"向左横移。补画出的主视图、俯视图和物体的轴测图，如图 2-48 所示。

通过作图可知，一面视图所反映的物体形状具有不确定性（一题多解）。可见，识读一面视图并不是目的，而是将它作为提高空间想象力，强化投影可逆性训练，打通看图思路的一种手段。掌握这种看图技巧，对看图会有莫大帮助。

根据主视
图构思物
体的形状

根据俯视
图补画
主、左视
图

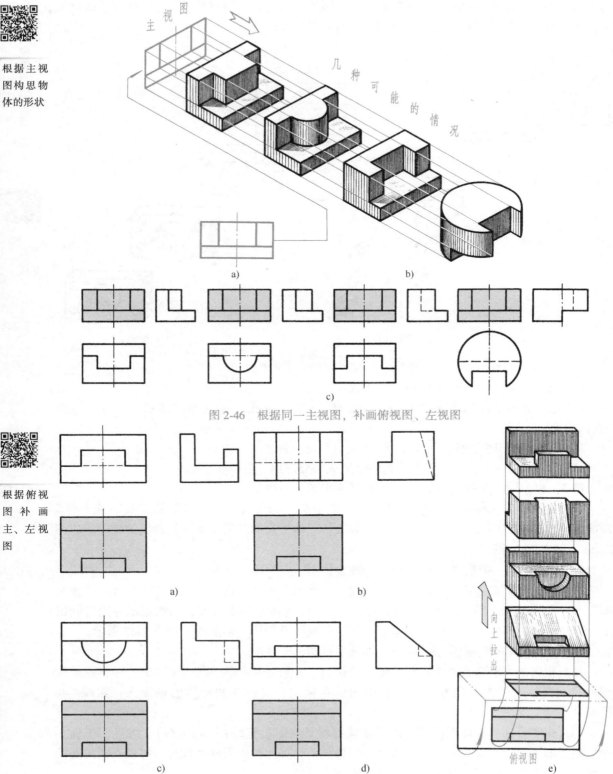

图 2-46　根据同一主视图，补画俯视图、左视图

图 2-47　根据同一俯视图，补画主视图、左视图

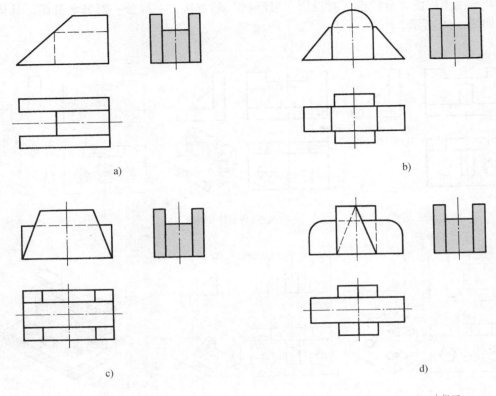

a)　　　　　　　　　　　　　　b)

根据左视图，补画主、俯视图

c)　　　　　　　　　　　　　　d)

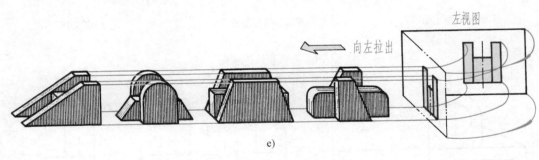

e)

图 2-48　根据同一左视图，补画主视图、俯视图

三、看简单体的三视图

看三视图实际上也是从某一个视图或其某一部分开始看起的（为掌握看图技巧，每个视图都应有意这样看），故作看图练习时应先"遮住"两个，只看一个或其一部分，想出其可能形状后，再与其他视图相对照，用"分线框、对投影"的方法，以确定物体各组成部分的形状，最后将其加以综合，即可想象出物体的整体形状。

下面，通过两个例题练习一下。

例6　看懂图 2-49a 所示的三视图。

本例的主、俯、左三视图，可分别将它们当作"一面视图"来识读，看图的方法、步骤如图 2-49 所示。

例7 根据主、俯两视图(图2-50a),补画左视图。

补画视图应按"分线框、对投影、想形状"的方法,一部分一部分地补画。具体作图步骤如图2-50所示。

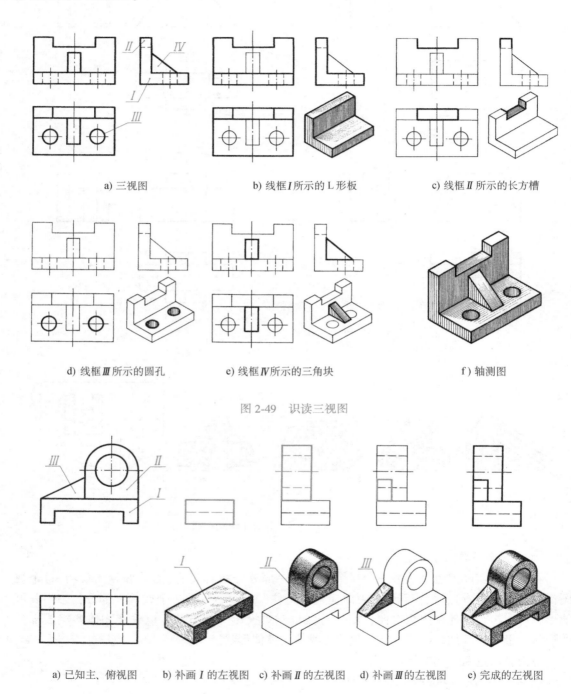

a) 三视图 b) 线框 *I* 所示的 L 形板 c) 线框 *II* 所示的长方槽

d) 线框 *III* 所示的圆孔 e) 线框 *IV* 所示的三角块 f) 轴测图

图 2-49 识读三视图

a) 已知主、俯视图 b) 补画 *I* 的左视图 c) 补画 *II* 的左视图 d) 补画 *III* 的左视图 e) 完成的左视图

图 2-50 根据主、俯视图,补画左视图

第八节　几何体的轴测图

一、概述

下面以一立方体为例，说明正等测是怎样得出来的。

图 2-51a 中，当立方体的正面平行于轴测投影面时，立方体的投影是个正方形。如将立方体按图示的位置平转 45°，即变成图 2-51b 中的情形，这时所得到的投影是两个相连的长方形。再将立方体向正前方旋转约 35°，就变成了图 2-51c 中的情形。这时立方体的三根坐标轴与轴测投影面都倾斜成相同的角度，所得到的投影是由三个全等的菱形构成的图形，这就是立方体的正等测（图 2-51c），将其单独画出来，如图 2-51d 所示。

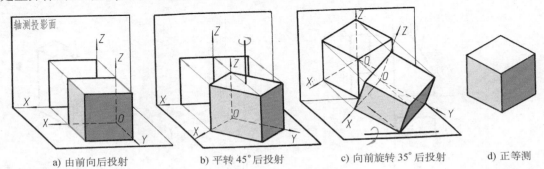

a) 由前向后投射　　b) 平转 45° 后投射　　c) 向前旋转 35° 后投射　　d) 正等测

图 2-51　正等测的形成

为加深理解轴测图的由来，可拿实物按上述"转法"向正前方平视（投射），轴测图的形象就会显现出来。懂得这个道理，对画轴测图会有启发。

将物体连同其直角坐标系，沿不平行于任一坐标平面的方向，用平行投影法将其投射在单一投影面上所得到的图形，称为轴测投影（或轴测图）。

因为用轴测图可表达物体的三维形象，比正投影图直观，所以工程上常把它作为辅助性的图样来使用。此外，会画轴测图（尤其是勾画轴测草图）对看图有很大帮助。

二、轴测图的基本知识

图 2-52 所示为一四棱柱的三视图。图 2-53 所示为同一四棱柱的两种轴测图：图 2-53a 为正等轴测图，简称正等测；图 2-53b 为斜二等轴测图，简称斜二测。

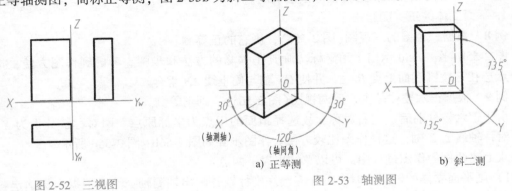

图 2-52　三视图　　　　a) 正等测　　b) 斜二测

图 2-53　轴测图

通过比较不难发现，三视图与轴测图是有一定关系的，其主要异同点如下：

（1）图形的数量不同　视图是多面投影图，每个视图只能反映物体长、宽、高三个尺度中的两个。轴测图则是单面投影图，它能同时反映出物体长、宽、高三个尺度，因此具有立体感。

（2）两轴间的夹角不同　视图中的三根投影轴 X、Y、Z 互相垂直，两轴之间的夹角均为 90°。正等测中，两轴（称为轴测轴）之间的夹角（称为轴间角）均为 120°（图 2-53a，须用 30°-60°三角板作图）；斜二测中，两轴测轴之间的夹角则分别为 90°和 135°（图 2-53b，须用 45°三角板作图）。

（3）线段的平行关系相同　物体上平行于坐标轴的线段，在三视图中仍平行于相应的投影轴，在轴测图中也平行于相应的轴测轴，如图 2-52、图 2-53 所示；物体上互相平行的线段（如 $AB /\!/ CD$）在三视图和轴测图中仍互相平行，如图 2-54a、图 2-54c 所示。

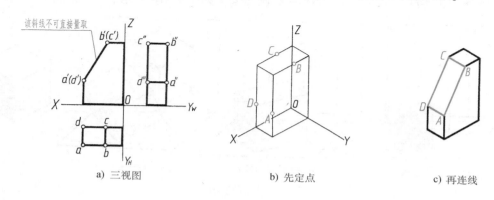

a) 三视图　　　　　　　　b) 先定点　　　　　　　　c) 再连线

图 2-54　物体上"斜线"及"平行线"的轴测图画法

由此可知，依据三视图画轴测图时，只要抓住与投影轴平行的线段可沿轴向对应取至于轴测图中这一基本性质，轴测图就不难画出来了（斜二测中，与 Y 轴平行的线段，取其长度的 1/2）。但必须指出，三视图中与投影轴倾斜的线段（如图 2-54a 中 $a'b'$、$c'd'$）不可直接量取，只能依据该斜线两个端点的坐标先定点，再连线，其作图过程如图 2-54b、图 2-54c 所示。

三、平面立体的轴测图画法

画平面立体的轴测图常用坐标法。画图时首先应选好坐标轴并画出轴测轴，然后根据坐标画出物体上各点的轴测图，再由点连成线，由线连成面，从而画出物体的轴测图。前述点、直线、平面的轴测图都是按坐标法绘制的。

1. 平面立体的正等测画法

例 8　根据三棱锥的三视图（图 2-55a），画它的正等测。

图 2-55b～图 2-55d 示出了用坐标法画其正等测的方法和步骤。考虑到作图方便，把坐标原点选在三棱锥底面上点 B 处，并使 OX 轴与侧垂线 AB 重合。

例 9　根据正六棱柱的主、俯两视图（图 2-56a），画正等测。

由于正六棱柱前后、左右对称，故选择顶面的中点为坐标原点，两对称线分别为 X、Y 轴，对称轴线为 Z 轴，这样作图比较方便。作图步骤如图 2-56b～图 2-56d 所示。

从上述两例的作图过程中，可以总结出以下两点：

1）画平面立体的轴测图时，首先应选好坐标轴并画出轴测轴；然后根据坐标确定各顶

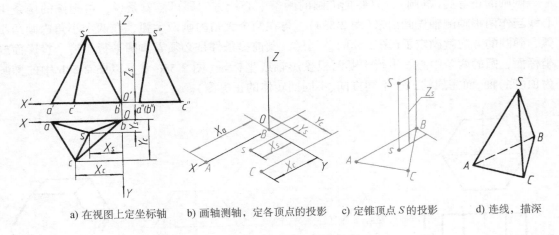

a) 在视图上定坐标轴　　b) 画轴测轴，定各顶点的投影　　c) 定锥顶点 S 的投影　　d) 连线，描深

图 2-55　三棱锥正等测的作图步骤

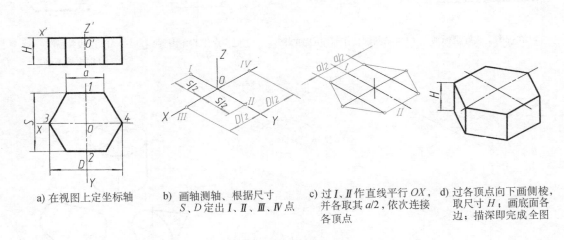

a) 在视图上定坐标轴　　b) 画轴测轴、根据尺寸　　c) 过 I、II 作直线平行 OX　　d) 过各顶点向下画侧棱，
　　　　　　　　　　　　　S、D 定出 I、II、III、IV 点　　并各取其 a/2，依次连接　　取尺寸 H；画底面各
　　　　　　　　　　　　　　　　　　　　　　　　　各顶点　　　　　　　　边；描深即完成全图

图 2-56　正六棱柱正等测的作图步骤

点的位置，最后依次连线，完成整体的轴测图。具体画图时，应分析平面立体的形体特征，一般总是先画出物体上一个主要表面的轴测图。通常是先画顶面，再画底面；有时需要先画前面，再画后面，或者先画左面，再画右面。

2）为使图形清晰，在轴测图上一般不画细虚线。但在有些情况下，为了相互衬托以增强图形的直观性，也可画出少量细虚线，如图 2-55 所示。

2. 平面立体的斜二测画法

例如，已知图 2-57a 所示的正六棱柱台的两视图，其斜二测的画法如图 2-57b～图 2-57d 所示。应注意，Z 轴仍为铅垂线，X 轴为水平线，Y 轴与水平线成 45°，且宽度尺寸应取其一半。

四、回转体的轴测图画法

1. 回转体的正等测画法

（1）圆的正等测画法　平行于各坐标面的圆的正等测都是椭圆，如图 2-58b 所示。它们除了（长短轴）方向不同外，其画法都是一样的。

画圆的正等测(椭圆),只要把准圆的两条中心线方向即可。就是说,可把圆的两条中心线当作两根轴测轴先画出来(图2-58a),再在两个大角内画两大弧,在两个小角内画两小弧,椭圆的方向就确定了(图2-58b)。当然,其前提条件是必须弄清圆平行于哪个投影面或坐标面,圆的两条中心线平行于哪两根投影轴或坐标轴(图2-58c就是以图2-58b中的椭圆为顶(底)面,而完成的三个不同方向、不同回转体的正等测)。

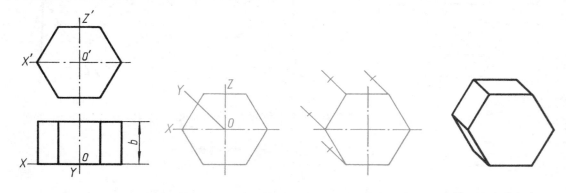

a) 在视图上选好坐标轴　　b) 画轴测轴,作前面的轴测图　　c) 过角点作 Y 轴平行线,　　d) 连线并描深
　　　　　　　　　　　　　　　　　　　　　　　　　　　　　取 b/2 得点　　　　　　(细虚线不画)

图 2-57　正六棱柱斜二测画法

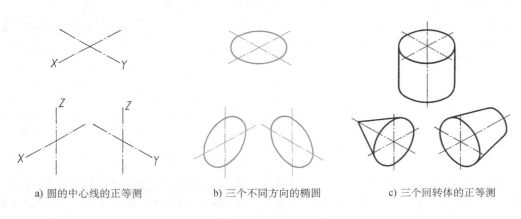

a) 圆的中心线的正等测　　　　b) 三个不同方向的椭圆　　　　c) 三个回转体的正等测

图 2-58　平行于不同坐标面的圆的正等测

下面以平行 H 面的圆为例,说明画椭圆的具体步骤(图2-59)。

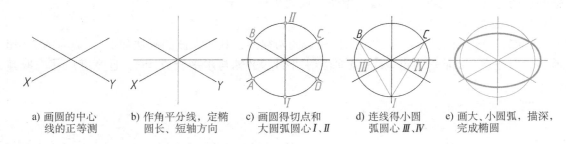

a) 画圆的中心　　b) 作角平分线,定椭　　c) 画圆得切点和　　d) 连线得小圆　　e) 画大、小圆弧,描深,
线的正等测　　　圆长、短轴方向　　　大圆弧圆心 I、II　　弧圆心 III、IV　　完成椭圆

图 2-59　椭圆的画图步骤

1）画圆的两条中心线的正等测（图2-59a）。

2）画角平分线：小角的平分线为椭圆的长轴，大角的平分线为椭圆的短轴（图2-59b）。

3）以圆的半径为半径，以长短轴的交点为圆心画圆，则与"两条中心线"的交点 A、B、C、D 即为椭圆上的四个切点，与短轴上的交点 Ⅰ、Ⅱ 即为两个大圆弧的圆心（图2-59c）。

4）将任一个大圆弧的圆心与另一侧的两个切点连线（如 ⅠB、ⅠC），则与椭圆长轴的交点 Ⅲ、Ⅳ，即为两个小圆弧的圆心（图2-59d）。

5）分别画两个大圆弧，再画两个小圆弧，即完成椭圆的作图（图2-59e）。

通过作图可知，上述画法与用菱形法（四心画法）画椭圆的道理一样，但这种作法简便，易于确定椭圆的方向，故应练熟（先勾画草图，把准方向；再正规试作，控制角度）。

（2）回转体的正等测画法　在画回转体的正等测时，只有明确圆所在的平面平行于哪个坐标面，才能保证画出方向正确的椭圆。

1）圆柱的正等测画法：作图步骤如图2-60所示。

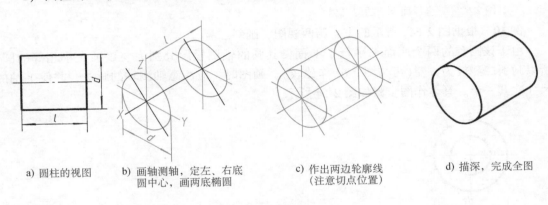

a) 圆柱的视图　　b) 画轴测轴，定左、右底　　c) 作出两边轮廓线　　d) 描深，完成全图
　　　　　　　　　圆中心，画两底椭圆　　　　（注意切点位置）

图2-60　圆柱正等测画法

2）圆台的正等测画法：作图步骤如图2-61所示。

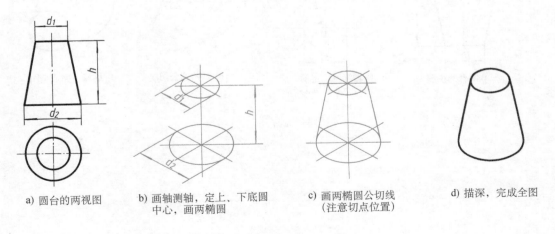

a) 圆台的两视图　　b) 画轴测轴，定上、下底圆　　c) 画两椭圆公切线　　d) 描深，完成全图
　　　　　　　　　中心，画两椭圆　　　　（注意切点位置）

图2-61　圆台正等测画法

画圆台的正等测，与圆柱的作图步骤相类似，但公切线不是两椭圆长轴对应端点的连

线，而应按作两圆弧公切线的方法绘制。

2. 回转体的斜二测画法

平行于 V 面的圆的斜二测仍是一个圆，反映实形，而平行于 H 面和 W 面的圆的斜二测都是很扁的椭圆(图 2-62)，比较难画。因此，当物体上具有较多平行于一个坐标面(V 面)的圆时，画斜二测比较方便。图 2-63 为其应用实例。

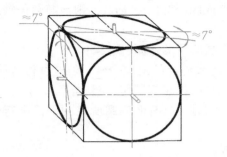

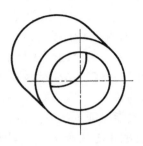

图 2-62　三坐标面上圆的斜二测　　　　　　图 2-63　斜二测应用实例

例 10　根据图 2-64a 所示的主、俯两视图，画斜二测。

由于该圆台的两个底面都平行于 V 面，其圆的轴测投影分别为与该圆大小相等的圆，所以画斜二测较为方便(可与图 2-61 作比较)。画图时，应注意轴测轴的画法，并使 Y 轴的尺寸取其一半。具体作图步骤如图 2-64 所示。

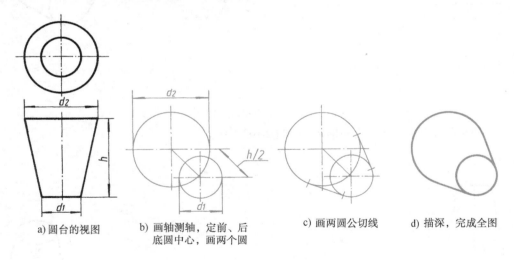

a) 圆台的视图　　b) 画轴测轴，定前、后　　c) 画两圆公切线　　d) 描深，完成全图
　　　　　　　　　 底圆中心，画两个圆

图 2-64　圆台斜二测画法

立体的表面交线

在机件上常见到一些交线。在这些交线中，有的是平面与立体表面相交而产生的交线——截交线，如图 3-1a、图 3-1b 所示；有的是两立体表面相交而形成的交线——相贯线，如图 3-1c、图 3-1d 所示。了解这些交线的性质并掌握交线的画法，将有助于正确地表达机件的结构形状，也便于读图时对机件进行形体分析。

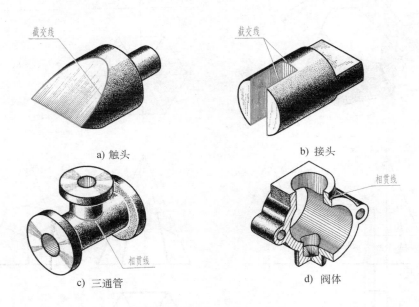

a) 触头

b) 接头

c) 三通管

d) 阀体

图 3-1 截交线与相贯线的实例

第一节 截 交 线

平面与立体表面的交线，称为截交线。截切立体的平面，称为截平面(图 3-2a)。

由于立体的形状和截平面的位置不同，截交线的形状也各不相同，但它们都具有下面的两个基本性质：

1) 截交线是一个封闭的平面图形。

2）截交线既在截平面上，又在立体表面上，因此截交线是截平面和立体表面的共有线，截交线上的点都是截平面与立体表面上的共有点。

一、平面立体的截交线

1. 平面立体截交线的画法

平面立体的截交线是一个封闭的平面多边形（图 3-2a），它的顶点是截平面与平面立体的棱线的交点，它的边是截平面与平面立体表面的交线。因此，求平面立体截交线的投影，实质上就是求截平面与平面立体各被截棱线的交点的投影。

例 1 求正六棱锥截交线的三面投影（图 3-2a）。

截交线的
作图步骤

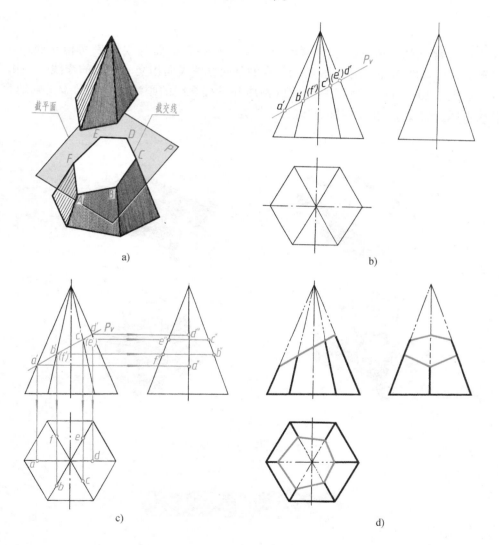

图 3-2　截交线的作图步骤

分析　截平面 P 为正垂面，它与正六棱锥的六条棱线和六个棱面都相交，故截交线是一个六边形。因为截平面 P 的正面投影积聚成一直线 P_v（截平面 P 与 V 面的交线），所以截平面 P 与正六棱锥各侧棱线的六个交点的正面投影 a'、b'、c'、d'、(e')、(f') 都在 P_v 上，即截交线的正面投影是已知的，故只需求出截交线的水平投影和侧面投影。

作图 其方法步骤如下：

1) 先画出正六棱锥的三视图，利用截平面的积聚性投影，找出截交线各顶点的正面投影 a'、b'……（图 3-2b）。

2) 根据直线上点的投影特性，求出各顶点的水平投影 a、b……及侧面投影 a''、b''……（图 3-2c）。

3) 依次连接各顶点的同面投影，即为截交线的水平投影和侧面投影（均为六边形的类似形）。此外，还应考虑形体其他轮廓线投影的可见性问题，直至完成三视图（图 3-2d）。

当用两个以上截平面截切立体时，在立体上将会出现切口、开槽等情况，这样的立体称为切割体。此时作图，不但要逐个画出各个截平面与立体表面截交线的投影，而且要画出各截平面之间交线的投影，进而完成整个切割体的投影。

例 2 根据图 3-3a 所示的开槽正六棱柱，画出其三视图。

分析 正六棱柱上部中间的通槽，是被两个左右对称的侧平面和一个水平面切割而成的，侧平面切出的截交线为两个相等的矩形，水平面切出的截交线为八边形（含两截平面的交线，如 II III）。因为它们都垂直于正面，其投影积聚为三条相接的直线，显现出槽的形状特征，所以开槽部分的作图应从正面投影入手。

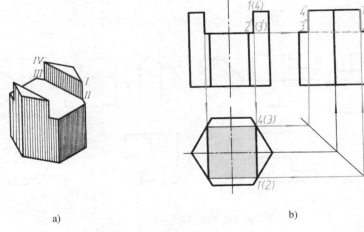

开槽正六棱柱视图的画法

图 3-3　开槽正六棱柱三视图的画法

作图 ①先完成整个正六棱柱的三视图。②根据通槽的尺寸，即槽宽（图中为长度方向）和槽深，画出通槽的正面投影和水平面投影。③根据正面投影和水平面投影，运用点的投影规律，求出通槽的侧面投影（图 3-3b）。

应注意，槽底为水平面，它在侧面的投影积聚为直线，其被遮挡的部分画成细虚线。

2. 看平面切割体的三视图

想提高看图能力就必须多看图，并在看图的实践中注意学会投影分析和线框分析，掌握看图方法，积累形象储备。为此，特提供一些切割体的三视图（图 3-4~图 3-7），希望读者自行识读（应当指出，棱柱穿孔实为相贯，这里可用截交的概念来解题）。

看图提示：

1) 要明确看图步骤：①根据轮廓为正多边形的视图，确定被切立体的原始形状。②从反映切口、开槽、穿孔的特征部位入手,分析截交线的形状及其三面投影。③将想象中的切割体形状,从无序排列的立体图(表3-1)中辨认出来加以对照。

2) 要对同一图中的四组三视图进行比较,根据切口、开槽、穿孔部位的投影(图形)特征,总结出规律性的东西,以指导今后的看图(画图)实践。其中,尤应注意分析视图中"斜线"的投影含义,该截交线上点的另两面投影由此求出。

3) 看图与画图能力的提高是互为促进的。因此,希望读者根据表3-1中的轴测图多做些徒手画三视图的练习,作图后再将图3-4~图3-7中的三视图作为答案加以校正,这对画图、看图都有帮助。

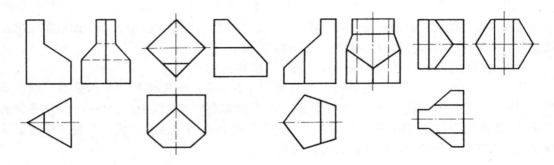

图 3-4　带切口正棱柱体的三视图

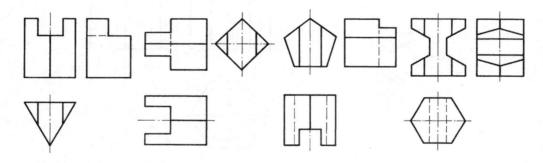

图 3-5　带开槽正棱柱体的三视图

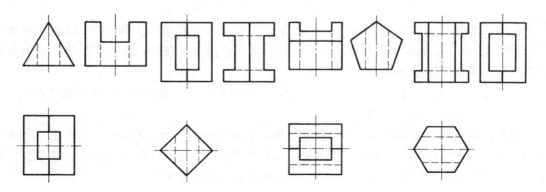

图 3-6　带穿孔正棱柱体的三视图

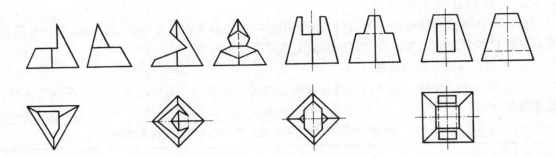

图 3-7　带切口、开槽、穿孔正棱锥体的三视图

表 3-1　图 3-4~ 图 3-7 所示平面切割体的轴测图

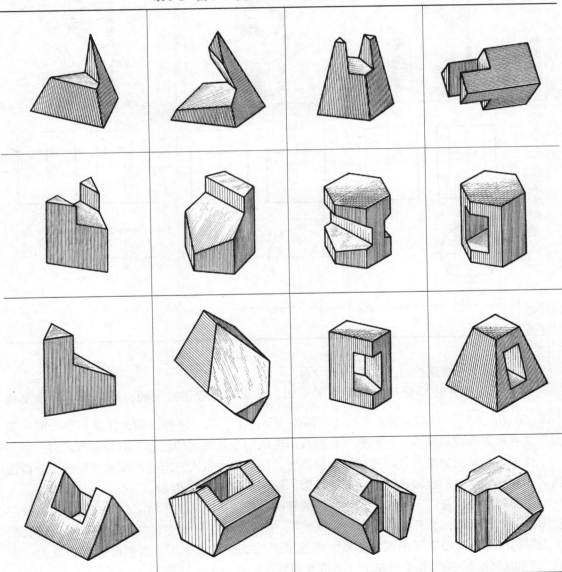

二、曲面立体的截交线

曲面立体的截交线也是一个封闭的平面图形，其边多为曲线或曲线与直线，有时全是直线，如圆柱的截交线可为矩形，圆锥的截交线可为三角形等。

1. 曲面立体截交线的画法

（1）圆柱的截交线 截平面与圆柱轴线的相对位置不同，其截交线有三种不同的形状，见表 3-2。

表 3-2 截平面与圆柱轴线的相对位置不同时所得的三种截交线

截平面的位置	与轴线平行时	与轴线垂直时	与轴线倾斜时
轴测图	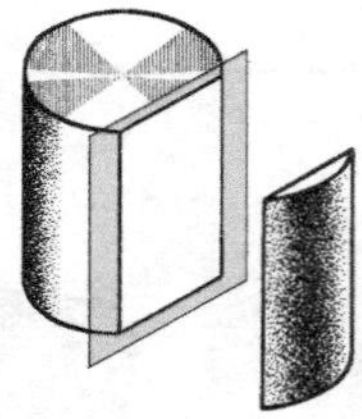	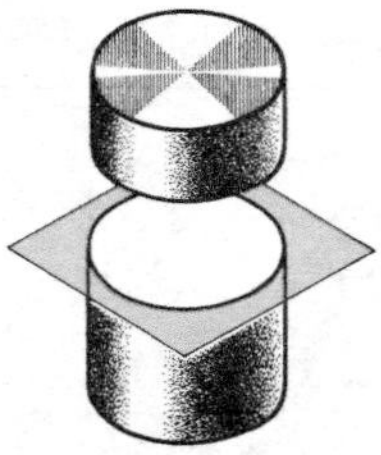	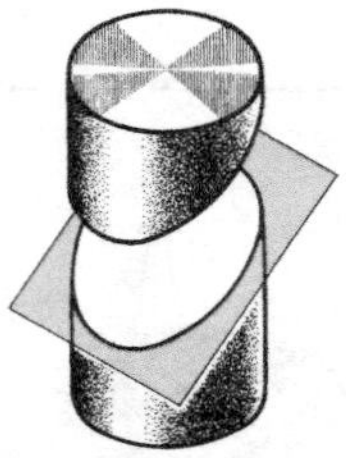
投影图	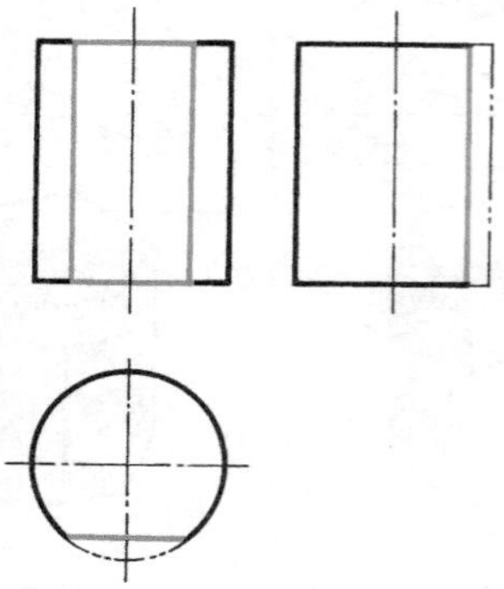	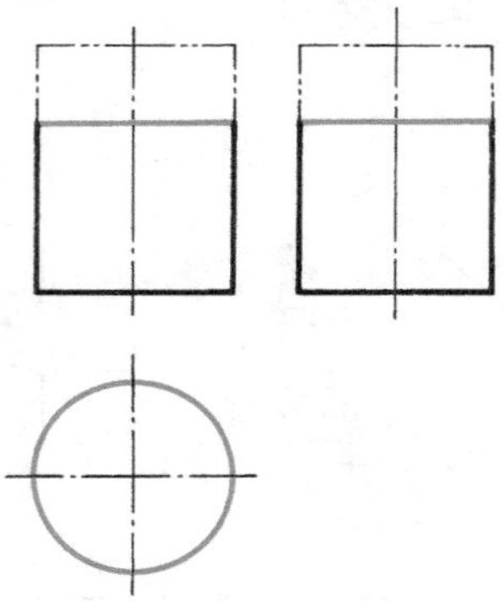	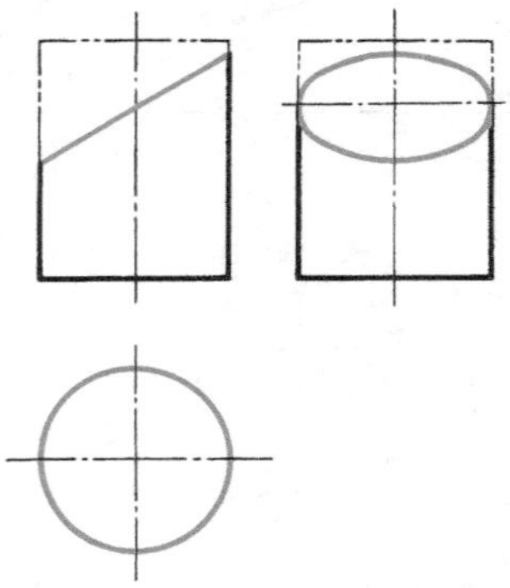
截交线的形状	矩 形	圆	椭 圆

例 3 画出开槽圆柱的三视图（图 3-8a）。

分析 圆柱开槽部分是由两个侧平面和一个水平面截切而成的，圆柱面上的截交线（AB、CD、$\overparen{BF}$、$\overparen{DE}$……）都分别位于被切出的各个平面上。由于这些面均为投影面平行面，其投影具有积聚性或显实性，因此截交线的投影应依附在这些面的投影，不需另行求出。

作图 先画出完整圆柱的三视图，按槽宽、槽深尺寸依次画出正面和水平面投影，再依据点、直线、平面的投影规律求出侧面投影。作图步骤如图 3-8b 所示。

作图时，应注意以下两点：①因圆柱的最前、最后素线均在开槽部位被切去一段，故左视图的外形轮廓线，在开槽部位向内"收缩"，其收缩程度与槽宽有关。②注意区分槽底侧面投影的可见性。槽底是由两段直线、两段圆弧构成的平面图形，其侧面投影积聚为一直线，中间部分（$b'' \rightarrow d''$）是不可见的，画成细虚线。

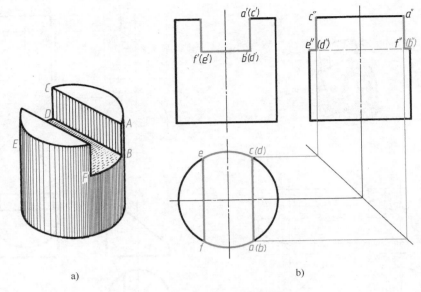

a)　　　　　　　　　　　　b)

图 3-8　开槽圆柱的三视图画法

例 4　画出切口圆柱(图 3-9a)的三视图。

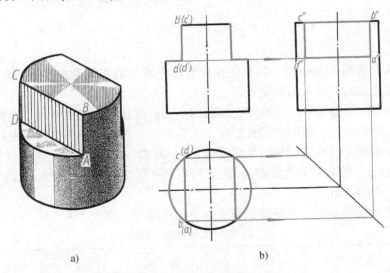

a)　　　　　　　　　　　　b)

图 3-9　切口圆柱的三视图画法

分析　该圆柱的两个切口左右对称,分别由侧平面和水平面截切而成,截交线都是矩形面和弓形面。因为它们均为投影面的平行面,其投影具有积聚性和显实性,所以不必另行求作。

作图　先画出完整圆柱的三视图,按切口尺寸依次画出正面投影和水平投影,再根据平面的投影规律求出侧面投影,其作图步骤如图 3-9b 所示。

例 5　画出图 3-10a 所示形体的三视图。

分析　该形体由一个侧平面和一个正垂面截切圆柱而成。侧平面切得的截交线矩形 *ABDC* 的正面投影和水平面投影分别积聚成一条直线,侧面投影为矩形的实形;正垂面与圆

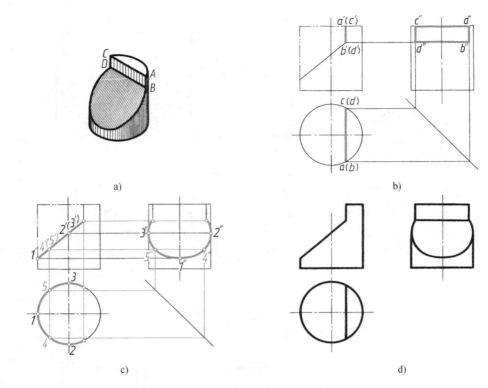

图 3-10 切割圆柱的视图画法

柱表面的交线为椭圆(一部分),其正面投影与此椭圆面的积聚性投影(直线)重合,水平面投影与圆周重合,故只需求出侧面投影。

作图 先画出完整圆柱的三视图,再按截平面的位置尺寸依次画出正面投影和水平面投影,据此求出侧面投影:矩形面的投影按点的投影规律求出;椭圆面则需先找特殊点的投影 1″、2″、3″(分别在圆柱最左、最前、最后素线上),再求一般点(为便于连线任找的点)的投影 4″、5″(图 3-10c),然后光滑连线而成(注意与两截平面交线端点投影 b″、d″的连接)。作图步骤如图 3-10b～图 3-10d 所示。

(2)圆锥体的截交线 圆锥体的截交线有五种情况,见表 3-3。

表 3-3 圆锥体的截交线

截平面的位置	与轴线垂直	过圆锥顶点	平行于任一素线	与轴线倾斜	与轴线平行
轴测图					

截平面的位置	与轴线垂直	过圆锥顶点	平行于任一素线	与轴线倾斜	与轴线平行
投影图					
截交线的形状	圆	等腰三角形	封闭的抛物线①	椭　圆	封闭的双曲线①

① "封闭"是指以直线（截平面与圆锥底面的交线）将在圆锥面上形成的抛物线、双曲线加以封闭，构成一个平面图形。当截交线为椭圆弧时，也将出现相同的情况。

例 6　求正平面截切圆锥（图 3-11a）的截交线的投影。

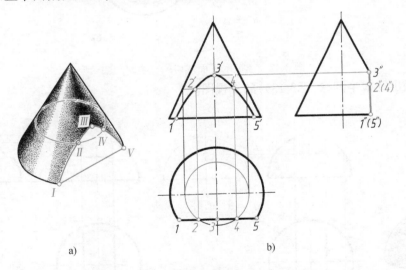

圆锥截交线的投影

图 3-11　正平面截切圆锥的截交线的投影

分析　因为截平面为正平面，与圆锥的轴线平行，所以截交线为一以直线加以封闭的双曲线。其水平投影和侧面投影分别积聚为一直线，只需求出正面投影。

作图

1）求特殊点：点Ⅲ为最高点，它在最前素线上，故根据 3″可直接作出 3 和 3′。点Ⅰ、Ⅴ为最低点，也是最左、最右点，其水平面投影 1、5 在底圆的水平面投影上，据此可求出1′、5′。

2）求一般点：可利用辅助圆法（也可用辅助素线法），即在正面投影 3′与 1′、5′之间画一条与圆锥轴线垂直的水平线，与圆锥最左、最右素线的投影相交，以两交点之间的长度为直径，在水平面投影中画一圆，它与截交线的积聚性投影——直线相交于 *2* 和 *4*，据此求出 *2′*、*4′*。

3）依次将 *1′*、*2′*、*3′*、*4′*、*5′* 连成光滑的曲线，即为截交线的正面投影（图3-11b）。

（3）**圆球的截交线** 圆球被任意方向的平面截切，其截交线都是圆。当截平面为投影面的平行面时，截交线在所平行的投影面上的投影为一圆，其余两面投影积聚为直线，如图3-12所示。该直线的长度等于圆的直径，其直径的大小与截平面至球心的距离 B 有关。

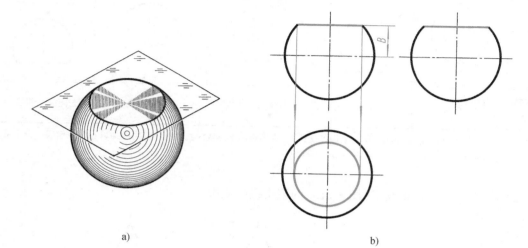

图 3-12 球被水平面截切的三视图画法

例 7 画出开槽半圆球(图3-13a)的三视图。

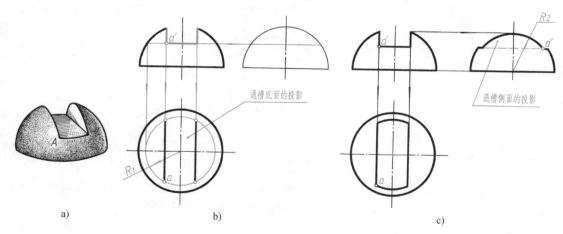

图 3-13 开槽半圆球的三视图画法

分析 因为半圆球被两个对称的侧平面和一个水平面所截切，所以以两个侧平面的截交线各为一个月牙形，而水平面与球面的截交线为两边是圆弧、两边是直线的四边形。

作图 首先画出完整半圆球的三视图，再根据槽宽和槽深尺寸依次画出正面、水平面和侧面的投影，作图的关键在于确定圆弧半径 R_1 和 R_2，具体作法如图 3-13b、图 3-13c 所示

（左视图中外形轮廓线的"收缩"情况和槽底投影的可见性判断，与图 3-8 中左视图的分析相类似，故不再赘述）。

2. 看曲面切割体的三视图

下面提供一些三视图（图 3-14～图 3-16），希望读者自行阅读（圆柱穿孔实为相贯，这里可用截交的概念来解题）。

看图提示：

看曲面切割体的三视图，与看平面切割体三视图的要求基本相同。此外，再强调几点：

1）要注意分析截平面的位置。一是分析截平面与被切曲面体的相对位置，以确定截交线在曲面上的形状（如截平面与圆柱轴线倾斜，为椭圆；与圆锥轴线垂直，为圆等）；二是分析截平面与投影面的相对位置，以确定截交线的投影形状（如球被一个投影面垂直面的截平面切割，截交线圆在另两面上的投影则变成了椭圆等）。

2）当截交线的投影为非圆曲线时，应先求特殊位置点的投影以确定其投影范围，再求一般位置点的投影以增加其投影连线的准确度。

3）要注意分析曲面体轮廓线投影的变化情况（存留轮廓线的投影不要漏画，被切掉轮廓线的投影不要多画）。此外，还要注意截交线投影的可见性问题。

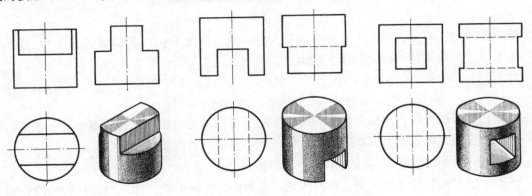

图 3-14　带切口、开槽、穿孔圆柱体的三视图

在看下面的三视图时，应先读懂图形，想出切割体形状，然后再看轴测图。

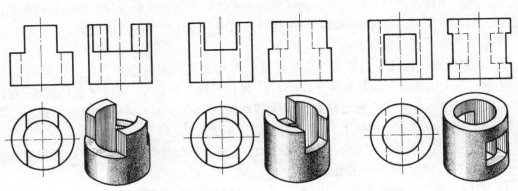

图 3-15　带切口、开槽、穿孔空心圆柱体的三视图

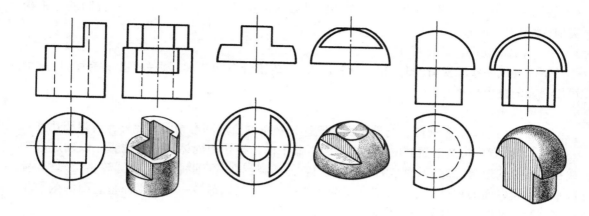

图 3-16　带切口圆柱及半球体的三视图

第二节　相　贯　线

两立体相交，在其表面上产生的交线称为相贯线，如图 3-1c、图 3-1d 和图 3-17a 所示。本节仅讨论两回转体相交的相贯线画法。相贯线具有如下两个基本性质：

1）相贯线是两回转体表面的共有线，相贯线上的点是两回转体表面上的共有点。

2）相贯线一般为封闭的空间曲线，特殊情况下是平面曲线或直线。

根据相贯线的性质，求相贯线的问题，实际上可归结为求作两相贯体表面上一系列共有点的问题。按照在体表面上求点的方法，即可求出相贯线的投影。

一、正交两圆柱的相贯线画法

两个直径不相等的圆柱正交，相贯线是一条封闭的空间曲线。如果两圆柱的轴线分别垂直于相应的投影面，其投影可利用圆柱面投影的积聚性，运用表面求点法求出。

例 8　画出两正交圆柱体的三视图（图 3-17）。

分析　由图 3-17a、图 3-17b 可以看出，两圆柱的轴线垂直正交，小圆柱面的水平投影和大圆柱面的侧面投影都有积聚性，相贯线的水平投影和侧面投影分别与两圆柱的积聚性投影重合，两圆柱面的正面投影都没有积聚性，故只需求出相贯线的正面投影。

作图　具体方法步骤如下：

1）求特殊点。相贯线上的特殊点主要是处在相贯体转向轮廓线上的点，如图3-17c所示：小圆柱与大圆柱的正面轮廓线交点 $1'$、$5'$ 是相贯线上的最左、最右（也是最高）点，其投影可直接定出；小圆柱的侧面轮廓线与大圆柱面的交点 $3''$、$7''$ 是相贯线上的最前、最后（也是最低）点。根据 $3''$、$7''$ 和 3、7 可求出正面投影 $3'(7')$。

2）求一般点。在小圆柱的水平投影中取 2、4、6、8 四点（图 3-17d），作出其侧面投影 $2''$、$(4'')$、$(6'')$、$8''$，再求出正面投影 $2'$、$4'$、$(6')$、$(8')$。

3）连线。顺次光滑地连接点 $1'$、$2'$、$3'$……即得相贯线的正面投影（图3-17e）。

两圆柱垂直正交的相贯情况，在工程实践中经常遇到。为了简化作图，在一般情况下，

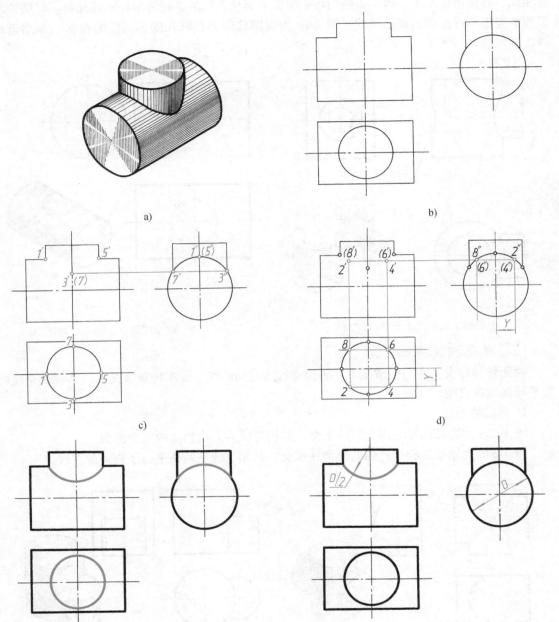

图 3-17　两圆柱轴线正交相贯线的画法

只需用近似画法画出其相贯线的投影即可。其画法是以图中大圆柱的半径为半径画弧，如图 3-17f 所示。

二、开孔圆柱体的相贯线画法

当在圆筒上钻有圆孔时（图 3-18），右侧孔与圆筒外表面及内表面均有相贯线，而左侧孔则只与内表面有相贯线。在内表面产生的交线，称为内相贯线。内相贯线与外相贯线的画法相同。在图示情况下，内相贯线的投影应以大圆柱内孔的半径为半径画弧而得，且因该相贯线的投影不可见而画成细虚线。图 3-19 为在圆柱体上开圆孔的相贯线的投影，是用近似画法画出的。

圆筒上开孔的画法

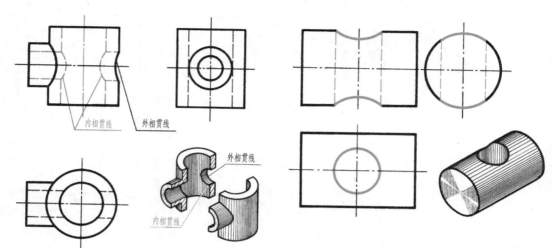

图 3-18　在圆筒上开通孔的画法　　　　图 3-19　在圆柱体上开圆孔的画法

三、相贯线的特殊情况

两回转体相交，在一般情况下，表面交线为空间曲线。但在特殊情况下，其表面交线则为平面曲线或直线。

1. 两圆柱相交

图 3-20a 为直径相等的两个圆柱正交，其相贯线为大小相等的两个椭圆。

图 3-20b 为轴线互相平行的两个圆柱相交，其相贯线是两条平行于轴线的直线。

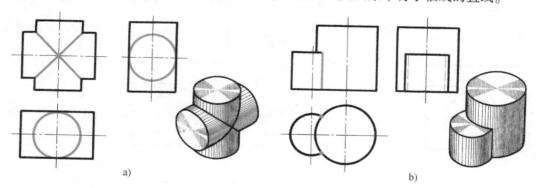

a)　　　　　　　　　　　　　　　　　　　b)

图 3-20　两圆柱相交

2. 两同轴回转体相交

两同轴回转体相交时，它们的相贯线是垂直于轴线的圆。当其轴线平行于某个投影面时，这个圆在该投影面上的投影为垂直于轴线的直线(图 3-21)，其水平投影为圆(图 3-21a、图 3-21b)或椭圆(图 3-21c)。图 3-22 是同轴回转体相交(水嘴把手)的实例。

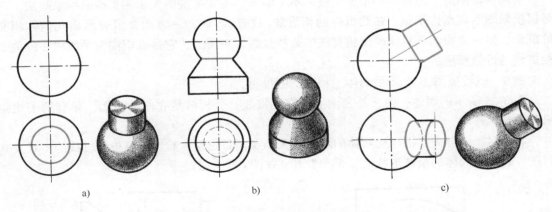

a)　　　　　　　　　　b)　　　　　　　　　　c)

图 3-21　同轴回转体相贯线的投影

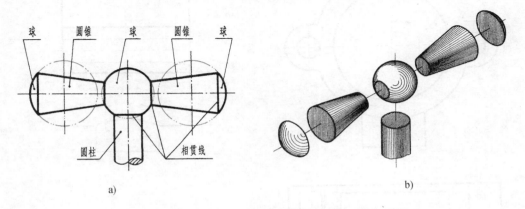

a)　　　　　　　　　　　　　　b)

图 3-22　水嘴把手的投影图和分解轴测图

四、相贯线的简化画法

　　从相贯线的形成、相贯线的性质以及相贯线画法的论述中可知，两相交体的形状、大小及其相对位置确定后，相贯线的形状和大小是完全确定的。为了简化作图，国家标准规定了相贯线的简化画法。即在不致引起误解时，图形中的相贯线可以简化。例如用圆弧代替非圆曲线(图 3-17f)或用直线代替非圆曲线(图 3-23)。

　　此外，图形中的相贯线也可以采用模糊画法，如图 3-24 所示。

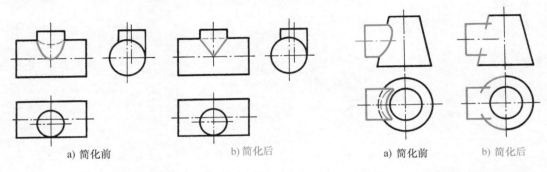

a) 简化前　　　　　　b) 简化后　　　　　　　a) 简化前　　　　　b) 简化后

图 3-23　用直线代替非圆曲线的示例　　　　图 3-24　相贯线的模糊画法示例

　　所谓模糊画法，是指一种不太完整、不太清晰、不太准确的关于相贯线的抽象画法，它是以模糊图示观点为基础，在画机件的相贯线(过渡线)时，一方面要求表示出几何体相交的概念，另一方面却不具体画出相贯线的某些投影。实质上，它是以模糊为手段的一种关于相贯线的近似画法。

　　例9　试看懂图3-25所示阀体上相贯线的投影。

　　图3-25所示的阀体，内、外表面上都有相贯线。分析清楚它们的投影，将有助于想象机件的结构形状。

　　看图时，应首先弄清相交两体的形状、大小和相对位置，然后再分析相贯线的形状及其画法。想象出阀体的整体形状后，再参看其立体图(图3-1d)。

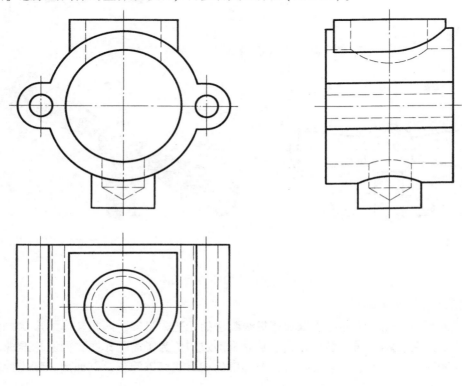

图 3-25　阀体的三视图

第四章 组 合 体

由两个或两个以上基本几何体所组成的物体，称为组合体。本章重点讨论组合体三视图的画图方法、看图方法和尺寸注法。

第一节　组合体的形体分析

一、形体分析法

任何复杂的物体，仔细分析起来，都可看成是由若干形体组合而成的。如图 4-1a 所示的轴承座，可看成是由一个四棱柱、一个 U 形柱和两个肋板叠加起来后，再切出一个大圆柱体和四个小圆柱体而成的，如图 4-1b 所示。既然如此，画组合体的视图时，就可采用"先分后合"的方法。就是说，先在想象中把组合体分解成若干个形体，然后按其相对位置逐个画出各组成部分的投影，综合起来即得到整个组合体的视图。这样，就可把一个复杂的问题分解成几个简单的问题加以解决。这种为了便于画图、看图和标注尺寸，通过分析将物体分解成若干个形体，并搞清它们之间的相对位置和组合形式的方法，称为形体分析法。

二、组合体的组合形式

组合体的组合形式，可粗略地分为叠加型、切割型和综合型三种。讨论组合体的组合形式，关键是搞清相邻两形体间的接合形式，以利于分析接合处两体分界线的投影。

1. 叠加型

叠加型是两形体组合的基本形式，按照两形体表面接合的方式不同，又可细分为堆积、相切和相交等。

（1）堆积　两形体如以平面相接合，就叫堆积。它们的分界线为直线或平面曲线。画这种组合形式的视图，实际上是两个基本形体的投影按其相对位置的堆积。

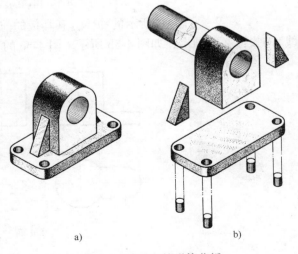

a)　　　　　　　　b)

图 4-1　轴承座的形体分析

但要注意区分分界处的情况：当两形体的同侧表面不平齐时，中间应该画线（接合平面积聚性的投影），如图4-2b所示；当两形体的同侧表面平齐时，中间不应该画线，如图4-3b所示。图4-2c、图4-3c均为错误画法。

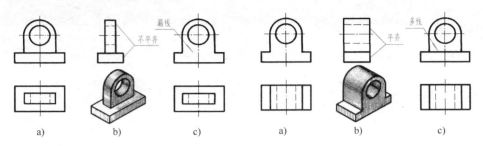

图4-2　叠加画法(一)　　　　　　　　　图4-3　叠加画法(二)

（2）相切　图4-4a所示的物体由耳板和圆筒组成。耳板前后两平面与圆筒表面光滑连接，这就是相切。在图示情况下，柱轴是铅垂线，柱面的水平投影有积聚性。因此，耳板前后平面与柱面相切的情况，在水平投影中就表现为直线与圆弧的相切；在正面和侧面投影中，对应切点处不应画出切线的投影，即二面相切处不画线，耳板上表面的投影只画至切点处，如图4-4b中的 a'、a'' 和 c''。图4-4c所示是错误的画法。

相切的特点及画法

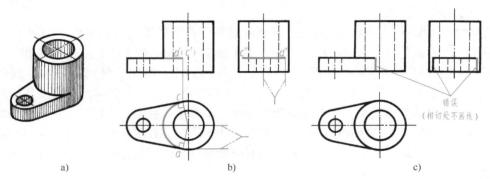

图4-4　相切的特点及画法

（3）相交　图4-5a所示的物体，其耳板的前后表面与圆柱属于相交。其表面交线（相贯线）的投影必须画出，如图4-5b所示。图4-5c的错误是漏画了线。

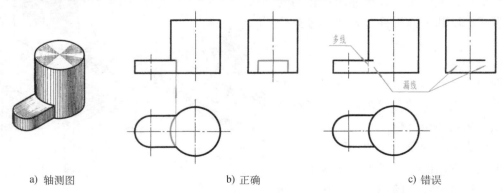

a) 轴测图　　　　　　　　b) 正确　　　　　　　　c) 错误

图4-5　相交的特点及画法

2. 切割型

对于不完整的几何体，以采用切割的概念对它进行分析、投影为宜。例如图 4-6a 所示的物体，可看成是长方体经切割而形成的，如图 4-6b 所示。画图时，可先画完整长方体的三视图，然后逐个画出被切部分的投影，如图 4-6c、图 4-6d 所示。

由作图可知，画切割体视图的关键是求截交线的投影。

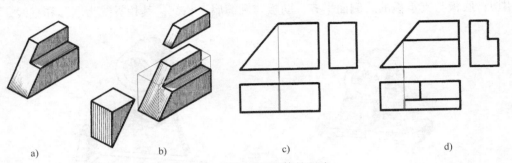

切割型组合体的画法

a)　　　　　b)　　　　　c)　　　　　d)

图 4-6　切割型组合体的画法

3. 综合型

图 4-7a 所示形体的组合形式既有叠加又有切割，属综合型。画图时，一般可先画叠加各形体的投影，再画被切各形体的投影。图 4-7b 所示三视图就是按底板、四棱柱叠加后，再切半圆柱、两个 U 形柱和一个小圆柱的顺序画出的。

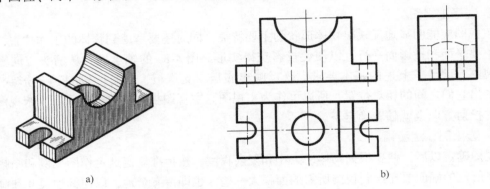

a)　　　　　　　　　　　　　b)

图 4-7　综合型组合体的画法

总之，画组合体的视图时，要通过形体分析，首先搞清各相邻形体表面之间的衔接关系和组合形式，然后选择适当的表达方案，按正确的作图方法和步骤画图。

当然，在实际画图时，往往会遇到在一个物体上同时存在几种组合形式的情况，这就要求我们更要注意分析。无论物体的结构怎样复杂，但相邻两形体之间的组合形式仍旧是单一的，只要善于观察和正确地运用形体分析法作图，问题总是不难解决的。

第二节　组合体的画法

一、组合体三视图的画法

下面以图 4-8 所示轴承座为例，说明画组合体三视图的方法和步骤。

1. 形体分析

画图之前，首先应对组合体进行形体分析，将其分解成几个组成部分，明确组合形式，进一步了解相邻两形体之间分界线的特点，然后再来考虑视图的选择。

图 4-8a 所示轴承座是由底板、圆筒、肋板和支承板组成的，也就是说可分为图 4-8b 的几个组成部分。底板、肋板和支承板之间的组合形式为叠加；支承板的左右侧面与圆筒外表面相切，底板与支承板的后侧面平齐，肋板与圆筒属于相交，其相贯线为圆弧和直线。

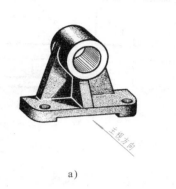
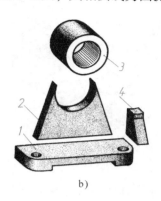

a)   b)

图 4-8　组合体的形体分析

1—底板　2—支承板　3—圆筒　4—肋板

2. 选择主视图

主视图应能明显地反映出物体形状的主要特征，同时还要考虑到物体的工作位置，并力求使主要平面和投影面平行，以便使投影获得实形。图 4-8a 的轴承座，从箭头方向看去所得的视图，满足了上述的基本要求，既反映出底板、支承板、圆筒（及肋板）的形状特征，又反映出它们之间的相对位置，所以可作为主视图。主视图投射方向选定以后，俯视图和左视图的投射方向也就随着确定了。

3. 选比例，定图幅

视图确定以后，便要根据物体的大小和复杂程度，按标准规定选定作图比例和图幅。应注意，所选的幅面要比绘制视图所需的面积大一些，也即留有余地，以便标注尺寸和画标题栏等。

4. 布置视图

布图时，应将视图匀称地布置在幅面上，视图间的空档应保证能注全所需的尺寸。

5. 绘制底稿

轴承座的画图步骤如图 4-9 所示。为了迅速而正确地画出组合体的三视图，画底稿时，应注意以下两点：

1）画图的先后顺序，一般应从形状特征明显的视图入手。先画主要部分，后画次要部分；先画看得见的部分，后画看不见的部分；先画圆或圆弧，后画直线。

2）画图时，物体的每一组成部分，最好是三个视图配合着画。就是说，不要先把一个视图画完再画另一视图。这样，不但可以提高绘图速度，而且还能避免多线、漏线。

6. 检查描深

底稿完成后，应认真进行检查：在三视图中依次核对各组成部分的投影对应关系正确与否，分析清楚相邻两形体衔接处的画法有无错误，是否多线或漏线，再以模型或轴测图与三视图对照，确认无误后，再描深图线，完成全图，如图 4-9d 所示。

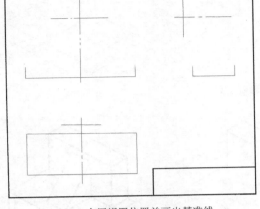

a) 布置视图位置并画出基准线

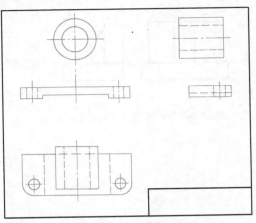

b) 画空心圆柱和底板

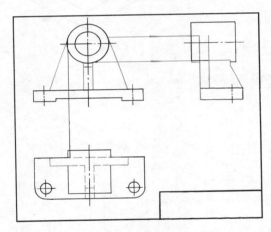

c) 画支承板和肋板

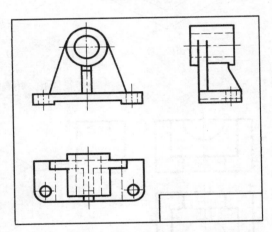

d) 画细部，补细虚线，描深，完成全图

图 4-9　画图步骤

二、组合体轴测图的画法

1. 叠加法

先将组合体分解成若干个基本几何体，然后按其相对位置逐个地画出各基本几何体的轴测图，进而完成整体轴测图。这种方法，称为叠加法。

例 1　根据组合体的两视图（图 4-10a），画正等测。

分析　该组合体由底板、后立板和三角形肋板叠加而成，形体左右对称，据此选定坐标轴；取底板上表面的后棱线中心 O 为原点，确定 X、Y、Z 轴的方向。

作图步骤如图 4-10 所示。

2. 切割法

先画出完整的基本几何体的轴测图（通常为方箱），然后按其结构特点逐个地切去多余的部分，进而完成形体的轴测图。这种方法，称为切割法。

图 4-11 示出了用切割法画正等测的方法和步骤，读者可自行阅读。

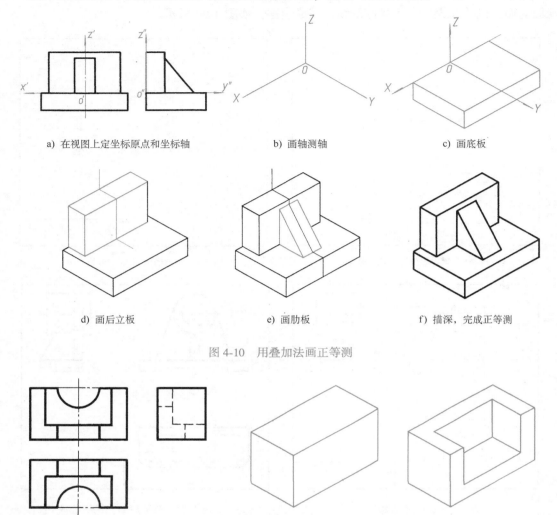

a) 在视图上定坐标原点和坐标轴　　　　b) 画轴测轴　　　　c) 画底板

d) 画后立板　　　　e) 画肋板　　　　f) 描深，完成正等测

图 4-10　用叠加法画正等测

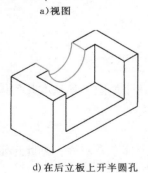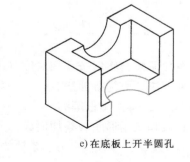

a)视图　　　　b)画完整外形的轴测图　　　　c)切去长方槽

d)在后立板上开半圆孔　　　　e)在底板上开半圆孔　　　　f)描深,完成全图

图 4-11　用切割法画正等测

例 2　根据图 4-12a 所示的视图，画正等测。

分析　从图 4-12a 可见，视图左右对称，立板与底板后面平齐，进而选定坐标轴：取底板上表面的后棱线中点 O 为圆点，确定 X、Y、Z 轴的方向。

作图　作图步骤如图 4-12 所示。

1) 如图 4-12b 所示，画出轴测轴后，完成底板的轴测图，再画出立板上部两条椭圆弧和立板与底板的交线 Ⅰ、Ⅱ、Ⅲ、Ⅳ。

2) 如图 4-12c 所示，分别由 Ⅰ、Ⅱ、Ⅲ 诸点向椭圆弧作切线，完成立板的轴测图，再画出三个圆孔的轴测图。画透孔时应注意，立板圆孔后表面的圆及底板上圆孔下表面的底圆是否可见，将取决于孔径与孔深之间的关系。如立板上的孔深（即板厚）小于椭圆短轴，即 $H_1 < K_1$，则立板后面的圆可见；而底板上的圆孔，因为板厚大于椭圆短轴，即 $H_2 > K_2$，所以底圆为不可见。

3) 如图 4-12d 所示，画底板上两圆角的轴测图，其作图方法如图 4-12f 所示。因每个圆角都相当于整圆的 1/4，作图时，只要在作圆角的边上量取圆角半径 R（图 4-12a、f），自量得的点（切点）作边线的垂线，然后以两垂线的交点为圆心，分别过切点所画的圆弧即为所求。再将其圆心和切点向下量取 H（图 4-12a），确定底圆的椭圆弧圆心和切点，进而画出底面的椭圆弧。

4) 擦去多余的图线，加深，完成全图，如图 4-12e 所示。

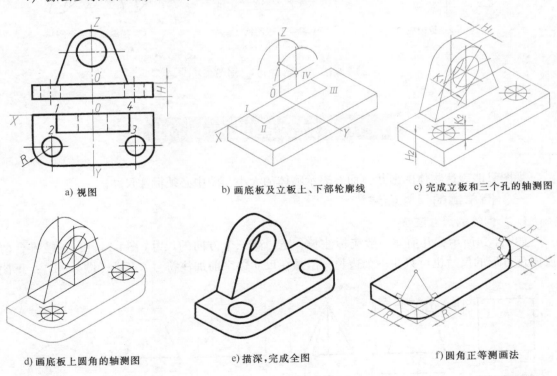

a) 视图　　　　b) 画底板及立板上、下部轮廓线　　　　c) 完成立板和三个孔的轴测图

d) 画底板上圆角的轴测图　　　　e) 描深，完成全图　　　　f) 圆角正等测画法

图 4-12　组合体的正等测画法

例 3　根据图 4-13a 所示的视图，画斜二测。

画图时，要注意分层次定出各圆所在平面的位置，即首先应确定各圆中心。具体画图步骤如图 4-13 所示。

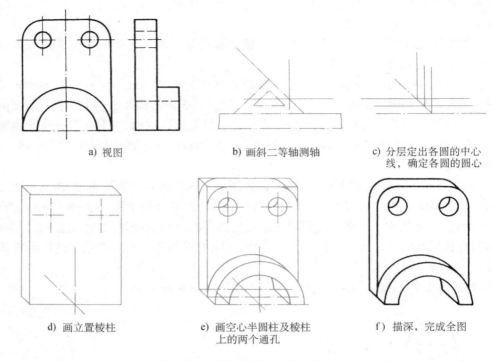

a) 视图　　　　　b) 画斜二等轴测轴　　　　　c) 分层定出各圆的中心
　　　　　　　　　　　　　　　　　　　　　　　　线，确定各圆的圆心

d) 画立置棱柱　　　e) 画空心半圆柱及棱柱　　　f) 描深，完成全图
　　　　　　　　　　　上的两个通孔

图 4-13　组合体的斜二测图画法

第三节　组合体的尺寸标注

视图只能表达物体的形状，而要表示物体的大小，图中必须标注尺寸。

一、简单体的尺寸标注

1. 几何体的尺寸注法

如图4-14所示，几何体一般应标注长、宽、高三个方向的尺寸(图4-14a)；正棱锥台两底面正方形的尺寸也可只注一个边长，但须在尺寸数字前加注符号"□"(图4-14b)；正棱

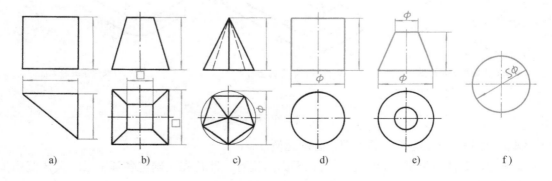

a)　　　b)　　　c)　　　d)　　　e)　　　f)

图 4-14　几何体的尺寸注法

柱、棱锥也可标注其底面的外接圆直径和高(图4-14c);圆柱、圆锥台等应注出高和底圆直径,如在直径尺寸前加注"ϕ",圆球在直径尺寸前加注"$S\phi$",只用一个视图就可将其形状和大小表示清楚(图 4-14d~图 4-14f)。

2. 带切口、开槽几何体的尺寸注法

如图4-15所示,它们除了标注几何体长、宽、高三个方向的尺寸外,还应标注切口的位置尺寸或凹槽的定形尺寸和定位尺寸(带括号的尺寸为参考尺寸,图4-15c)。

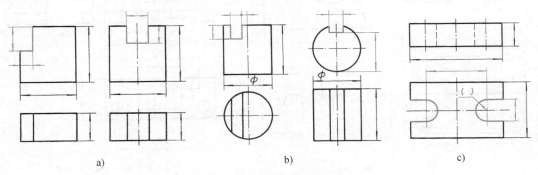

图 4-15 带切口和凹槽几何体的尺寸注法

3. 截断体与相贯体的尺寸注法

如图4-16所示,截断体除了注出基本形体的尺寸外,还应注出截平面的位置尺寸(图4-16a、图 4-16b);相贯体除了注出相贯两基本形体的尺寸外,还应注出两相贯体的相对位置尺寸(图 4-16c、图 4-16d)。因为截交线和相贯线都是生产时形成的,所以对其都不直接注出尺寸(图中打叉或注明者)。

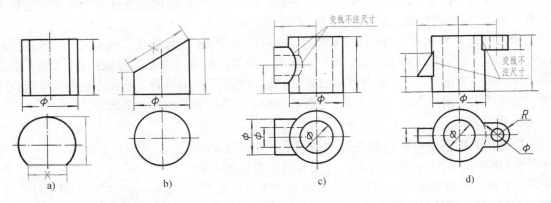

图 4-16 截断体和相贯体的尺寸注法

二、组合体的尺寸标注

1. 尺寸种类

为了将尺寸标注得完整,在组合体视图上,一般需标注下列三种尺寸:

(1) 定形尺寸 确定组合体各组成部分的长、宽、高三个方向的大小尺寸。

(2) 定位尺寸 表示组合体各组成部分相对位置的尺寸。

(3) 总体尺寸 表示组合体外形大小的总长、总宽、总高的尺寸。

下面以轴承座的三视图为例，说明上述三类尺寸的标注方法(图4-17)。

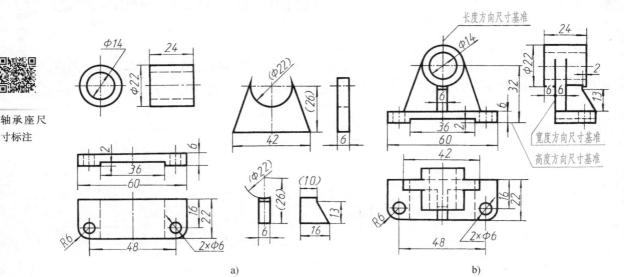

图 4-17　轴承座尺寸标注

首先按形体分析法，将组合体分解为若干个组成部分，然后逐个注出各组成部分的定形尺寸。如图4-17a中确定空心圆柱的大小，应标注外径 $\phi22$、孔径 $\phi14$ 和长度 24 这三个尺寸。底板的大小，应标注长 60、宽 22、高 6 这三个尺寸。其他尺寸的标注如图4-17a所示。

其次标注确定各组成部分相对位置的定位尺寸。图4-17b中空心圆柱与底板的相对位置，需标注轴线距底板底面的高 32 和空心圆柱在支承板的后面伸出的长 6 这两个尺寸。底板上的两个 $\phi6$ 孔的相对位置，应标注 48 和 16 这两个尺寸。

最后标注总体尺寸。如图4-17b所示，底板的长度 60 即为轴承座的总长(不必另行标注)。总宽由底板宽 22 和支承板后面伸出的长 6 决定。总高由空心圆柱轴线高 32 加上空心圆柱直径的一半决定，三个总体尺寸已全。在这种情况下，总高是不直接注出的，即组合体的一端或两端为回转体时，必须采用这种标注形式，否则就会出现重复尺寸。

2. 尺寸基准

在明确了视图中应标注哪些尺寸的同时，还须考虑尺寸基准的问题。关于基准的确定，一般可选组合体的对称平面、底面、重要端面以及回转体的轴线等作为尺寸基准。图4-18所选轴承座的尺寸基准：以左右对称面为长度方向的主要基准；以底板和支承板的后面作为宽度方向的主要基准；以底板的底面作为高度方向的主要基准。

基准选定后，各方向的主要尺寸就应从相应的尺寸基准进行标注。如图4-17b所示，主视图、俯视图中的 6、36、48、60 是从长度方向的基准进行标注的；俯视图、左视图中的 16、22、6、6 是从宽度方向的基准进行标注的；主视图、左视图中的 2、6、32 是从高度方向的基准进行标注的。

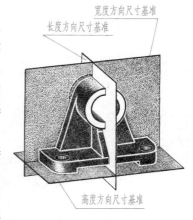

图 4-18　轴承座的尺寸基准

3. 标注尺寸的注意事项

所注尺寸必须完整、清晰。要达到完整的要求，就须透彻地分析物体的结构形状，明确各组成部分之间的相对位置，然后一部分一部分地注出定形尺寸和定位尺寸。标注时，要从长、宽、高三个方向考虑。检查时，也要从这三个方向检查尺寸注得是否齐全。此外，还应注意：

1）各基本形体的定形、定位尺寸不要分散，要尽量集中标注在一个或两个视图上。例如图4-17b中底板上两圆孔的定形尺寸 $\phi 6$ 和定位尺寸 48、16 就集中注在俯视图上。这样集中标注对看图是比较方便的。

2）尺寸应注在表达形体特征最明显的视图上，并尽量避免注在细虚线上。如图4-17b中圆筒外径注在左视图上是为了表达它的形体特征，而孔径 $\phi 14$ 注在主视图上是为了避免在细虚线上标注尺寸的缘故。

3）为了使图形清晰，应尽量将尺寸注在视图外面，以免尺寸线、数字和轮廓线相交。与两视图有关的尺寸，最好注在两视图之间，以便于看图。

4）同心圆柱或圆孔的直径尺寸，最好注在非圆的视图上。

第四节　看组合体视图的方法

通过本书第二章中"识读一面视图和简单体三视图"的学习，我们已经掌握了看图的基本要领（如一面视图不能确定物体的唯一形状,如何进行线框分析和构形分析等），并随着教学进程识读了许多图例，积累了不少基本体的形象储备。本节将在此基础上，通过看图的反复演练，进一步熟悉看图方法，掌握看图的技能、技巧，提高看图能力。

一、看图是画图的逆过程

前面所述点、直线、平面的投影图画法，是完成"空间"到"平面"的转化；其投影图的读法（即作轴测图），是完成"平面"到"空间"的转化。几何元素的这两种转化过程，也反映出了画物体三视图与看物体三视图之间的转化过程。

画图，是运用正投影规律将物体画成若干个视图来表达物体形状的过程，如图4-19所示；看图，是根据视图想象物体形状的过程，如图4-20所示：使正面保持不动，将水平面、

微课：
看组合体
视图的方法

看图画图
过程相反

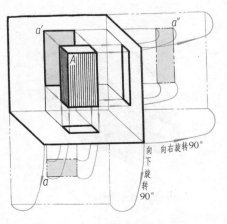

图 4-19　画图过程

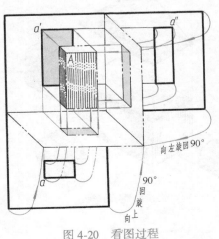

图 4-20　看图过程

侧面按箭头所指方向旋回到三个投影面相互垂直的原始位置,然后由各视图向空间引投射线,即将主视图上各点沿投射线向前拉出,将俯视图上各点沿投射线向上升起,将左视图上各点沿投射线向左横移,则同一点的三投射线必相遇(如图中由 a'、a、a'' 所引的投射线相遇于点 A),即物体上所有的点,都将由于过其三个投影所引的返回空间的投射线汇交而得到复原。由于这种投影的可逆性,视图上各点的"旋转归位",就使整个物体的形状"再造"出来了。

由此可见,看图是画图的逆过程。也就是说,看图的实质,就是通过这种"正向""逆向"反复的思维活动,经过分析、判断、想象,在头脑中呈现物体立体形象的过程。

二、看图方法

1. 形体分析法

形体分析法是看组合体视图的基本方法。形体分析法的着眼点是"体"(即组成物体的各基本体,如柱、锥、球、环等),其实质就是"分部分想形状,合起来想整体"。这样,就可把一组复杂的图形分解成几组简单的图形来处理了,以起到将"难"变"易"之效。

例如,图 4-21a 所示的三视图,若将其分解成图 4-21b 那样的五组简单图形,则很容易看懂,其立体形状见图 4-21c,再将它们按其相对位置综合起来,整个物体的形状就想象出来了,如图 4-21d 所示。

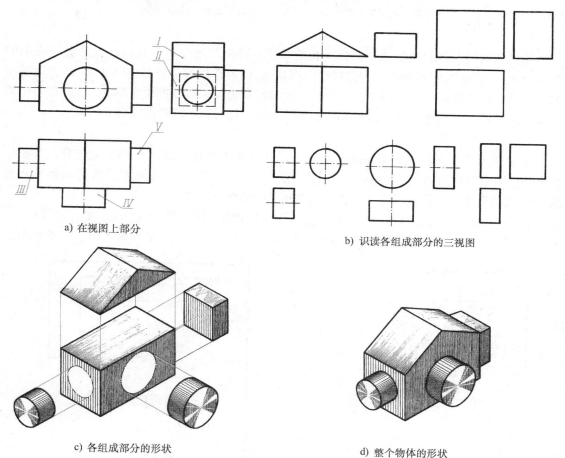

a) 在视图上部分　　　　b) 识读各组成部分的三视图

c) 各组成部分的形状　　　　d) 整个物体的形状

图 4-21　用形体分析法看图的步骤

由此看来，看图时怎样"分部分"是个首要问题。

"分部分"应从视图中反映物体形状最明显的部位入手，即"抓特征分部分"。

如图 4-22a 所示的三视图，主视图的下部 I 明显地反映出底板上左右两个切口的形状特征，就应从该部分入手，在俯视图、左视图中找出对应投影将其分解出来（图 4-22b）。同样，可分别从反映立板、肋板形状特征明显的主、左视图入手，将 II、III 部分的三面投影分解出来（图 4-22c、图 4-22d）。

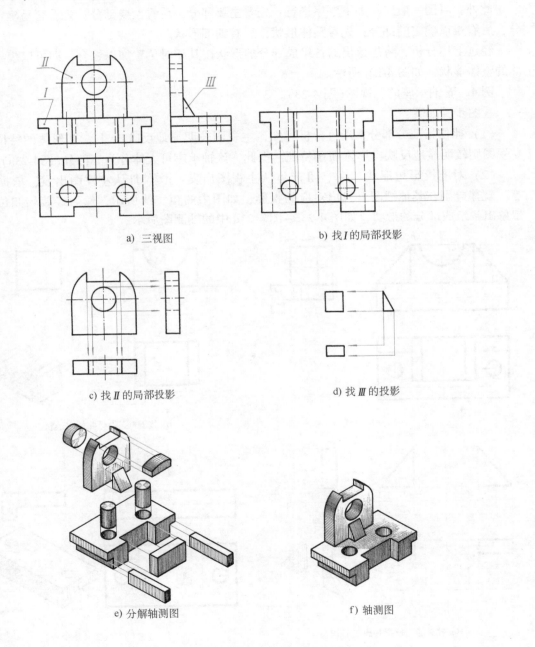

a) 三视图

b) 找 I 的局部投影

c) 找 II 的局部投影

d) 找 III 的投影

e) 分解轴测图

f) 轴测图

图 4-22　从特征明显处出发找投影

　　一般地说，分部分应先从主视图入手。但由于物体上每一组成部分的特征，并非总是全部集中在主视图上，在抓特征分部分时，无论哪个视图或视图中的哪个部位，只要其形状特征明显，就应从哪里入手。例如，底板上孔、槽等部分的形状特征在俯视图中反映得明显，因此，就应从俯视图着手（如图 4-22b 中箭头所指），在主视图、左视图中把它们的对应投影分解出来（能够看懂的部分没必要细分，如该体由十部分组成，如图 4-22e 所示，实际上只分出三部分就行了）。

　　此外，看图一般应按如下顺序进行：先看主要部分，后看次要部分；先看容易确定的部分，后看难以确定的部分；先看整体形状，后看细部形状。

　　经过上述分析，将想象出的各组成部分的形状按其相对位置加以综合，即可以想象出该体的整体形状，如图 4-22f 所示。

　　例 4　看轴承座的三视图（图 4-23）。

　　看图步骤如下：

　　（1）抓住特征分部分　通过分析可知，主视图较明显地反映出 Ⅰ、Ⅱ 形体的特征，而左视图则较明显地反映出形体 Ⅲ 的特征。据此，该轴承座可大体分为三部分（图 4-23a）。

　　（2）对准投影想形状　Ⅰ、Ⅱ 形体从主视图出发、形体 Ⅲ 从左视图出发，依据"三等"规律分别在其他视图上找出对应的投影，如图中的粗实线所示，然后经旋转归位即可想象出各组成部分的形状，如图 4-23b～图 4-23d 中的轴测图所示。

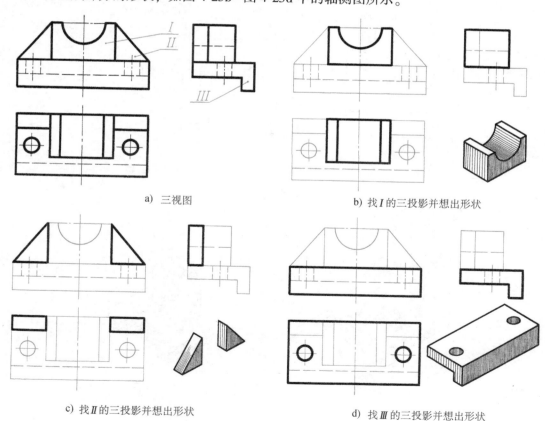

a) 三视图　　　　　　　　　　　　　　　b) 找 I 的三投影并想出形状

c) 找 II 的三投影并想出形状　　　　　　　d) 找 III 的三投影并想出形状

图 4-23　运用形体分析法看图

（3）综合起来想整体（图 4-24） 长方体 Ⅰ 在底板 Ⅲ 上面，两形体的对称面重合且后面靠齐；肋板 Ⅱ 在长方体 Ⅰ 的左、右两侧，且与其相接，后面靠齐，从而综合想象出物体的形状。

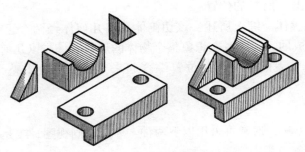

图 4-24 轴承座的轴测图

2. 线面分析法

将物体的表面进行分解，弄清各个表面的形状和相对位置的分析方法，称为线面分析法。

运用线面分析法看图，其实质就是以线框分析为基础，通过分析"面"的形状和位置来想象物体的形状。线面分析法常用于分析视图中局部投影复杂之处，将它作为形体分析法的补充。但在看切割体的视图时，主要利用线面分析法。

例 5 看懂图 4-25a 所示的三视图。

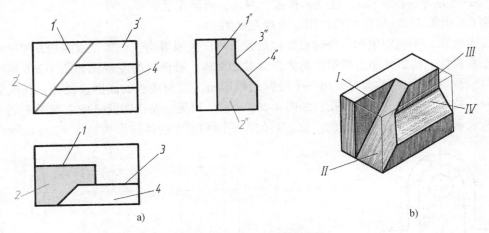

图 4-25 利用线面分析法看图

粗略一看便知，该体的原始形状为长方体，经多个平面切割而成，属于切割体，采用线面分析法看图为宜。

线面分析法的着眼点是"面"。看图时，一般可采用以下步骤：

（1）分线框、定位置 在视图中分线框、定位置是为了识别"面"的形状和空间位置。凡"一框对两线"，则表示投影面平行面；"一线对两框"，则表示投影面垂直面；"三框相对应"，则表示一般位置平面。熟记其特点，便可以很快地识别出面的形状和空间位置。

分线框可从平面图形入手，如从三角形 1′ 入手，找出对应投影 1 和 1″（一框对两线，表示 Ⅰ 为正平面）；也可从视图中较长的"斜线"入手，如从 2′ 入手，找出 2 和 2″（一线对两框,表示 Ⅱ 为正垂面)。同样,从四边形 3′ 入手,找出 3 和 3″(表示正平面),从斜线 4″ 入手,找出 4 和 4′(表示侧垂面)。其中,尤其应注意视图中的长斜线(特征明显),它们一般为投影面垂直面的投影,抓住其投影的积聚性和另两面投影均为平面原形类似形的特点,便可很快地分出线框,判定出"面"的位置。

（2）综合起来想整体　综上所述,该切割体是由几何体经两个正平面、一个正垂面和一个侧垂面切割而形成的,因此,在想象整个物体的形状时,应以几何体的原形为基础,以视图为依据,再将各个表面按其相对位置综合起来,即可想象出整个物体的形状,如图 4-25b 所示。

三、看图举例

验证看图效果的方法,通常可采用以下两种:一是补画视图,二是补画缺线。

1. 由两视图补画第三视图

补画所缺的第三视图,可以先将已知的两视图看懂再补画,也可以边看、边想、边画。作图时,要按物体的组成,先"大"后"小"一部分一部分地补画,看懂一处,补画一处。整个视图补完后,再与给出的两视图相对照,去掉多线,补出漏线,直至完成。

2. 补画视图中所缺的图线

补画视图中所缺的图线,应从反映物体形状、位置特征最明显的部位入手,按部分对投影,如发现缺线就应立即补画,要勤于下笔。因为补出的缺线越多,物体的形象就越清晰,越容易发现新的缺线。补完缺线之后,再将想象出的物体与三视图相对照,如感到有"不得劲"的地方（往往缺线）,还须再推敲、修正,直至完成。

例6　由图 4-26a 所示的两视图,补画左视图。

由主视图、俯视图中两个外轮廓线框的投影对应关系看出,该体是由两端开槽的底板和与其左右对称、前后共面的拱形柱两大部分叠加而成,补画出的左视图如图 4-26b 所示;图 4-26c 则表示在拱形柱的前部开出一个较深的拱形槽,直至底板的底面;此外,在拱形柱的上部和后端部各钻出一个小圆孔,如图 4-26d 所示。可见,左视图就是按主视图上划分出的线框所表示的"体"分步画出的。完成后的左视图和整个物体的形状如图 4-26e 所示。

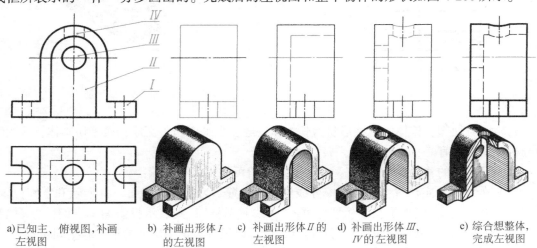

a)已知主、俯视图,补画　　b) 补画出形体 I　　c) 补画出形体 Ⅱ 的　　d) 补画出形体 Ⅲ、　　e) 综合想整体,
　左视图　　　　　　　　　的左视图　　　　　　左视图　　　　　　　Ⅳ 的左视图　　　　完成左视图

图 4-26　根据主、俯视图补画左视图的步骤

具体作图步骤如图 4-26b~图 4-26e 所示。

例 7 补画图 4-27a 所示三视图中所缺的图线。

具体作图步骤，如图 4-27b、c、d、e、f 所示（图 f 中附有该体的轴测图）。

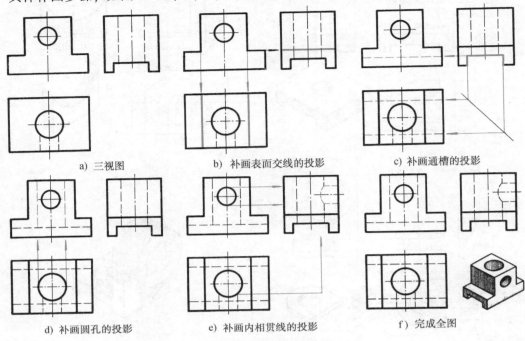

a) 三视图 b) 补画表面交线的投影 c) 补画通槽的投影

d) 补画圆孔的投影 e) 补画内相贯线的投影 f) 完成全图

图 4-27 补画缺线的步骤

例 8 看懂图 4-28a 所示支架的三视图。

看图步骤如下：

（1）抓住特征分部分 通过形体分析可知，该支架可分为五部分：圆筒 Ⅰ、底板 Ⅱ、支承板 Ⅲ、肋板 Ⅳ、凸台 Ⅴ，如图 4-28a 所示。

（2）对准投影想形状 根据每一部分的三面投影，逐个想象出各基本体的形状和位置，如图 4-28b~图 4-28e 所示。

（3）综合起来想整体 如图 4-28f 所示。

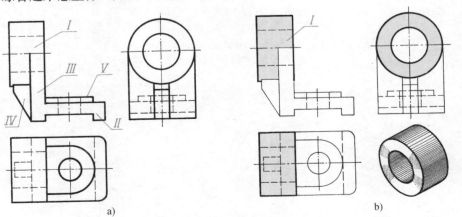

看支架三
视图的步
骤

a) b)

图 4-28 看支架三视图的步骤

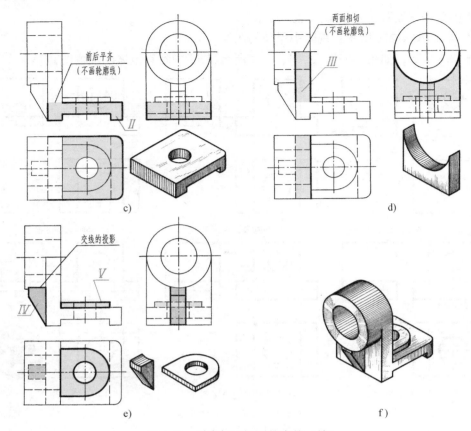

c)
d)
e)
f)

图 4-28　看支架三视图的步骤（续）

第五章 机件的表达方法

在生产实际中，机件的形状千变万化，其结构有简有繁。为了完整、清晰、简便、规范地将机件的内外形状结构表达出来，国家标准《技术制图》与《机械制图》中规定了各种画法，如视图、剖视、断面、局部放大图、简化画法等，本章将介绍其中的主要内容。

第一节 视 图

微课：
视图

视图（GB/T 17451—1998、GB/T 4458.1—2002）主要用来表达机件的外部结构和形状，一般只画出机件的可见部分，必要时才用细虚线表达其不可见部分。

视图的种类通常有基本视图、向视图、局部视图和斜视图四种。

一、基本视图

在原有三个投影面的基础上，再增设三个投影面，构成一个正六面体，这六个面称为基本投影面。将机件放在正六面体内，分别向各基本投影面投射，所得的视图称为基本视图。除了前述的三视图外，还有从右向左投射所得的右视图，从下向上投射所得的仰视图，从后向前投射所得的后视图。

六个基本投影面的展开如图5-1所示。

六个基本视图的配置关系如图5-2所示。在同一张图纸内照此配置视图时，不必标注视图名称。

如图5-2所示，六个基本视图之间，仍符合"长对正、高平齐、宽相等"的投影规律。除后视图外，各视图的里侧（靠近主视图的一侧）均表示机件的后面，各视图的外侧（远离主视图的一侧）均表示机件的前面。

二、向视图

向视图是可以自由配置的视图。

为了便于读图，向视图必须进行标注。即在向视图的上方标注"×"（"×"为大写拉丁字母），在相应视图的附近用箭头指明投射方向，并标注相同的字母，如图5-3所示。

画向视图时，应注意以下几点：

1）向视图是基本视图的另一种表达方式，是移位配置的基本视图。但只能平移，不可旋转配置。

六个基本
投影面

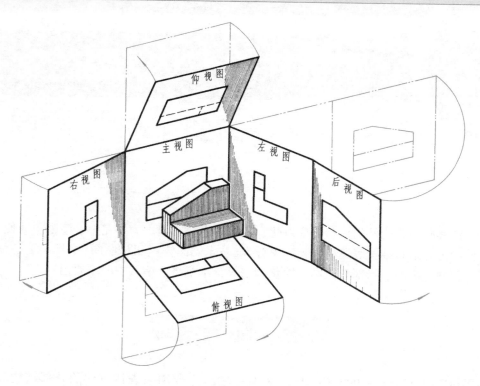

图 5-1　六个基本投影面的展开

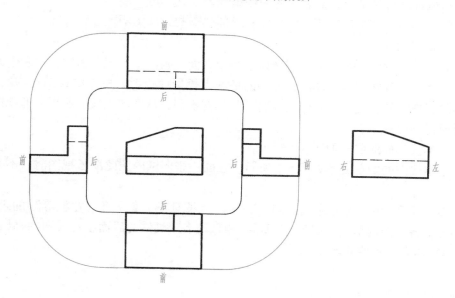

图 5-2　六个基本视图的配置关系

2）向视图不能只画出部分图形，必须完整地画出投射所得的图形。否则，正射所得的局部图形，就是局部视图而不是向视图了。

3）表示投射方向的箭头应尽可能配置在主视图上，以使所获视图与基本视图相一致。表示后视图投射方向的箭头，应配置在左视图或右视图上。

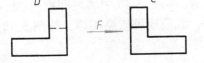

图 5-3 向视图及其标注

三、局部视图

将物体的某一部分向基本投影面投射所得的视图，称为局部视图。

如图 5-4a 所示的机件，采用主视图、俯视图两个基本视图，其主要结构已表达清楚，但左、右两个凸台的形状不够明晰，若因此再画两个基本视图（图 5-4c 中的左视图和右视图），则大部分属于重复表达。若只画出基本视图的一部分，即用两个局部视图来表达（图 5-4b），则可使图形重点更为突出，左、右凸台的形状更清晰。

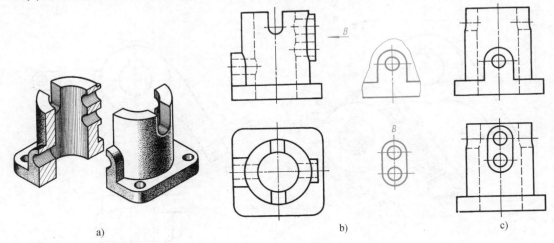

图 5-4 局部视图

1. 局部视图的配置和标注

局部视图可按以下三种形式配置，并进行必要的标注。

1）按基本视图的配置形式配置，当与相应的另一视图之间没有其他图形隔开时，则不必标注，如图 5-4b 中左视图位置上的局部视图。

2）按向视图的配置形式配置和标注，如图 5-4b 中的局部视图 B。

3）按第三角画法配置在视图上所需表示的局部结构附近，并用细点画线将两者相连（图 5-5、图 5-6），此时，无需另行标注。

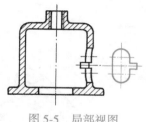

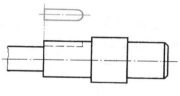

图 5-5　局部视图　　　　　　　　　　图 5-6　局部视图

2. 局部视图的画法

局部视图的断裂边界以波浪线(或双折线)表示，如图 5-4b 中的局部视图(上)。若表示的局部结构是完整的，且外形轮廓成封闭状态时，波浪线可省略不画，如图 5-4b 中的局部视图 B。

四、斜视图

机件向不平行于基本投影面的平面投射所得的视图，称为斜视图。

如图 5-7a 所示，当机件某部分的倾斜结构不平行于任何基本投影面时，在基本视图中不能反映该部分的实形。这时，可选择一个新的辅助投影面(H_1)，使它与机件上倾斜部分平行，且垂直于某一个基本投影面(V)。然后将机件上的倾斜部分向新的辅助投影面投射，再将新投影面按箭头所指方向，旋转到与其垂直的基本投影面重合的位置，就可得到该部分实形的视图，即斜视图，如图 5-7b 中 A 视图所示(C 视图和另一图形均为局部视图)。

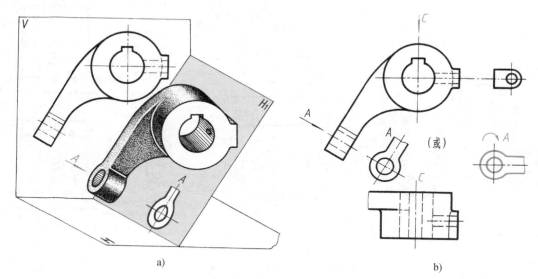

a)　　　　　　　　　　　　　　b)

图 5-7　斜视图与局部视图

斜视图通常按向视图的配置形式配置并标注，其断裂边界可用波浪线(或双折线)表示，如图 5-7b 中 A 视图所示。

必要时，允许将斜视图旋转配置，但需画出旋转符号(图 5-7b,表示该视图名称的字母应靠近旋转符号的箭头端，也允许将旋转角度标注在字母之后)。斜视图可顺时针旋转或逆时针旋转，但旋转符号的方向要与实际旋转方向一致，以便于看图者识别。

第二节 剖 视 图

一、剖视图的定义（GB/T 17452—1998、GB/T 4458.6—2002）

假想用剖切面剖开机件，将处在观察者和剖切面之间的部分移去，而将其余部分向投影面投射所得的图形，称为剖视图，简称剖视(图 5-8)。

剖视图的
形成

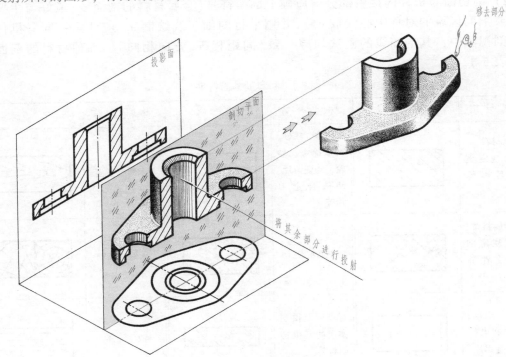

图 5-8 剖视图的形成

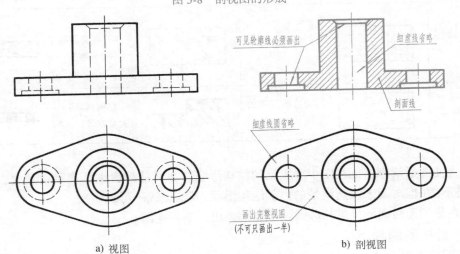

a) 视图   b) 剖视图

图 5-9 视图与剖视图的比较

将视图与剖视图相比较(图 5-9),可以看出,因为主视图采用了剖视的画法(图 5-9b),将机件上不可见的部分变成了可见的,图中原有的细虚线变成了粗实线,再加上剖面线的作用,所以使机件内部结构形状的表达既清晰,又有层次感。同时,画图、看图和标注尺寸也都更为简便。

画剖视图时,应注意以下几点(图 5-9):

1) 因为剖切是假想的,并不是真把机件切开并拿走一部分,所以当一个视图取剖视后,其余视图一般仍按完整机件画出。

2) 剖切面与机件的接触部分,应画上剖面符号(金属材料的剖面线,最好与主要轮廓线或剖面区域的对称中心线成 45°,并用平行的细实线绘制)。应注意:同一机件在各个剖视图中,其剖面线的画法均应一致(间距相等、方向相同)。各种材料的剖面符号见表 5-1。

表 5-1 材料的剖面符号

材料类别	图 例	材料类别	图 例	材料类别	图 例
金属材料(已有规定剖面符号者除外)	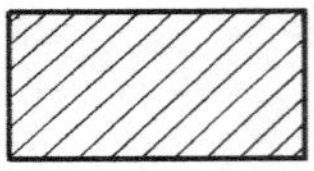	型砂、填砂、粉末冶金、砂轮、陶瓷刀片、硬质合金刀片等	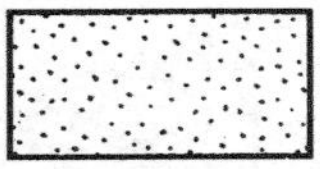	木材纵断面	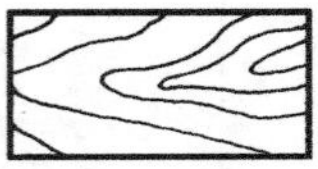
非金属材料(已有规定剖面符号者除外)	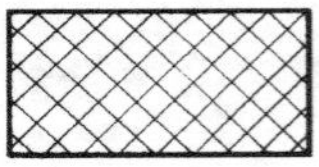	钢筋混凝土	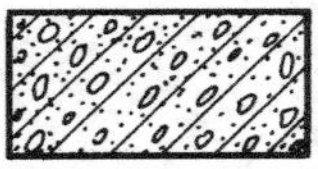	木材横断面	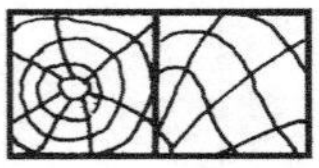
转子、电枢、变压器和电抗器等的叠钢片	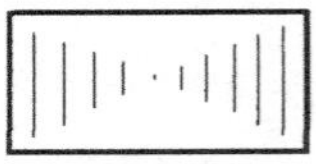	玻璃及供观察用的其他透明材料	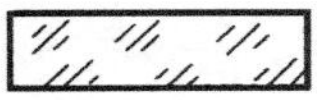	液 体	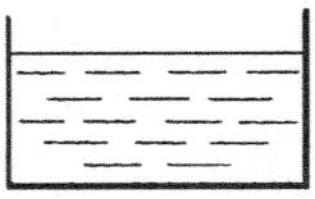
线圈绕组元件	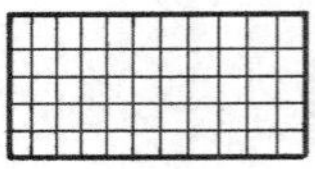	砖	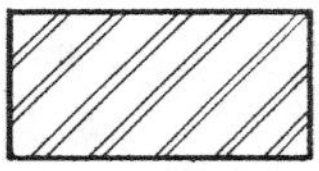	木质胶合板(不分层数)	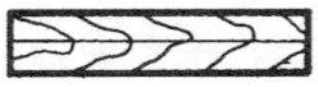
混凝土	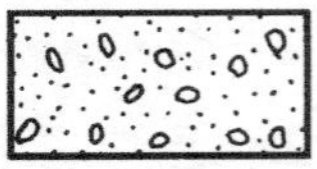	基础周围的泥土		格网(筛网、过滤网等)	

3) 为使图形清晰,剖视图中看不见的结构形状,在其他视图中已表示清楚时,其细虚线可省略不画(但对尚未表达清楚的内部结构形状,其细虚线不可省略)。

4) 在剖切面后面的可见轮廓线,应全部画出,不得遗漏。

二、剖视图的种类

剖视图分为以下三种:

1. 全剖视图

全剖视图是用剖切面完全地剖开机件所得的剖视图。全剖视图主要用于表达内部形状复杂的不对称机件，或外形简单的对称机件（图 5-9b）。不论用哪一种剖切方法，只要是"完全剖开，全部移去"所得的剖视图，都是全剖视图。

2. 半剖视图

当机件具有对称平面时，向垂直于对称平面的投影面上投射所得的图形，可以对称中心线为界，一半画成剖视图，另一半画成视图，这种组合的图形称为半剖视图（图 5-10）。

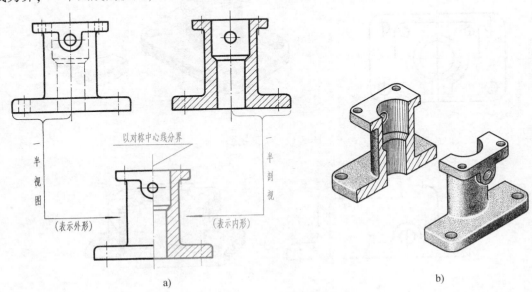

图 5-10 半剖视图的概念

半剖视图的优点在于，一半（剖视图）能够表达机件的内部结构，而另一半（视图）可以表达外形，因为机件是对称的，所以很容易据此想象出整个机件的内、外结构形状（图 5-11）。

画半剖视图时，应强调以下两点：

1）半个视图与半个剖视图以细点画线为界。

2）半个视图中，不必画出半个剖视图中已表示清楚的机件内部对称结构的细虚线。

3. 局部剖视图

用剖切面局部地剖开机件所得的剖视图，称为局部剖视图（图 5-12）。

局部剖视图具有同时表达机件内、外结构的优点，且不受机件是否对称的限制，在什么位置剖切、剖切范围多大，均可根据需要而定，因此应用比较广泛。

画局部剖视图时，应注意以下两点：

1）在一个视图中，局部剖切的次数不宜过多，否则就会显得零乱甚至影响图形的清晰度。

2）视图与剖视图的分界线（波浪线）不能超出视图的轮廓线，不应与轮廓线重合或画在其他轮廓线的延长线位置上，也不可穿空（孔、槽等）而过，其正误对比图例如图 5-13 所示。

半剖视图的概念

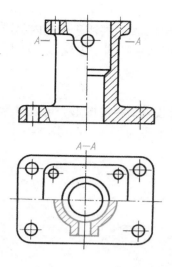
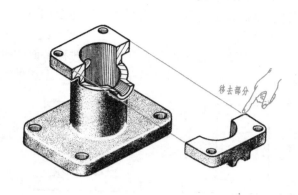

图 5-11　半剖视图

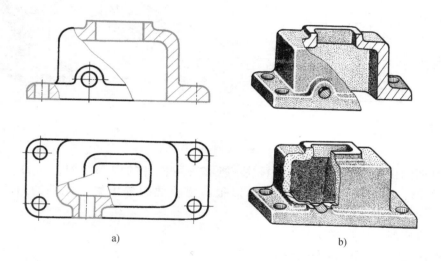

a)　　　　　　　　　　　　　　b)

图 5-12　局部剖视图

三、剖切面的种类

剖切面共有三种，即单一剖切面、几个平行的剖切平面和几个相交的剖切面。运用其中任何一种都可得到全剖视图、半剖视图和局部剖视图。

1. 单一剖切面

（1）单一剖切平面　单一剖切平面（平行于基本投影面）是最常用的一种。前面的全剖视图、半剖视图或局部剖视图都是采用单一剖切平面获得的，希望读者自行分析。

（2）单一斜剖切平面　单一斜剖切平面的特征是不平行于任何基本投影面，用它来表达机件上倾斜部分的内部结构形状。图 5-14 所示即用单一斜剖切平面获得的全剖视图。

这种剖视图通常按向视图或斜视图的形式配置并标注。一般按投影关系配置在与剖切符号相对应的位置上。在不致引起误解的情况下，也允许将图形转正，如图 5-14 所示。

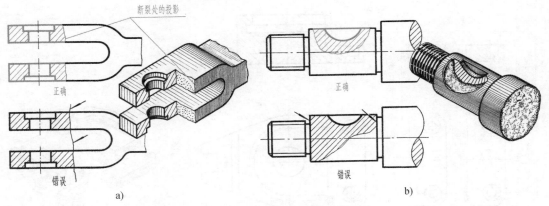

图 5-13 局部剖视图中波浪线的画法

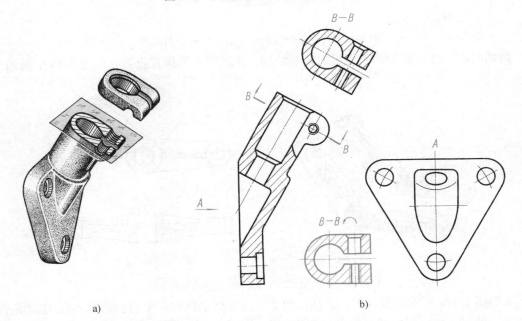

图 5-14 单一斜剖切平面获得的全剖视图

2. 几个平行的剖切平面

当机件上的几个欲剖部位不处在同一个平面上时，可采用这种剖切方法。几个平行的剖切平面可能是两个或两个以上，各剖切平面的转折处必须是直角，如图 5-15b、图 5-15c 所示。

画这种剖视图时，应注意以下两点：

1）图形内不应出现不完整要素（图 5-15a）。若在图形内出现不完整要素时，应适当调配剖切平面的位置，如图 5-15b 所示。

2）采用几个平行的剖切平面剖开机件所绘制的剖视图，规定要表示在同一个图形上，所以不能在剖视图中画出各剖切平面的交线，如图 5-15a 所示。图 5-15b 为正确画法。

3. 几个相交的剖切面（交线垂直于某一投影面）

画这种剖视图，是先假想按剖切位置剖开机件，然后将被剖切面剖开的结构及其有关部分旋转到与选定的投影面平行后再进行投射，如图 5-16 所示（两平面交线垂直于正面）。

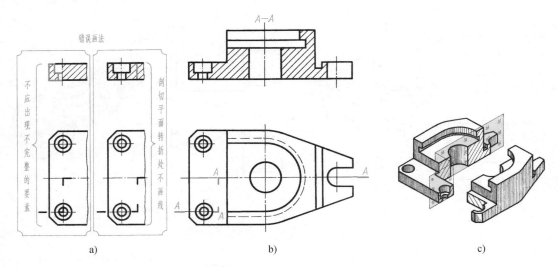

图 5-15　几个平行的剖切平面获得的全剖视图

画图时应注意：在剖切平面后的其他结构，应按原来的位置投射，如图 5-16 中的油孔。

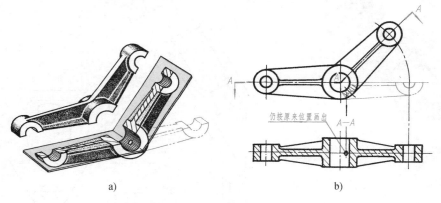

图 5-16　两个相交的剖切平面获得的全剖视图

又如图 5-17a 所示的剖视图，它是由两个与投影面平行和一个与投影面倾斜的剖切平面剖切的，此时，由倾斜剖切平面剖切到的结构，应旋转到与投影面平行后再进行投射。

四、剖视图的标注

绘制剖视图时，一般应在剖视图的上方，用大写拉丁字母标出剖视图的名称"×—×"，在相应的视图上用剖切符号表示剖切位置和投射方向（用箭头表示），并注上同样的字母，如图 5-14、图 5-16、图 5-17 所示。

以下一些情况可省略标注或不必标注：

1）当剖视图按投影关系配置，中间又没有其他图形隔开时，可省略箭头，如图 5-11、图 5-15 所示。

2）当单一剖切平面通过机件的对称平面或基本对称平面，且剖视图按投影关系配置，中间又没有其他图形隔开时，则不必标注，如图 5-9、图 5-11 中的主视图。

3）当单一剖切平面的剖切位置明确时，局部剖视图不必标注，如图 5-12、图 5-13 所示。

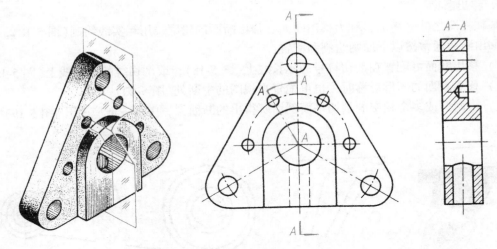

图 5-17　旋转绘制的全剖视图

需要注意的是，可省略标注和不必标注的含义是不同的。"不必标注"是指不需要标注；"可省略标注"则可理解为，当不致引起误解时，则可省略标注。

第三节　断　面　图

一、断面图的定义（GB/T 17452—1998、GB/T 4458.6—2002）

假想用剖切面将物体的某处切断，仅画出该剖切面与物体接触部分的图形，称为断面图，可简称断面（图 5-18）。

断面图，实际上就是使剖切平面垂直于结构要素的轴线或主要轮廓线进行剖切，然后将断面图形旋转 90°，使其与纸面重合而得到的，如图 5-18 所示。该图中的轴，主视图上表明了键槽的形状和位置，键槽的深度虽然可用视图或剖视图来表达，但通过比较不难发现，用断面表达，图形更清晰、简洁，同时也便于标注尺寸。

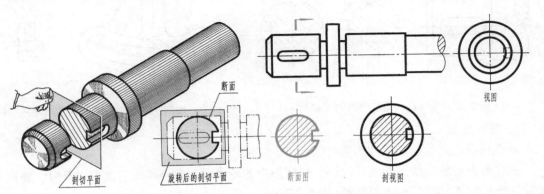

图 5-18　断面图的形成及其与视图、剖视图的比较

断面的形成及与视图、剖视图的比较

二、断面图的种类

1. 移出断面

画在视图之外的断面，称为移出断面。移出断面的轮廓线用粗实线绘制(图 5-18)。

移出断面通常按以下原则绘制和配置：

1）移出断面可配置在剖切符号的延长线上(图 5-18)，或剖切线的延长线上(图 5-19)。

2）移出断面的图形对称时，也可配置在视图的中断处(图 5-20)。

3）由两个或多个相交的剖切平面剖切所得出的断面图，中间一般应断开(图 5-19)。

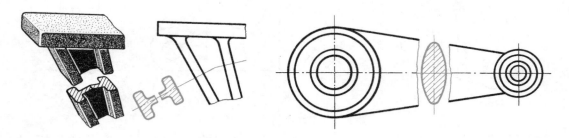

图 5-19　移出断面图的配置示例(一)　　　图 5-20　移出断面图的配置示例(二)

画移出断面图时，应注意以下两点：

1）当剖切面通过回转而形成的孔或凹坑的轴线时，这些结构应按剖视图要求绘制，如图5-21 所示。

2）当剖切平面通过非圆孔，会导致出现完全分离的剖面区域时，则这些结构应按剖视图要求绘制，如图 5-22 所示。

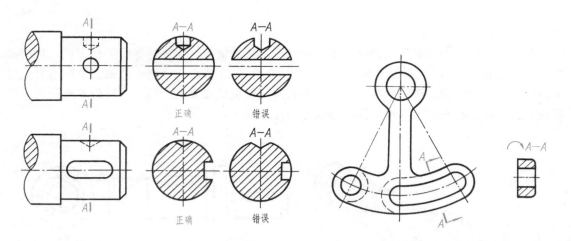

图 5-21　带有孔或凹坑的断面图示例　　　图 5-22　按剖视图绘制的非圆孔的断面图示例

2. 重合断面

画在视图之内的断面，称为重合断面(图 5-23)。

重合断面的轮廓线用细实线绘制。当视图中的轮廓线与重合断面的图形重叠时，视图中的轮廓线仍应连续画出，不可间断(图 5-23b)。

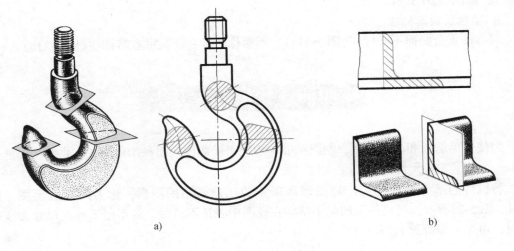

图 5-23   重合断面图示例

三、断面图的标注

断面图一般应进行标注。有关剖视图标注的三要素——剖切符号(含表示投射方向的箭头)、剖切线、字母及标注的基本规定,同样适用于断面图。

1. 移出断面的标注

1) 移出断面的标注形式,随其图形的配置部位及图形是否对称的不同而不同,其标注示例见表 5-2(阅读时应分别进行横、竖向比较)。

表 5-2   移出断面图的配置及标注

断面对称性		断面图的配置与标注的关系		
		配置在剖切线或剖切符号延长线上	移 位 配 置	按投影关系配置
断面图的对称性与标注的关系	对称	*剖切线*(细点画线)的图示	A| 图示	A| A—A 图示
	说明	配置在剖切线延长线上的对称图形:不必标注剖切符号和字母	移位配置的对称图形:不必标注箭头	按投影关系配置的对称图形:不必标注箭头
	不对称	图示	A| A—A 图示	A| A—A 图示
	说明	配置在剖切符号延长线上的不对称图形:不必标注字母	移位配置的不对称图形:完整标注剖切符号、箭头和字母	按投影关系配置的不对称图形:不必标注箭头

2) 配置在视图中断处的对称断面不必标注(图形不对称时,移出断面不得画在视图的中

断处），如图 5-20 所示。

2. 重合断面的标注

对称的重合断面不必标注（图 5-23a），不对称的重合断面可省略标注（图 5-23b）。

第四节 其他表达方法

为使图形清晰和画图简便，制图标准中规定了局部放大图和简化画法，供绘图时选用。

一、局部放大图

将机件的部分结构用大于原图形所采用的比例画出的图形，称为局部放大图，如图 5-24、图 5-25所示。当机件上的细小结构在视图中表达不清楚，或不便于标注尺寸和技术要求时，可采用局部放大图。

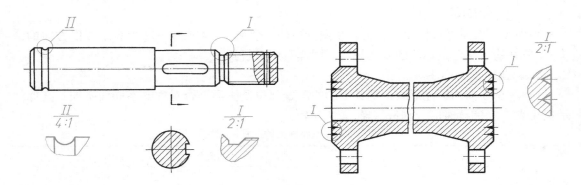

图 5-24　局部放大图示例（一）　　　　　　　图 5-25　局部放大图示例（二）

局部放大图可以根据需要画成视图、剖视图和断面图，它与被放大部分的表达方式无关。局部放大图应尽量配置在被放大部位的附近。

绘制局部放大图时，一般应用细实线圈出被放大的部位。当同一机件上有几处被放大的部分时，必须用罗马数字依次标明被放大的部位，并在局部放大图的上方标注出相应的罗马数字和所采用的比例（图 5-24）。当零件上被放大的部分仅一个时，在局部放大图的上方只需注明所采用的比例。同一机件上不同部位的局部放大图，在图形相同或对称时，只需画出一个（图 5-25）。

应特别指出，局部放大图的比例是指该图形中机件要素的线性尺寸与实际机件相应要素的线性尺寸之比，而不是与原图形所采用的比例之比。

二、简化画法（摘自 GB/T 16675.1—2012）

1）机件中成规律分布的重复结构（齿或槽等），允许只画出一个或几个完整的结构，并反映其分布情况。不对称的重复结构则用相连的细实线代替，并注明该结构的总数，如图 5-26b 所示。对称的重复结构用细点画线表示各对称结构要素的位置，如图 5-26c 所示。

2）若干直径相同且成规律分布的孔，可以仅画出其中的一个或少量几个，其余只需用细点画线或"✛"表示其中心位置（图 5-27）。

3）对于机件的肋、轮辐及薄壁等，如按纵向剖切，这些结构都不画剖面符号，而用粗实线将它与其邻接部分分开（图5-28a）。当零件回转体上均匀分布的肋、轮辐、孔等结构不处于剖切平面上时，可将这些结构旋转到剖切平面上画出（图5-28b）。

4）与投影面倾斜角度小于或等于30°的圆或圆弧，手工绘图时，其投影可用圆或圆弧代替（图5-29）。

5）圆柱形法兰和类似零件上均匀分布的孔，可按图5-30所示的方法表示（由机件外向该法兰端面方向投射）。

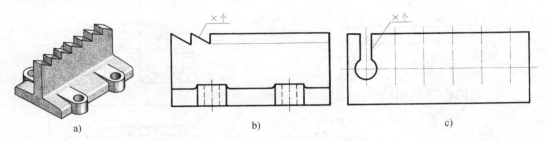

图 5-26　重复结构的简化画法

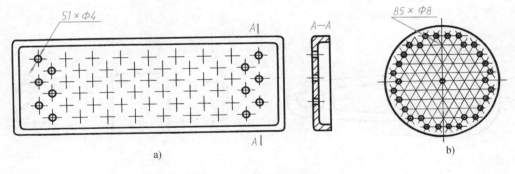

图 5-27　相同孔的简化画法

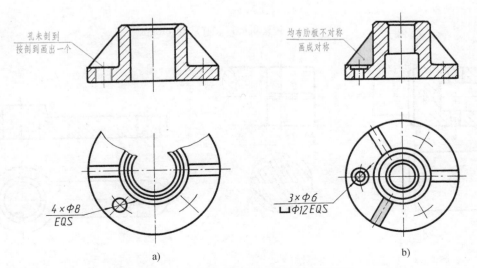

图 5-28　零件回转体上均布结构的简化画法

113

6) 较长的机件(轴、杆、型材、连杆等)沿长度方向的形状一致或按一定规律变化时,可断开后缩短绘制(图 5-31)。

7) 当机件上较小的结构及斜度等已在一个图形中表达清楚时,其他图形应当简化或省略(图 5-32、图 5-33)。

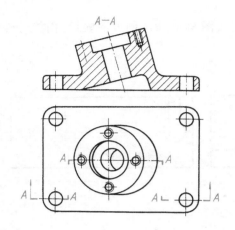

图 5-29 倾斜圆的简化画法

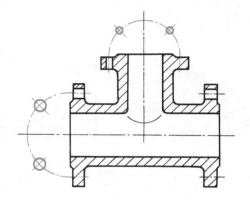

图 5-30 圆柱形法兰均布孔的简化画法

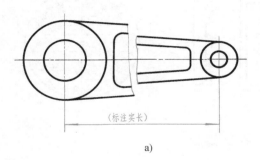

a)

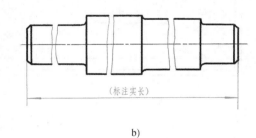

b)

图 5-31 较长机件可断开后缩短绘制

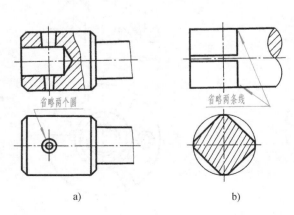

a)　　　　　　b)

图 5-32 较小结构的省略画法(一)

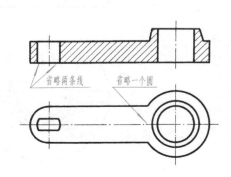

图 5-33 较小结构的省略画法(二)

8）在不致引起误解时，对称机件的视图可只画一半或四分之一，并在对称中心线的两端画出两条与其垂直的平行细实线（图 5-34）。

9）在不致引起误解的情况下，剖面符号可省略（图 5-35），也可以用涂色代替剖面符号（图 5-36）。

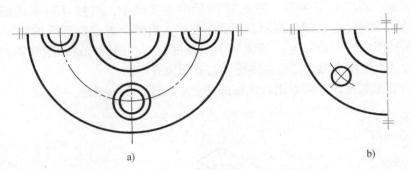

a)　　　　　　　　　　　　　　　　b)

图 5-34　对称机件的简化画法

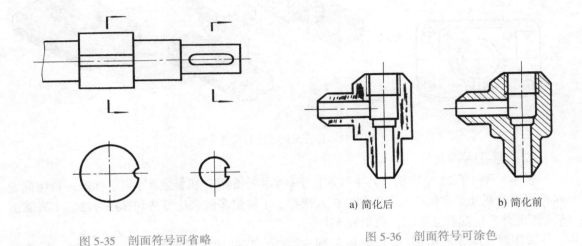

a) 简化后　　　　　　　b) 简化前

图 5-35　剖面符号可省略　　　　　　图 5-36　剖面符号可涂色

第五节　看剖视图

"剖视图"泛指基本视图和辅助视图（向视图、局部视图、斜视图）、剖视图、断面图和依据其他表达方法绘制的图形等。

一、看剖视图的方法与步骤

"剖视图"与视图相比，具有表达方式灵活、"内、外、断层"形状兼顾、投射方向和视图位置多变等特点。据此，看剖视图一般应采用以下方法和步骤。

（1）弄清各视图之间的联系　先找出主视图，再根据其他视图的位置和名称，分析哪些是视图、剖视图和断面图，它们是从哪个方向投射的，是在哪个视图的哪个部位、用什么面剖切的，是不是移位、旋转配置的，等等。只有明确相关视图之间的投影关系，才能为想象物体形状创造条件。

（2）分部分，想形状　看剖视图的方法与看组合体视图一样，依然是以形体分析法为主、线面分析法为辅。但看剖视图时，要注意利用有、无剖面线的封闭线框，来分析物体上面与面间的"远、近"位置关系。图 5-37 所示的主视图中，线框 I 所示的面在前，线框 II、III、IV 所示的面(含半圆弧所示的孔洞)在后，当然，表示外形面的线框 V 等更为靠前。同理，俯视图中的 VI 面在上，VII 面居中，VIII 面在下。运用好这个规律看图，对物体表面的同向位置将产生层次感，甚至立体感，对看图很有帮助。

（3）综合起来想整体　与看组合体视图的要求相同，不再赘述。

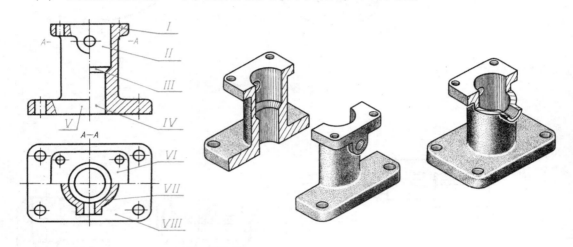

图 5-37　有、无剖面线的线框分析

二、看图举例

表 5-3 示出了 23 个图例，其半数选自于《技术制图》与《机械制图》国家标准，希望读者自行识读这些并非常见的典型图例，扩大视野，了解更多的表达方法和标注方法。本表除前 6 个图例外，均配有立体图，列于表 5-4 中。

看图时，应先看图例(分析视图名称、投射方向、剖切面的种类、画法和标注)，后读说明，再将想象出来的机件形状从无序排列的立体图中辨认出来，加以对照。

表 5-3　读图示例及说明

读图示例		
用单一柱面剖切获得的全剖视图和半剖视图。它是为了准确地表达处于圆周分布的某些内部结构形状，因此采用了柱面剖切。此时必须采用展开画法并标注(半剖与全剖的标注方法相同)		半剖视图。因机件的形状接近于对称，所以可只剖一半。又因是通过基本对称平面剖切的，故不必标注

读图示例 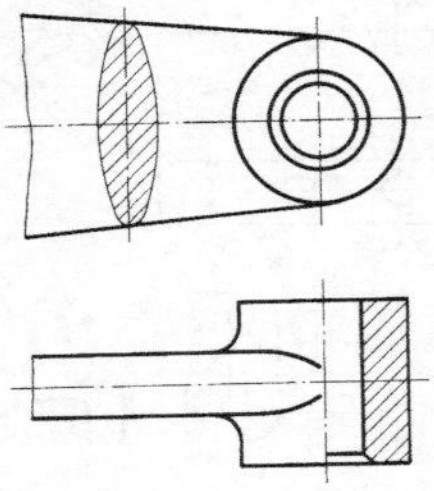 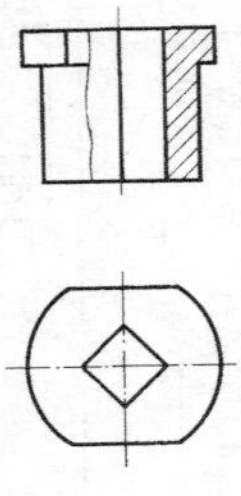 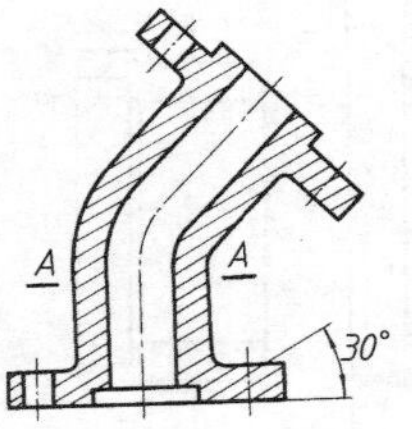 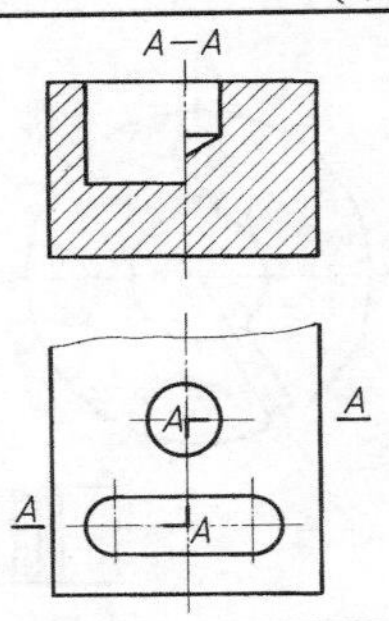			
说明	说明	说明	说明

读图示例 / **说明**

第一行说明：

1. 主视图中的椭圆图形为重合断面。俯视图为局部剖视。当被剖的局部结构为回转体时，允许将该结构的中心线作为局部剖视图与视图的分界线

2. 局部剖视图。若全剖视，外形表达得不明显；若半剖视，无法画其"分界线"。而局部剖视既保留其内、外部的可见轮廓线，又以较大范围表露出内形

3. 全剖视图。其剖面线若与水平成45°，则与轮廓线平行或垂直，故画成了与水平成30°（也可画成60°）。若画出其俯视图 A—A，则其剖面线必须画成45°，且与主视图中的剖面线同向

4. 全剖视图，是由两个平行的平面剖切的。当机件上的两个要素在图形上具有公共对称中心线或轴线时，可以各画一半，组合成一个图形。此时应以对称中心线或轴线为界。该图必须标注

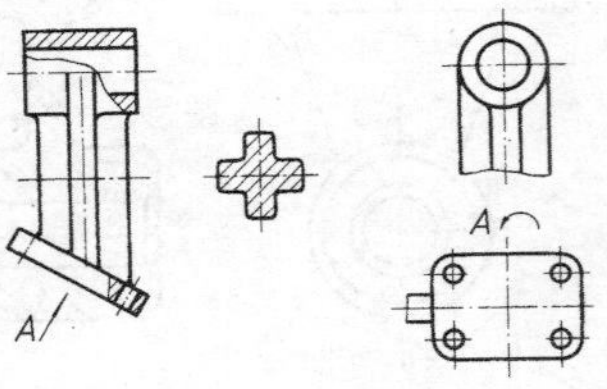

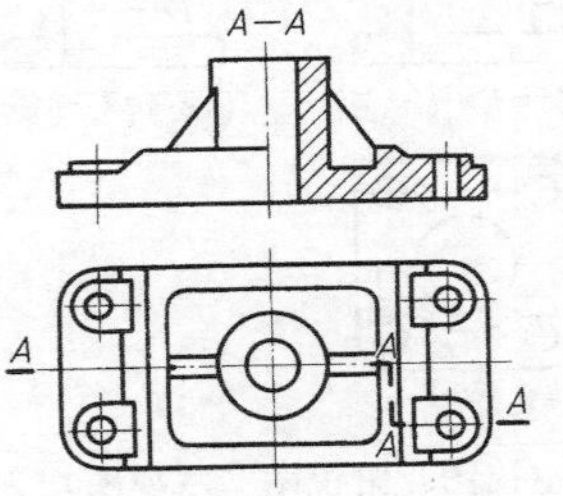

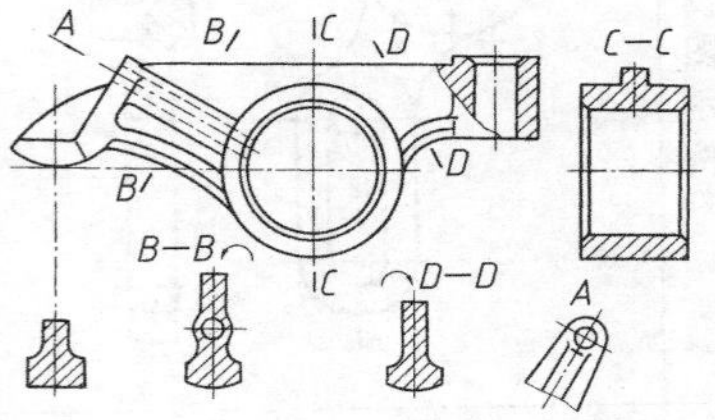

第二行说明：

1. 主视图表达机件外形，其局部剖视表示大、小圆孔；局部视图以明确圆筒与肋的连接关系；移出断面表示肋的形状；斜视图反映斜板的实形及孔的分布，其带有波浪线的部分则表示肋与斜板间的相对位置

2. 半剖视图，是由两个平行的平面剖切得到的。机件上的肋，纵向剖切时不画剖面线，用粗实线将它与相邻接的部分分开。在外形视图中，肋将按投影规律画出

3. 主视图表达机件主体结构及外形，局部表示通孔；A 为斜视图。由于该机件结构形状用视图难以表达，画断面则很奏效，故用四个断面图来表达，其中两个为移位旋转配置，另两个分别画在剖切线和左视图的位置上

第三行说明：

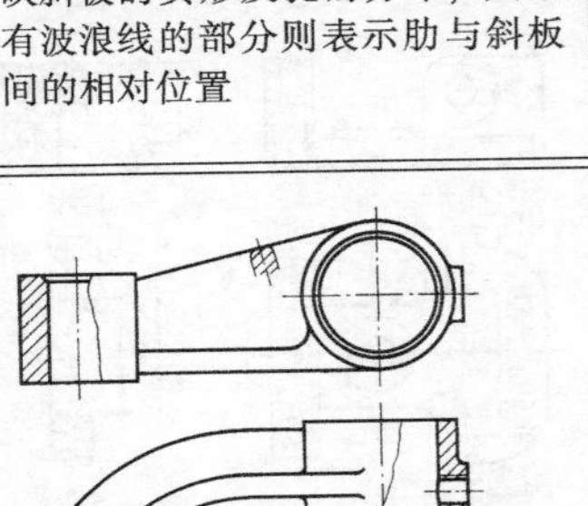

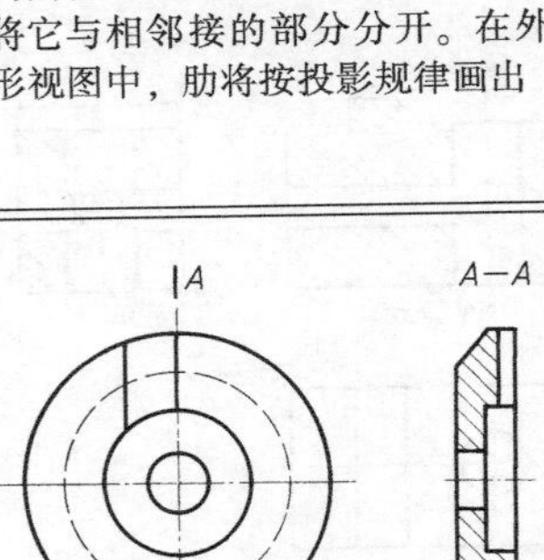

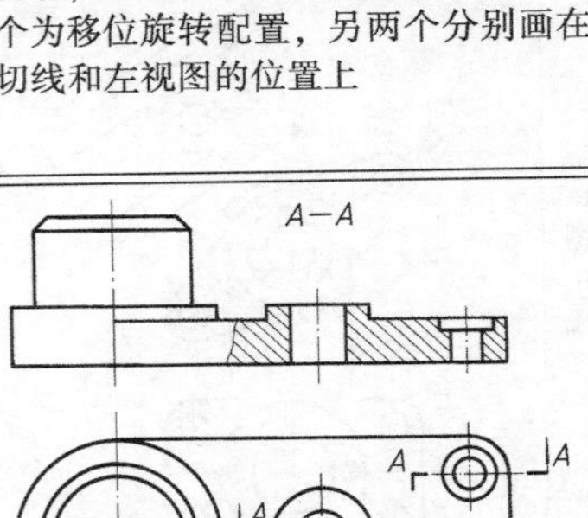

1. 主、俯视图表示机件的主体结构形状，两处局部剖视分别表示光孔、螺孔的内形；重合断面表示肋宽

2. 全剖视图。剖切平面 A 紧贴机件表面剖切。此时，允许将剖切符号紧贴表面标注，但该表面不画剖面线

3. 局部剖视图，是用两个平行的平面剖切获得的。这种局部剖视必须标注

（续）

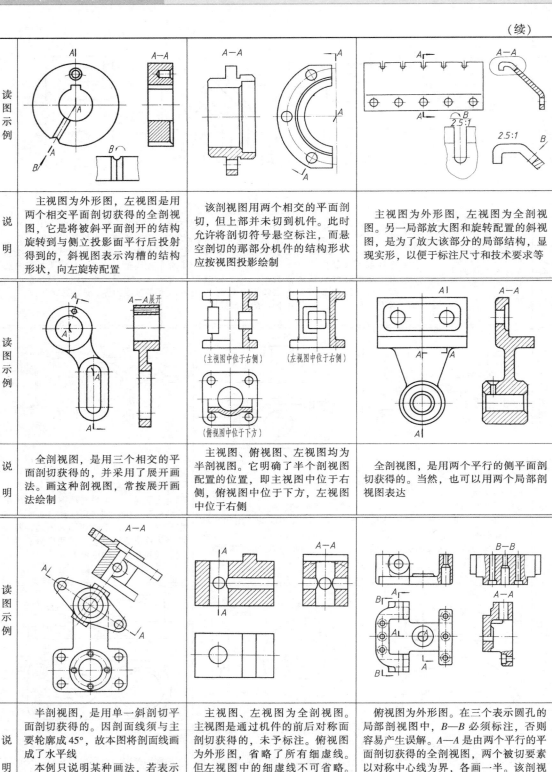

读图示例		
说明		

说明（第一行左）： 主视图为外形图，左视图是用两个相交平面剖切获得的全剖视图，它是将被斜平面剖开的结构旋转到与侧立投影面平行后投射得到的，斜视图表示沟槽的结构形状，向左旋转配置

说明（第一行中）： 该剖视图用两个相交的平面剖切，但上部并未切到机件。此时允许将剖切符号悬空标注，而悬空剖切的那部分机件的结构形状应按视图投影绘制

说明（第一行右）： 主视图为外形图，左视图为全剖视图。另一局部放大图和旋转配置的斜视图，是为了放大该部分的局部结构，显现实形，以便于标注尺寸和技术要求等

说明（第二行左）： 全剖视图，是用三个相交的平面剖切获得的，并采用了展开画法。画这种剖视图，常按展开画法绘制

说明（第二行中）： 主视图、俯视图、左视图均为半剖视图。它明确了半个剖视图配置的位置，即主视图中位于右侧，俯视图中位于下方，左视图中位于右侧

说明（第二行右）： 全剖视图，是用两个平行的侧平面剖切获得的。当然，也可以用两个局部剖视图表达

说明（第三行左）： 半剖视图，是用单一斜剖切平面剖切获得的。因剖面线须与主要轮廓成45°，故本图将剖面线画成了水平线。

本例只说明某种画法，若表示该机件的完整结构，尚须画出某些视图

说明（第三行中）： 主视图、左视图为全剖视图。主视图是通过机件的前后对称面剖切获得的，未予标注。俯视图为外形图，省略了所有细虚线。但左视图中的细虚线不可省略。否则，还须画出一个右视图来表示该部分的形状

说明（第三行右）： 俯视图为外形图。在三个表示圆孔的局部剖视图中，B—B必须标注，否则容易产生误解。A—A是由两个平行的平面剖切获得的全剖视图，两个被剖要素以对称中心线为界，各画一半。该剖视图按投影关系配置在与剖切符号相对应的位置上，这是标准中所允许的

读图示例	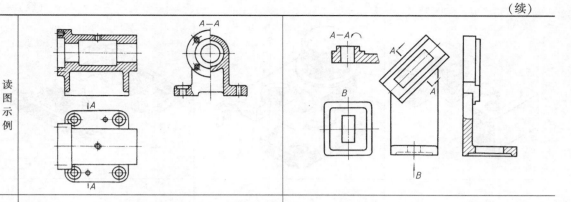
说明	全剖视的主视图表示机件的内腔结构，左端螺孔是按规定画法绘制的；半剖的左视图（必须标注）表示圆筒、连接板和底板间的连接情况及销孔和螺孔的分布，局部剖视表示安装孔；俯视图为外形图，表示底板的形状、安装孔及销孔的位置，省略了所有细虚线，图形显得很清晰	主视图为外形图；左视图的局部剖视用以表示方孔和凹坑在底板上的位置；A—A 是用单一斜剖切平面剖切获得的局部剖视图，它是旋转配置的，以表示通槽及凸台与立板的连接情况。B 为局部视图（以向视图的配置形式配置），表示底板底部和凹坑的形状及方孔的位置

表 5-4　表 5-3 所示图例的部分立体图

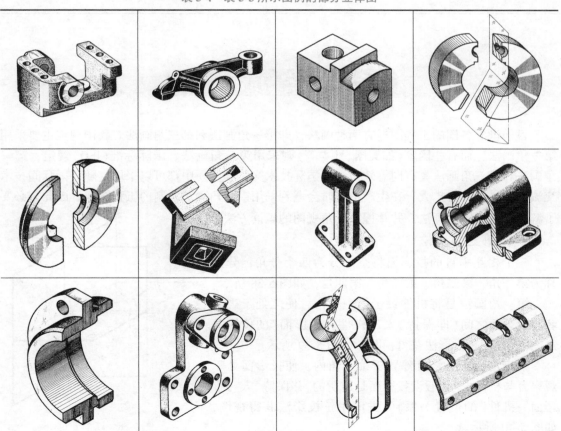

（续）

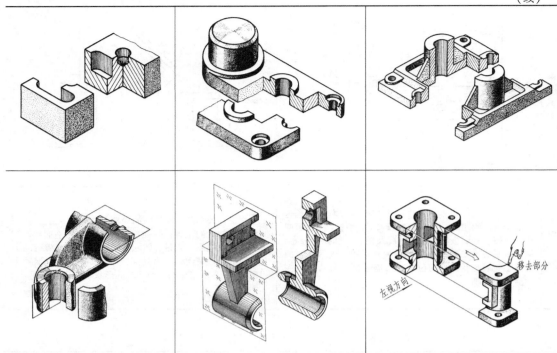

第六节　第三角画法简介

目前世界各国的工程图样有两种画法，即第一角画法和第三角画法。我国规定主要采用第一角画法，而有些国家(如美国、日本等)则采用第三角画法。国际标准(ISO)规定，第一角画法和第三角画法具有同等效力，在国际技术交流和贸易中都可以采用。随着国际间技术交流和贸易的日益扩大，在生产中有时会遇到采用第三角画法绘制的工程图样，因此有必要了解第三角视图的画法，并掌握第三角视图的识读方法。

一、第三角画法

三个相互垂直的投影面将空间分为四个分角，分别称为第一角、第二角、第三角、第四角，如图 5-38 所示。

第一角画法是将机件置于第一角内，使之处于观察者与投影面之间(即保持"人→机件→投影面"的位置关系)，进而用正投影法获得视图，如图 5-39 所示。

第三角画法是将机件置于第三角内，使投影面处于观察者与机件之间(假设投影面是透明的，并保持"人→投影面→机件"的位置关系)，进而用正投影法获得视图，如图 5-40 所示。

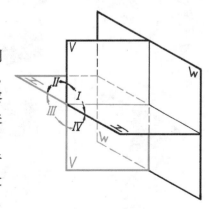

图 5-38　四个分角

第一角画法和第三角画法六个基本投影面的展开及视图的对比情况，见图 5-41。

第一角画法和第三角画法都是采用正投影法；两种画法的六个投射方向、所获得的六个基本视图及其名称都是相同的；相应视图之间都分别保持"长对正、高平齐、宽相等"的投影关系。

它们的主要区别在于：视图的配置位置不同，视图与物体的方位关系不同。

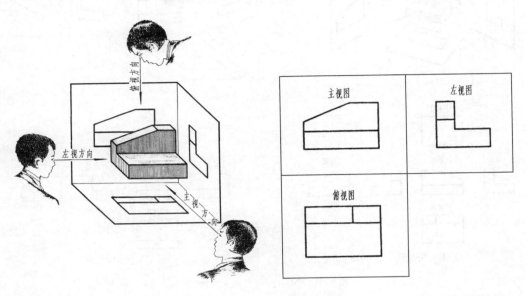

图 5-39　第一角画法示例

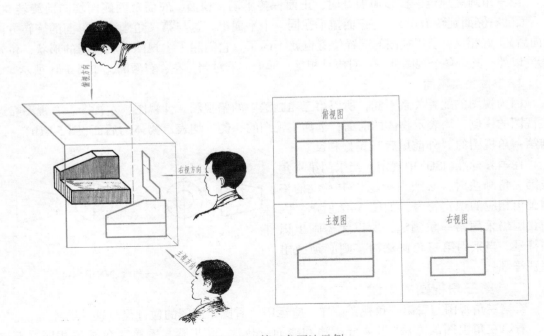

图 5-40　第三角画法示例

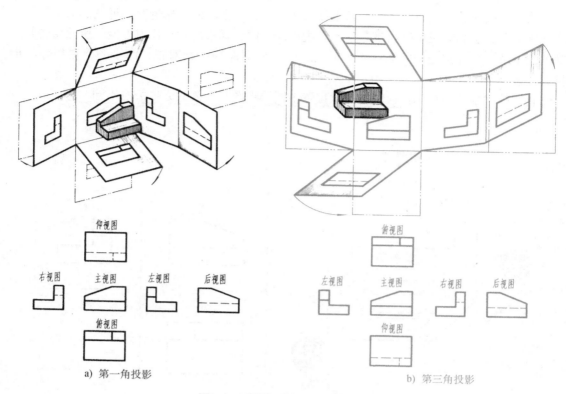

a) 第一角投影

b) 第三角投影

图 5-41　投影面展开及视图配置

1. 视图位置不同

第三角画法规定，投影面展开时，正面保持不动，顶面、底面及两侧面均向前旋转 90°（后面随右侧面旋转 180°），与正面摊平在同一个平面上。这与第一角画法投影面的旋转方向（向后）正好相反，所以视图的配置位置也就不同了。它们除了主视图、后视图的形状、位置相同以外，其余各个视图都一一对应且相反，即上、下对调，左、右颠倒，如图 5-41 所示。

2. 方位关系不同

因为视图的配置关系不同，所以第三角画法中的俯视图、仰视图、左视图、右视图靠近主视图的一侧，均表示物体的前面；远离主视图的一侧，均表示物体的后面(图 5-41b)。这与第一角视图的"外前里后"正好相反。

在国际标准(ISO)中规定，当采用第一角或第三角画法时，必须在标题栏中专设的格内画出相应的识别符号，如图 5-42 所示。因为我国仍采用第一角画法，所以无需画出识别符号。当采用第三角画法时，则必须画出识别符号。

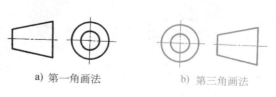

a) 第一角画法　　　b) 第三角画法

图 5-42　一、三角画法的识别符号

二、第三角视图的识读

看第三角视图与看第一角视图一样，应运用"看图是画图的逆过程"这一原理。

看第三角视图的方法(形体分析法和线面分析法)和步骤与看第一角视图相同，不再多述。

例1 识读图 5-43a 所示的三视图。

图 5-43a 为第三角画法，其左视图是从机件的左方向右投射，将其视图向前（逆时针方向）旋转 90°得到的。看图时，应假想将左视图向后（顺时针方向）回转 90°，与主视图左端相对照，轴端的形状就会想象出来。

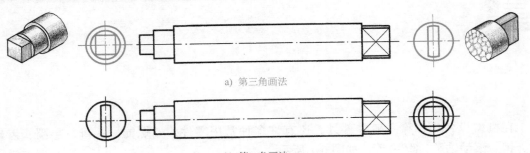

a) 第三角画法

b) 第一角画法

图 5-43　识读第三角视图 1

右视图是从机件的右方向左投射，将其视图向前旋转 90°得到的。同样，将右视图向后回转 90°，与主视图右端一对照，就会产生立体感。

图 5-43b 为第一角画法，左视图配置在主视图的右边，右视图配置在主视图的左边，看图时需横跨主视图左顾右盼，显然不太方便。相比之下，第三角画法，除后视图外，其他所有视图均配置在相邻视图的近侧，所以识读起来比较方便，这也是第三角画法的一个特点，较长的轴、杆类零件显得尤其明显。

例2 识读图 5-44a 所示的三视图。

图 5-44a 为第三角画法，看图时只要善于想象，将其俯视图和左视图向主视图靠拢，并以其各自靠近的边棱为轴向后旋转 90°，即可很容易想象出该体的立体形状，如图 5-44c 所示。图 5-44b 为第一角画法，看图时与图 5-44a 对比，有助于加深理解第三角视图的画法。

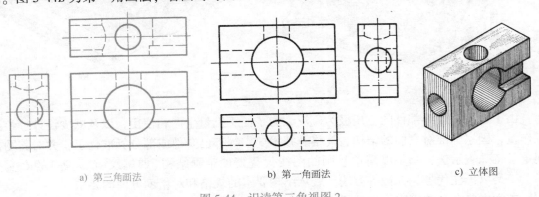

a) 第三角画法　　　　　　　b) 第一角画法　　　　　c) 立体图

图 5-44　识读第三角视图 2

常用零件的特殊表示法

在机械设备中，除一般零件外，还有许多种常用零件，如螺栓、螺母、垫圈、齿轮、键、销、滚动轴承（部件）等，如图6-1所示。

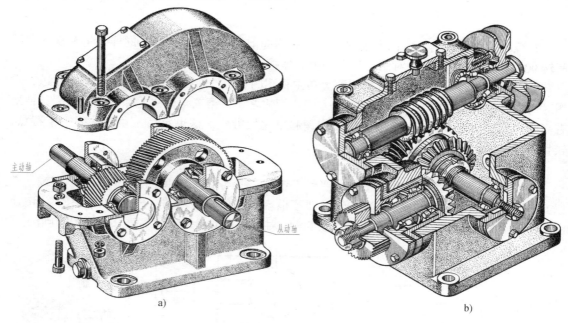

主动轴

从动轴

a)

b)

图6-1　减速机

由于这些常用零部件的应用极为广泛，为了便于批量生产和使用，以及减少设计、绘图工作量，国家标准对它们的结构、规格及技术要求等都已全部或部分标准化了，并对其图样规定了特殊表示法：一是以简单易画的图线代替繁琐难画结构（如螺纹、轮齿等）的真实投影；二是以标注代号、标记等方法，表示结构要素的规格和对精度方面的要求。

本章主要介绍常用零部件的规定画法、标注方法和识读方法。

第一节　螺　　纹

螺纹是零件上常见的一种结构。螺纹分外螺纹和内螺纹两种，成对使用。在圆柱或圆锥外表面上所形成的螺纹称为外螺纹；在圆柱或圆锥内表面上加工的螺纹称为内螺纹。

一、螺纹的形成

螺纹是根据螺旋线原理加工而成的。图 6-2 表示在车床上加工螺纹的情况。这时圆柱形工件做等速旋转运动，车刀则与工件相接触做等速的轴向移动，刀尖相对工件即形成螺旋线运动。因为切削刃的形状不同，在工件表面切去部分的截面形状也不同，所以可加工出各种不同的螺纹。

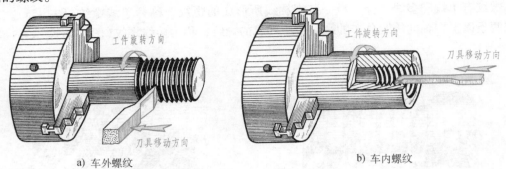

a) 车外螺纹　　　　　　　b) 车内螺纹

图 6-2　在车床上加工螺纹

二、螺纹要素

螺纹的要素有牙型、直径、线数、螺距和旋向。当内、外螺纹连接时，上述五要素必须相同，如图 6-3 所示。

1. 牙型

在通过螺纹轴线的剖面上，螺纹的轮廓形状称为牙型。螺纹的牙型不同，其用途也不同，现结合图 6-4，说明如下：

图 6-4a：普通螺纹（牙型角为 60°，牙型为三角形），用于连接零件；

图 6-4b：管螺纹（牙型角为 55°），常用于连接管道；

图 6-4c：梯形螺纹（牙型为等腰梯形），用于传递动力；

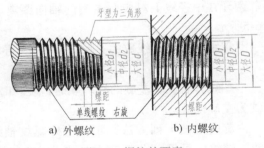

a) 外螺纹　　　　b) 内螺纹

图 6-3　螺纹的要素

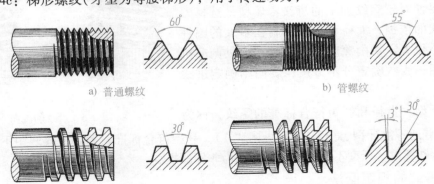

a) 普通螺纹　　　　　　　b) 管螺纹

c) 梯形螺纹　　　　　　　d) 锯齿形螺纹

图 6-4　常用标准螺纹的牙型

图 6-4d：锯齿形螺纹(牙型为不等腰梯形)，用于单方向传递动力。

2. 直径

螺纹直径有大径(外螺纹用 d 表示，内螺纹用 D 表示)、中径和小径之分(图 6-3)。外螺纹的大径和内螺纹的小径亦称为顶径。

螺纹的公称直径为大径。

3. 线数 n

螺纹有单线和多线之分。沿一条螺旋线所形成的螺纹，称为单线螺纹(图 6-5a)；沿两条或两条以上在轴向等距分布的螺旋线所形成的螺纹，称为多线螺纹(图 6-5b)。

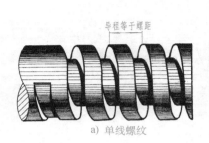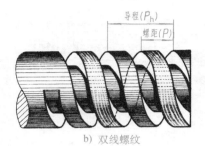

a) 单线螺纹   b) 双线螺纹

图 6-5 螺距与导程

4. 螺距 P 和导程 P_h

螺距是指相邻两牙在中径线上对应两点间的轴向距离，导程是指在同一条螺旋线上的相邻两牙在中径线上对应两点间的轴向距离。应注意，螺距和导程是两个不同的概念，如图 6-5 所示。

螺距、导程、线数的关系：螺距 P = 导程 P_h/线数 n。单线螺纹：螺距 P = 导程 P_h。

5. 旋向

螺纹分右旋和左旋两种。顺时针旋转时旋入的螺纹为右旋螺纹，逆时针旋转时旋入的螺纹为左旋螺纹。

旋向可按下列方法判定：将外螺纹轴线垂直放置，螺纹的可见部分右高左低者为右旋螺纹；左高右低者为左旋螺纹，如图 6-6 所示。

螺纹要素对于螺纹加工的意义：牙型是选择刀具几何形状的依据；大径表示螺纹制在多大的圆柱表面上；小径决定切削深度；螺距或导程供调配机床齿轮之用；线数确定分不分度；旋向则确定进给方向。

凡是牙型、直径和螺距符合标准的螺纹，称为标准螺纹(普通螺纹牙型、直径与螺距见附表 1)。牙型符合标准，而直径或螺距不符合标准的，称为特殊螺纹。牙型不符合标准的，称为非标准螺纹。

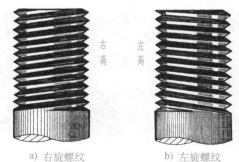

a) 右旋螺纹   b) 左旋螺纹

图 6-6 螺纹的旋向

三、螺纹的规定画法

1. 外螺纹的画法

如图 6-7 所示，外螺纹的牙顶圆的投影用粗实线表示，牙底圆的投影用细实线表示(其直径通常按牙顶圆直径的 85% 绘制），螺杆的倒角或倒圆部分也应画出。在垂直于螺纹轴线的投影面的视图中，表示牙底圆的细实线只画约 3/4 圈（空出约 1/4 圈的位置不做规定）。此时，螺杆的倒角投影不应画出。

螺纹长度终止线（简称"螺纹终止线"）用粗实线表示。在剖视图中则按图 6-7 右边图中的画法绘制。

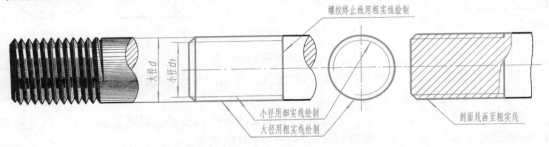

图 6-7 外螺纹的画法

2. 内螺纹的画法

如图 6-8 所示，在剖视图中，内螺纹牙顶圆的投影用粗实线表示，牙底圆的投影用细实线表示，螺纹终止线用粗实线绘制，剖面线应画到表示小径的粗实线为止。在垂直于螺纹轴线的投影面的视图上，表示大径的细实线圆只画约 3/4 圈，表示倒角的投影不应画出。

当内螺纹为不可见时，螺纹的所有图线均用细虚线绘制（如图 6-8 中右边图所示）。

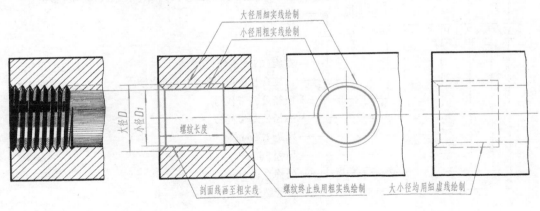

图 6-8 内螺纹的画法

3. 螺纹联接的画法

在剖视图中，内外螺纹旋合的部分应按外螺纹的画法绘制，其余部分仍按各自的画法表示，如图 6-9 所示。应注意，表示内、外螺纹大径的细实线和粗实线，以及表示内、外螺纹小径的粗实线和细实线必须分别对齐。

四、螺纹的种类和标注

1. 螺纹的种类

螺纹按用途不同，可分为两种：

（1）**联接螺纹** 起联接作用的螺纹。常用的有四种标准螺纹，即粗牙普通螺纹、细牙普通螺纹、管螺纹和 60°密封管螺纹。管螺纹又分为 55°非密封管螺纹和 55°密封管螺纹。

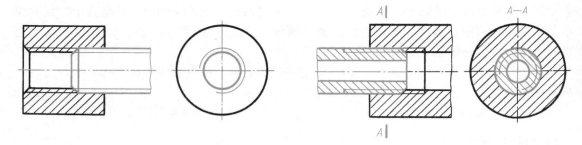

图 6-9　螺纹联接的画法

（2）传动螺纹　用于传递动力和运动的螺纹。常用的有梯形螺纹和锯齿形螺纹。

2. 螺纹的标注

各种螺纹都采用了规定画法，无法表示出螺纹的种类和要素及对精度的要求，因此绘图时，必须通过标记予以明确。普通螺纹的标记内容及格式如下：

| 特征代号 | 公称直径 | ×P_h导程 P 螺距 | — 公差带代号 | — 旋合长度代号 | — 旋向 |

下面以多线的左旋普通螺纹为例，说明其标记中各部分代号的含义及注写规定。

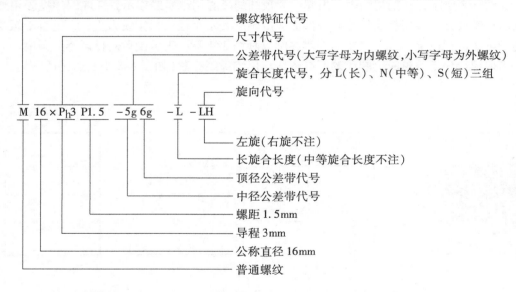

上述示例是普通螺纹的完整标记，当遇有以下情况时，其标记可以简化：

1）单线螺纹的尺寸代号为"公称直径×螺距"，此时不必注写"Ph"和"P"字样。当为粗牙普通螺纹时，不注螺距。

2）中径与顶径公差带代号相同时，只注写一个公差带代号。

3）最常用的中等公差精度螺纹（公称直径≤1.4mm 的 5H、6h 和公称直径≥1.6mm 的 6H 和 6g）不标注公差带代号。

例如，公称直径为 8mm，细牙，螺距为 1mm，中径和顶径公差带均为 6H 的单线右旋普通螺纹，其标记为 M8×1；当该螺纹为粗牙（$P=1.25$mm）时，则标记为 M8。

普通螺纹的上述简化标记规定，同样适用于内、外螺纹配合（即螺纹副）的标记。例如，公称直径为 8mm 的粗牙普通螺纹，内螺纹公差带为 6H，外螺纹公差带为 6g，则其螺纹副标记可简化为 M8；当内、外螺纹并非同为中等公差精度时，则应同时注出公差带代号，并用斜线隔开两代号，如 M20-6H/5g6g。

各种常用螺纹的标注方法见表 6-1。

表 6-1 螺纹的标记及其图样标注

螺纹种类		标记及其标注示例	标记的识别	标注要点说明
紧固螺纹	普通螺纹（M）	*M20-5g6g-S*	粗牙普通螺纹，公称直径为 20mm，右旋，中径、顶径公差带分别为 5g、6g，短旋合长度	1. 粗牙螺纹不注螺距，细牙螺纹标注螺距（螺距参见附表 1） 2. 右旋省略不注，左旋以"LH"表示（各种螺纹皆如此） 3. 中径、顶径公差带相同时，只注一个公差带代号。中等公差精度（如 6H、6g）不注公差带代号 4. 旋合长度分短（S）、中（N）、长（L）三种，中等旋合长度不注 5. 螺纹标记应直接注在大径的尺寸线或延长线上
		M20×2-LH	细牙普通螺纹，公称直径为 20mm，螺距为 2mm，左旋，中径、顶径公差带皆为 6H，中等旋合长度	
管螺纹	55° 非密封管螺纹（G）	*G1¹⁄₂A*	55°非密封管螺纹，尺寸代号为 1½，公差等级为 A 级，右旋	1. 管螺纹的尺寸代号是指管子内径（通径）"英寸（1in = 25.4mm）"的数值，不是螺纹大径 2. 55°非密封管螺纹，其内、外螺纹都是圆柱螺纹 3. 外螺纹的公差等级分为 A、B 两级。内螺纹的公差等级只有一种，不标记
		G1¹⁄₂-LH	55°非密封管螺纹，尺寸代号为 1½，左旋	
	55° 密封管螺纹（R₁）（R₂）（Rc）（Rp）	*R₂1¹⁄₂-LH*	R₂ 表示与圆锥内螺纹相配合的圆锥外螺纹，1/2 为尺寸代号，左旋	1. 55°密封管螺纹，只注螺纹特征代号、尺寸代号和旋向

（续）

螺纹种类		标记及其标注示例	标记的识别	标注要点说明
管螺纹	55°密封管螺纹（R₁）（R₂）（Rc）（Rp）	$Rc\,1\frac{1}{2}$	圆锥内螺纹，尺寸代号为 1½，右旋	2. 55°密封管螺纹一律标注在引出线上，引出线应由大径处引出或由对称中心线处引出 3. 55°密封管螺纹的特征代号如下： R₁ 表示与圆柱内螺纹相配合的圆锥外螺纹 R₂ 表示与圆锥内螺纹相配合的圆锥外螺纹 Rc 表示圆锥内螺纹 Rp 表示圆柱内螺纹
		$Rp\,1\frac{1}{2}$	圆柱内螺纹，尺寸代号为 1½，右旋	
传动螺纹	梯形螺纹（Tr）	$Tr\,36\times12(P6)-7H$	梯形螺纹，公称直径为 36mm，双线，导程为 12mm，螺距为 6mm，右旋，中径公差带为 7H，中等旋合长度	1. 单线螺纹标注螺距，多线螺纹标注导程（P 螺距） 2. 两种螺纹只标注中径公差带代号 3. 旋合长度只有中等旋合长度（N）和长旋合长度（L）两组 4. 中等旋合长度规定不标
	锯齿形螺纹（B）	$B40\times7-LH-8c$	锯齿形螺纹，公称直径为 40mm，单线，螺距为 7mm，左旋，中径公差带为 8c，中等旋合长度	

五、螺纹的测绘

测绘螺纹时，可采用如下步骤：

1）确定螺纹的线数和旋向。

2）测量螺距。可用拓印法，即将螺纹放在纸上压出痕迹，量出几个螺距的长度 L，如图 6-10 所示。然后，按 $P=L/n$ 计算出螺距。若有螺纹规，可直接确定牙型及螺距，如图 6-11 所示。

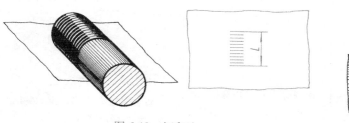

图 6-10　拓印法

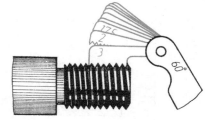

图 6-11　用螺纹规测量

3）用游标卡尺测大径。内螺纹的大径无法直接测出，可先测出小径，再据此由螺纹标准中查出螺纹大径；或测量与之相配合的外螺纹制件，再推算出内螺纹的大径。

4）查标准、定标记。根据牙型、螺距及大径，查有关标准，确定螺纹标记。

第二节 螺纹紧固件

螺纹紧固件的种类很多，常用的紧固件有螺栓、双头螺柱、螺钉、螺母、垫圈等，如图 6-12 所示。

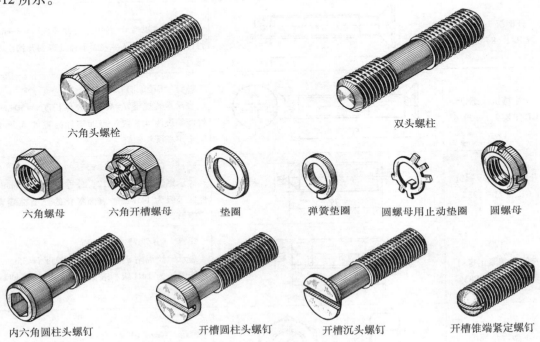

图 6-12 常见的螺纹紧固件

一、螺纹紧固件的标记规定

螺纹紧固件的结构形式及尺寸都已标准化，属于标准件，一般由专门的工厂生产。各种标准件都有规定标记，需用时，根据其标记即可从相应的国家标准中查出它们的结构形式、尺寸及技术要求等内容。表 6-2 中列出了常用螺纹紧固件的图例、简化标记及其解释。

表 6-2 常用螺纹紧固件图例、标记及解释

名称及标准编号	图 例	标记及解释
六角头螺栓 GB/T 5782—2016	M10 50	螺栓 GB/T 5782 M10×50 表示螺纹规格 d=M10，公称长度 l=50mm、性能等级为 8.8 级、表面不经处理、杆身半螺纹、A 级的六角头螺栓
双头螺柱 GB/T 897—1988 （$b_m=1d$）	M10 10 50	螺柱 GB/T 897 M10×50 表示两端均为粗牙普通螺纹，螺纹规格 d=M10、公称长度 l=50mm、性能等级为 4.8 级、表面不经处理、B 型、$b_m=1d$ 的双头螺柱

（续）

名称及标准编号	图　　例	标记及解释
开槽圆柱头螺钉 GB/T 65—2016		螺钉　GB/T 65　M10×50 表示螺纹规格 d＝M10，公称长度 l＝50mm、性能等级为4.8级、表面不经处理的A级开槽圆柱头螺钉
开槽沉头螺钉 GB/T 68—2016		螺钉　GB/T 68　M10×50 表示螺纹规格 d＝M10，公称长度 l＝50mm、性能等级为4.8级、表面不经处理的开槽沉头螺钉
十字槽沉头螺钉 GB/T 819.1—2016		螺钉　GB/T 819.1　M10×50 表示螺纹规格 d＝M10，公称长度 l＝50mm、性能等级为4.8级、表面不经处理的A级H型十字槽沉头螺钉
开槽锥端紧定螺钉 GB/T 71—1985		螺钉　GB/T 71　M12×35 表示螺纹规格 d＝M12，公称长度 l＝35mm、性能等级为14H级、表面氧化的开槽锥端紧定螺钉
开槽 长圆柱端紧定螺钉 GB/T 75—1985		螺钉　GB/T 75　M12×35 表示螺纹规格 d＝M12，公称长度 l＝35mm、性能等级为14H级、表面氧化的开槽长圆柱端紧定螺钉
1 型六角螺母 GB/T 6170—2015		螺母　GB/T 6170　M12 表示螺纹规格 D＝M12、性能等级为8级、表面不经处理、A级的1型六角螺母
1 型六角开槽螺母 GB/T 6178—1986		螺母　GB/T 6178　M12 表示螺纹规格 D＝M12、性能等级为8级、表面不经处理、A级的1型六角开槽螺母
平垫圈 GB/T 97.1—2002		垫圈　GB/T 97.1　12 表示标准系列、公称规格12mm、由钢制造的硬度等级为200HV级，表面不经处理、产品等级为A级的平垫圈
标准型弹簧垫圈 GB/T 93—1987		垫圈　GB/T 93　12 表示规格12mm、材料为65Mn、表面氧化处理的标准型弹簧垫圈

二、螺纹紧固件的联接画法

螺纹紧固件联接的基本形式有螺栓联接、双头螺柱联接和螺钉联接。但无论采用哪种形式，其画法（装配画法）都应遵守下列规定：

1）两零件的接触面只画一条线，不接触面必须画两条线。

2）在剖视图中，相互接触的两个零件的剖面线方向应相反。但同一个零件在各剖视图中，剖面线的倾斜角度、方向和间隔都应相同。

3）在剖视图中，当剖切平面通过紧固件的轴线时，紧固件均按不剖绘制。

1. 螺栓联接

螺栓用来联接不太厚并钻成通孔的零件，如图 6-13a 所示。

画螺栓联接图，应根据紧固件的标记，按其相应标准中的各部分尺寸绘制。但为了方便作图，通常可按其各部分尺寸与螺栓大径 d 的比例关系近似地画出，如图 6-13b 所示。其比例关系见表 6-3。

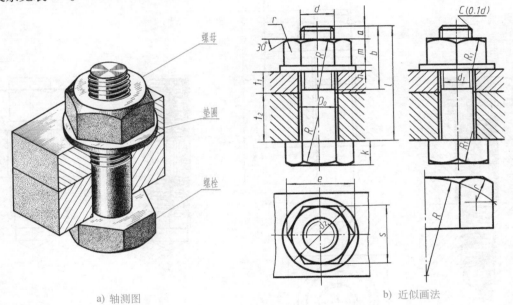

螺栓联接
图画法

a) 轴测图   b) 近似画法

图 6-13　螺栓联接图画法

表 6-3　螺栓紧固件近似画法的比例关系

部位	尺 寸 比 例	部位	尺 寸 比 例	部位	尺 寸 比 例
螺栓	$b=2d$　　$e=2d$ $R=1.5d$　$C=0.1d$ $k=0.7d$　$d_1=0.85d$ $R_1=d$　　s 由作图决定	螺母	$e=2d$ $R=1.5d$ $R_1=d$ $m=0.8d$ r 由作图决定 s 由作图决定	垫圈	$h=0.15d$ $d_2=2.2d$
				被联接件	$D_0=1.1d$

画图时，需知道螺栓的形式、大径、被联接两零件的厚度。由图 6-13b 可知，螺栓的长度 l 为

$$l=t_1+t_2+h+m+a$$

式中 a——螺栓伸出螺母的长度，一般取 $(0.2{\sim}0.3)d$。

计算出 l 后，还需从螺栓的标准长度系列中选取与 l 相近的标准值（附表 2）。例如算出 $l=48\text{mm}$，可选 $l=50\text{mm}$。螺母、垫圈的图例、标记和尺寸分别参见表 6-2 和附表 3、附表 7。

2. 双头螺柱联接

当两个被联接的零件中，有一个较厚、不宜加工成通孔时，可采用双头螺柱联接，如图 6-14a 所示。双头螺柱联接和螺栓联接一样，通常采用近似画法，其联接图的画法如图 6-14b 所示（其俯视图及各部分的画法比例，与图 6-13b 相同）。

画双头螺柱联接图时，应注意以下两点：

1）为了保证联接牢固，旋入端应全部旋入螺孔（图 6-14c），即旋入端的螺纹终止线在图上应与螺孔口的端面平齐（图 6-14d）。弹簧垫圈的尺寸参见附表 8。

双头螺柱联接图画法

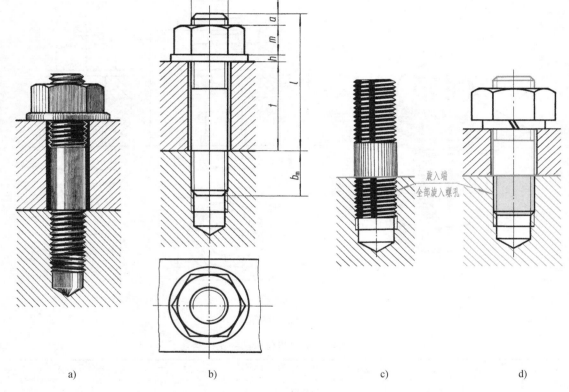

a)   b)   c)   d)

图 6-14 双头螺柱联接图画法

2）旋入端的螺纹长度 b_m，根据被旋入零件材料的不同而不同（钢与青铜：$b_\text{m}=d$；铸铁：$b_\text{m}=1.25d$；铸铁：$b_\text{m}=1.5d$；铝合金：$b_\text{m}=2d$）。计算出 l 后，从附表 4 中选取相近的系列值。

3. 螺钉联接

螺钉用以联接一个较薄、另一个较厚的两个零件，常用在受力不大和不需经常拆卸的场合。螺钉的种类很多（参见表 6-2，其尺寸参见附表 5 和附表 6），图 6-15 为常用的开槽盘头螺钉、圆柱头内六角螺钉、开槽沉头螺钉联接的直观图及主视图、俯视图的简化画法。图 6-16 为双头螺柱联接的直观图及简化画法。各种螺栓、螺钉的头部及螺母在装配图中的简化画法可查阅相应的国家标准。

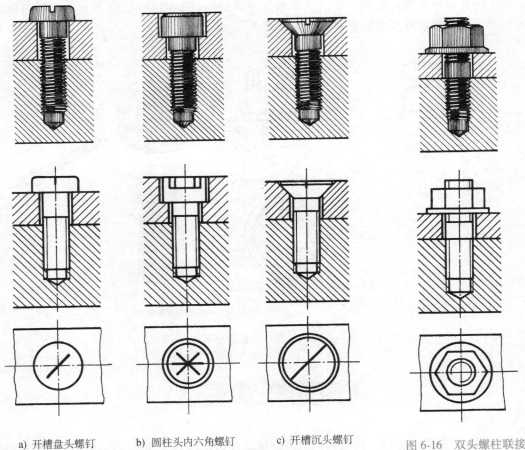

a) 开槽盘头螺钉　　　　b) 圆柱头内六角螺钉　　　c) 开槽沉头螺钉

图 6-15　螺钉联接的直观图及简化画法

图 6-16　双头螺柱联接
的直观图及简化画法

　　紧定螺钉也是在机器上经常使用的一种螺钉。它常用来防止两个相配零件产生相对运动。图 6-17 示出了用开槽锥端紧定螺钉限定轮和轴的相对位置，使它们不能产生轴向相对移动的图例，图 6-17a 表示零件图上螺孔和锥坑的画法，图 6-17b 为装配图上的画法。紧定螺钉的尺寸见附表6。

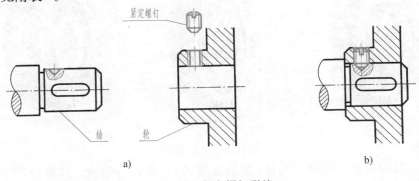

a)　　　　　　　　　　　　　　　　　　b)

图 6-17　紧定螺钉联接

在螺纹联接中,螺母虽然可以拧得很紧,但由于长期振动,往往也会松动甚至脱落。因此,为了防止螺母松脱现象的发生,常常采用弹簧垫圈(图 6-14d)或两个重叠的螺母防松,或采用开口销和槽形螺母予以锁紧,如图 6-18 所示。

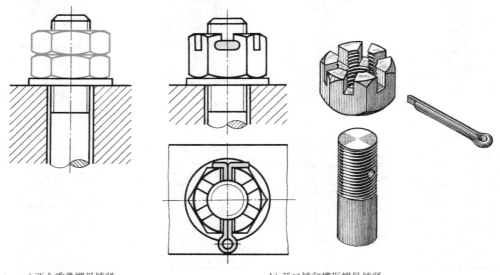

a) 两个重叠螺母锁紧　　　　　　　　　　b) 开口销和槽形螺母锁紧

图 6-18　螺纹联接的锁紧

第三节　齿　轮

　　齿轮是传动零件,能将一根轴的动力及旋转运动传递给另一根轴,也可改变转速和旋转方向。从图6-1齿轮传动的应用实例可以看出,圆柱齿轮(斜齿)用于两平行轴之间的传动。
　　本节只介绍直齿轮的画法。圆柱齿轮按轮齿方向的不同,可分为直齿轮、斜齿轮、人字齿轮等,如图 6-19 所示。

a) 直齿轮　　　　　　　　b) 斜齿轮　　　　　　　　c) 人字齿轮

图 6-19　圆柱齿轮

　　直齿轮一般由轮齿、轮缘、轮辐(辐板或辐条)、轮毂等组成,其轮齿位于圆柱面上,如图 6-20 所示。

一、直齿轮的各部分名称及代号（图 6-21）

（1）齿顶圆　通过轮齿顶面的圆，其直径以 d_a 表示。

（2）齿根圆　通过轮齿根部的圆，其直径以 d_f 表示。

（3）分度圆　分度圆是在齿顶圆和齿根圆之间的假想圆，在该圆上齿厚 s 和槽宽 e 相等，其直径以 d 表示（过节点 C，分别以 O_1、O_2 所作的两个圆称为节圆。标准齿轮的节圆与分度圆重合）。

（4）齿顶高　齿顶圆与分度圆之间的径向距离，以 h_a 表示。

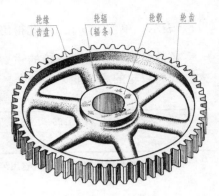

图 6-20　齿轮的结构

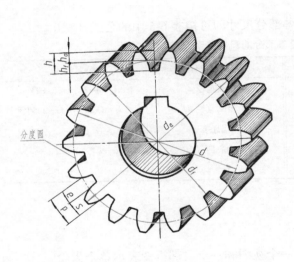
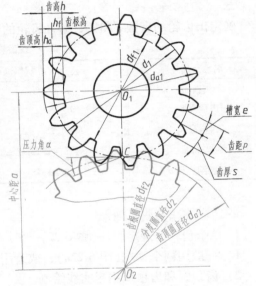

图 6-21　齿轮各部分名称及代号

（5）齿根高　齿根圆与分度圆之间的径向距离，以 h_f 表示。

（6）齿高　齿顶圆与齿根圆之间的径向距离，以 h 表示（齿高 $h=h_a+h_f$）。

（7）齿距　分度圆上相邻两个轮齿上对应点之间的弧长，以 p 表示。齿距由齿厚 s 和槽宽 e 组成。在标准齿轮中，$s=e=p/2$，$p=s+e$。

（8）中心距　两啮合齿轮轴线之间的距离，以 a 表示，$a=(d_1+d_2)/2$。

二、直齿轮的基本参数

（1）齿数　一个齿轮的轮齿总数，以 z 表示。

（2）模数　由于齿轮分度圆的周长 $\pi d=pz$（z 为齿数），则 $d=z\dfrac{p}{\pi}$，式中 π 为无理数，

为了计算方便，令 $m=\dfrac{p}{\pi}$，即将齿距 p 除以圆周率 π 所得的商，称为齿轮的模数，用代号

"m"表示，单位为mm。由此得出：$d=mz$，$m=\dfrac{d}{z}$。两齿轮啮合，其模数必须相等。

模数是设计、制造齿轮的重要参数。模数大，齿距 p 也大，齿厚 s 和齿高 h 也随之增大，因而齿轮的承载能力也增大。为了便于设计和加工，模数已标准化，其数值见表6-4。

表6-4　圆柱齿轮模数(摘自GB/T 1357—2008)　　　　　(单位:mm)

第一系列	1，1.25，1.5，2，2.5，3，4，5，6，8，10，12，16，20，25，32，40
第二系列	1.75，2.25，2.75，(3.25)，3.5，(3.75)，4.5，5，(6.5)，7，9，(11)，14，18，22

注：选用圆柱齿轮模数时，应优先选用第一系列，其次选用第二系列，括号内的模数尽可能不用。

（3）压力角　在图6-21中的点 C 处，齿廓受力方向与齿轮瞬时运动方向的夹角，称为压力角，以 α 表示(分度圆上的压力角又叫齿形角)。标准齿轮的压力角为20°。

三、直齿轮各部分的尺寸计算

确定出齿轮的齿数 z 和模数 m，齿轮的各部分尺寸即可按表6-5中的公式计算出。

表6-5　直齿轮各部分的尺寸关系

名称及代号	公式	名称及代号	公式
模数 m	$m=d/z$	齿顶圆直径 d_a	$d_a=d+2h_a=m(z+2)$
齿顶高 h_a	$h_a=m$	齿根圆直径 d_f	$d_f=d-2h_f=m(z-2.5)$
齿根高 h_f	$h_f=1.25m$	齿距 p	$p=\pi m$
齿高 h	$h=h_a+h_f=2.25m$	中心距 a	$a=(d_1+d_2)/2=m(z_1+z_2)/2$
分度圆直径 d	$d=mz$		

四、齿轮的规定画法

1. 单个齿轮的规定画法(图6-22)

1）一般用两个视图(图6-22a)，或者用一个视图和一个局部视图表示单个齿轮。

2）齿顶圆和齿顶线用粗实线绘制。

3）分度圆和分度线用细点画线绘制。

4）齿根圆和齿根线用细实线绘制，也可省略不画。在剖视图中，齿根线用粗实线绘制(图6-22b)。

5）在剖视图中，当剖切平面通过齿轮的轴线时，轮齿一律按不剖处理。

单个齿轮的规定画法

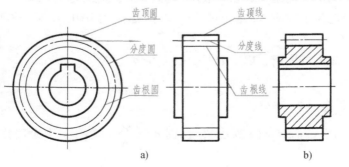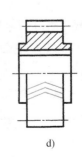

a)　　　　b)　　　　c)　　　　d)

图6-22　单个齿轮的规定画法

6）当需要表示齿线的特征时，可用三条与齿线方向一致的细实线表示（图6-22c、图6-22d）。直齿则不需表示。

2. 两齿轮啮合的规定画法

1）在垂直于圆柱齿轮轴线的投影面的视图中，啮合区内的齿顶圆均用粗实线绘制（图6-23a），两节圆（分度圆）相切，其省略画法如图6-23b所示。

2）在平行于圆柱齿轮轴线的投影面的视图中，啮合区的齿顶线不需画出，节线用粗实线绘制，其他处的节线用细点画线绘制，如图6-23c所示。

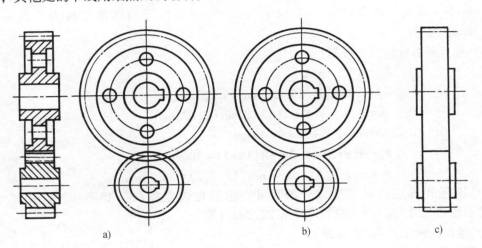

a)　　　　　　　　　b)　　　　　　　　　c)

图 6-23　齿轮啮合的规定画法

3）在通过轴线的剖视图中，啮合区内将一个齿轮的轮齿用粗实线绘制，另一个齿轮的轮齿被遮挡的部分画成细虚线（也可省略不画），而且一个齿轮的齿顶线与另一个齿轮的齿根线之间应有 0.25m 的间隙，如图6-23a、图6-24所示。

*五、直齿轮的测绘

根据齿轮实物，通过测量和计算，以确定主要参数并画出齿轮工作图的过程，称为齿轮测绘。

测绘步骤如下：

1）先数出齿数 z。

2）测出齿顶圆直径 d_a。当齿数为偶数时，d_a 可直接量出（图6-25a）；如为奇数时，应先测出孔径 D 及孔壁到齿顶间距离 K，则 $d_a = 2K+D$，如图6-25所示。

3）确定模数 m。根据 $m = \dfrac{d_a}{z+2}$，求出模数后，必须与表6-4核对，取相近的标准模数。

4）根据标准模数，计算出轮齿的各基

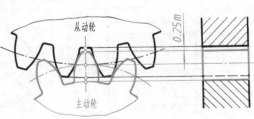

图 6-24　两个齿轮啮合的间隙

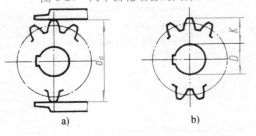

a)　　　　　　b)

图 6-25　齿顶圆直径的测量方法

本尺寸。

5）按齿轮实物测量其他尺寸。

6）绘制直齿轮零件草图，再根据草图绘制工作图。

例 1 直齿轮，通过测量得知 $d_a = 49mm$，数出齿数 $z = 18$，试绘制齿轮工作图。

1）求模数 m：

$$m = \frac{d_a}{z+2} = \frac{49}{18+2}mm = 2.45mm$$

与表 6-4 核对，在表的第一系列中与 2.45mm 最接近的标准模数为 2.5mm，故取 $m = 2.5mm$。

2）轮齿各部分的尺寸计算：

$$h_a = m = 2.5mm$$
$$h_f = 1.25m = 1.25 \times 2.5mm = 3.125mm$$
$$h = h_a + h_f = 2.5mm + 3.125mm = 5.625mm$$
$$d = mz = 2.5mm \times 18 = 45mm$$
$$d_a = m(z+2) = 2.5mm \times (18+2) = 50mm$$
$$d_f = m(z-2.5) = 2.5mm \times (18-2.5) = 38.75mm$$

3）测量和确定齿轮其他部分的尺寸：包括轮齿宽度（$b = 15mm$）、轮孔尺寸（$D = 20mm$）、键槽尺寸（宽 6mm，槽顶至孔底 22.8mm）等。

4）绘制齿轮工作图（图 6-26）。

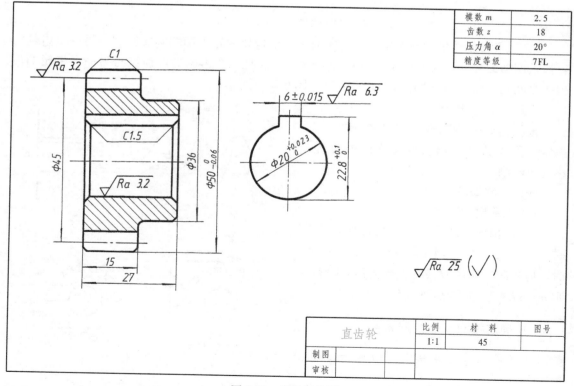

模数 m	2.5
齿数 z	18
压力角 α	20°
精度等级	7FL

直齿轮	比例	材料	图号
	1:1	45	
制图			
审核			

图 6-26　齿轮工作图

<h2>第四节 键联结、销联接</h2>

<h3>一、键联结</h3>

为了使齿轮、带轮等零件和轴一起转动，通常在轮孔和轴上分别切制出键槽，用键将轴、轮联接起来进行传动，如图6-27所示。

键的种类很多，常用的有普通平键、半圆键和钩头楔键等，如图6-28所示。

普通平键应用最广，按轴槽结构可分普通A型（圆头）平键、普通B型（平头）平键和普通C型（单圆头）平键三种形式，如图6-28a所示。

下面主要介绍普通平键的标记、联结画法及其识读。

1. 普通平键的标记及识读

普通平键是标准件，其结构形式、尺寸均有相应规定（普通平键及键槽的形式、尺寸参见附表12）。下列标记示例中，尺寸都是从相应标准中查得的。其中，b、h、L分别表示键的宽度、高度和长度。

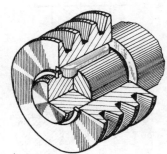

图 6-27 键联结

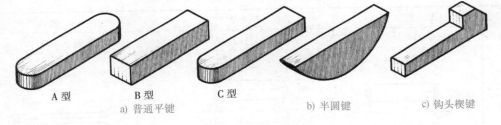

A型　　　B型　　　C型

a) 普通平键　　　　　　　　b) 半圆键　　　　　c) 钩头楔键

图 6-28 常用的几种键

（1）GB/T 1096 键 16×10×100

表示普通A型平键，$b=16\mathrm{mm}$，$h=10\mathrm{mm}$，$L=100\mathrm{mm}$。

（2）GB/T 1096 键 B16×10×100

表示普通B型平键，$b=16\mathrm{mm}$，$h=10\mathrm{mm}$，$L=100\mathrm{mm}$。

（3）GB/T 1096 键 C16×10×100

表示普通C型平键，$b=16\mathrm{mm}$，$h=10\mathrm{mm}$，$L=100\mathrm{mm}$。

2. 普通平键的联结画法及识读

普通平键的联结画法及识读见表6-6。

<h3>二、销联接</h3>

常用的销有圆柱销、圆锥销和开口销。圆柱销和圆锥销可用于联接零件和传递动力，也可在装配时定位用。开口销常用在螺纹联接的锁紧装置中，以防止螺母松动。

圆柱销、圆锥销、开口销的形式、画法、规定标记及联接画法列于表6-7中。圆柱销、圆锥销和开口销的尺寸参见附表9~附表11。

表 6-6　普通平键的联结画法及识读

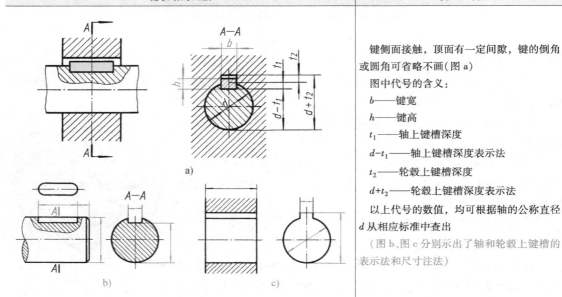

键联结的画法	说　明

键侧面接触，顶面有一定间隙，键的倒角或圆角可省略不画(图 a)

图中代号的含义：

b——键宽

h——键高

t_1——轴上键槽深度

$d-t_1$——轴上键槽深度表示法

t_2——轮毂上键槽深度

$d+t_2$——轮毂上键槽深度表示法

以上代号的数值，均可根据轴的公称直径 d 从相应标准中查出

(图 b、图 c 分别示出了轴和轮毂上键槽的表示法和尺寸注法)

表 6-7　常用销的形式及标记示例

名　称	圆 柱 销	圆 锥 销	开 口 销
标准编号	GB/T 119.1—2000	GB/T 117—2000	GB/T 91—2000
图例	≈15° c d c l	1:50 d r_1 r_2 a l a $r_1 \approx d$　$r_2 \approx \dfrac{a}{2}+d+\dfrac{0.021^2}{8a}$	b l a c d
标记示例	销　GB/T 119.1　6 m6×30 表示公称直径 d = 6mm、公差为 m6、公称长度 l = 30mm、材料为钢、不经淬火、不经表面处理的圆柱销	销　GB/T 117　6×30 表示公称直径 d = 6mm、公称长度 l = 30mm、材料为 35 钢、热处理硬度 28~38HRC、表面氧化处理的 A 型圆锥销 圆锥销公称尺寸指小端直径	销　GB/T 91　4×20 表示公称规格为 4mm(指销孔直径)、公称长度 l = 20mm、材料为低碳钢、不经表面处理的开口销
联接画法			

用圆柱销和圆锥销联接或定位的两个零件，它们的销孔是一起加工的，以保证相互位置的准确性。因此，在零件图上除了注明销孔的尺寸外，还要注明其加工情况。图 6-29 示出了销孔的加工过程（图 6-29a、b）和销孔尺寸的标注方法（图 6-29c、d，通常简写成"配作"）。

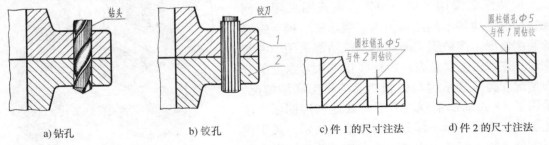

a) 钻孔　　　　b) 铰孔　　　　c) 件 1 的尺寸注法　　　　d) 件 2 的尺寸注法

图 6-29　销孔的加工及尺寸注法

下面，我们来看螺纹紧固件、键、销联接画法的应用图例。

图 6-30 是一张凸缘联轴器的装配图。联轴器是联接两轴一同回转而不脱开的一种装置。为了实现传递转矩的功能，该联轴器采用了螺纹紧固件、键、销联接。看该图应注意以下几点：

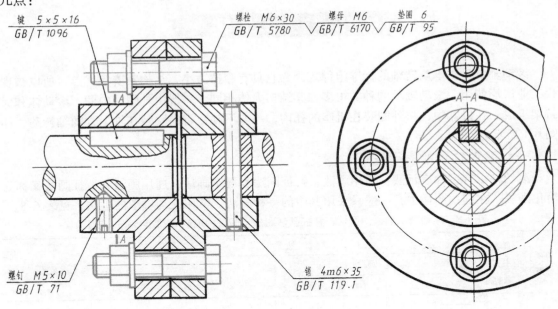

图 6-30　联轴器装配图

1. 注意标准件的标记

螺栓、螺母、垫圈、紧定螺钉、普通平键、圆柱销等都是标准件，它们的规格都是根据联轴器的结构需要，在相应的国家标准中查得的，其标记及标准编号如图 6-30 所示。

2. 注意标准件的联接画法

1）螺栓、螺母为简化画法，法兰的光孔与螺杆之间有缝隙，画成两条线。

2）键与键槽的两侧和底面都接触，只画一条线，与其顶面有缝隙，画成两条线。

3）圆柱销与销孔是配合关系，故销的两侧均画成一条线。

4）紧定螺钉应全部旋入螺孔内，按外螺纹绘制，螺钉的锥端应顶住轴上的锥坑。

3. 注意图形的画法

该装配图采用了两个视图，主视图采用全剖视，标准件均按不剖绘制。为了表示键、销、螺钉的装配情况，都采用了局部剖。两轴都采用了断裂画法。左视图主要是表示螺栓联接在法兰盘上的分布情况。为了表示键与轴和法兰的横向联结情况，采用了 *A—A* 局部剖视。为了有效地利用图纸，法兰盘的前部被打掉一部分，以波浪线表示。关于同一零件及相邻两零件的剖面线画法，希望读者自行分析。

综上所述，可以想象出该联轴器的结构和形状，如图 6-31 所示。

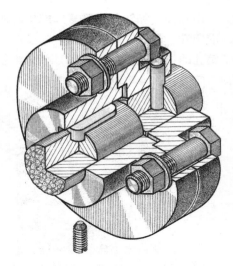

图 6-31　联轴器的轴测图

第五节　滚 动 轴 承

滚动轴承是支承旋转轴的标准组件。因为它具有摩擦力小、结构紧凑等优点，所以被现代工业广泛使用。滚动轴承的种类很多，其结构大体相同，一般由外圈、内圈、滚动体和保持架组成。在机器中，将外圈装在机座的孔内，一般不动；将内圈装在轴上，随轴转动，如图 6-1 所示。

一、滚动轴承的表示法

滚动轴承有三种表示法：通用画法、特征画法和规定画法，通用画法和特征画法又称为简化画法。在同一图样中，一般只采用其中的一种画法。常用滚动轴承的画法，见表 6-8。

表 6-8　滚动轴承的通用画法、特征画法和规定画法（摘自 GB/T 4459.7—2017）

名称和标准号	查表主要数据	画　法			装配示意图
		简化画法		规定画法	
		通用画法	特征画法		
深沟球轴承（GB/T 276—2013）	*D*、*d*、*B*				

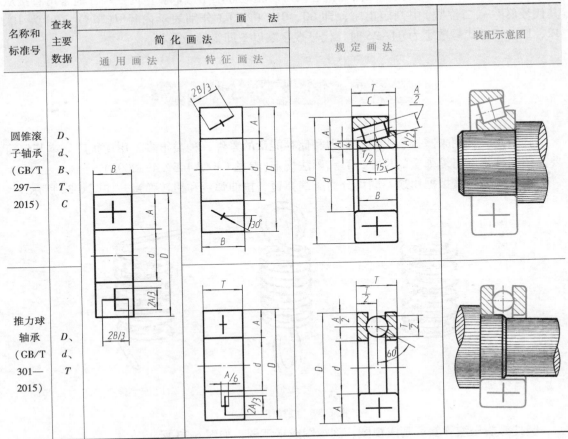

名称和标准号	查表主要数据	画 法			装配示意图
		简 化 画 法		规 定 画 法	
		通 用 画 法	特 征 画 法		
圆锥滚子轴承（GB/T 297—2015）	D、d、B、T、C				
推力球轴承（GB/T 301—2015）	D、d、T				

二、滚动轴承的代号

滚动轴承是标准件，不需画零件图，其结构、尺寸、公差等级均用代号表示，需用时可根据设计要求选型。

滚动轴承的基本代号由类型代号、尺寸系列代号和内径代号组成。

现以滚动轴承 6208、滚动轴承 31312 为例，说明其代号的含义。

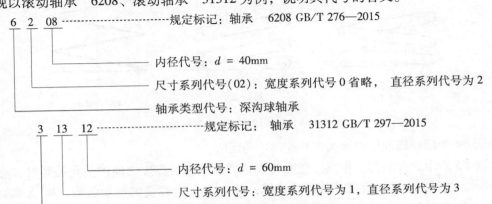

6 2 08 ----------------规定标记：轴承 6208 GB/T 276—2015

内径代号：$d = 40$mm

尺寸系列代号（02）：宽度系列代号 0 省略，直径系列代号为 2

轴承类型代号：深沟球轴承

3 13 12 ----------------规定标记：轴承 31312 GB/T 297—2015

内径代号：$d = 60$mm

尺寸系列代号：宽度系列代号为 1，直径系列代号为 3

轴承类型代号：圆锥滚子轴承

类型代号、尺寸系列代号和内径代号均可从相应标准中查取。但内径尺寸通常可直接从其代号(第一、二位数)中判定出来，即00、01、02、03分别表示内径d(单位 mm)为10、12、15、17；代号数字为04~96时，代号数字乘以5即为轴承内径。

第六节　圆柱螺旋压缩弹簧

弹簧是一种用来减振、夹紧、测力和储存能量的零件，种类很多，用途很广。本节仅简要介绍圆柱螺旋压缩弹簧的尺寸计算和画法规定(参见 GB/T 4459.4—2003)。

圆柱螺旋弹簧根据用途不同可分为压缩弹簧、拉伸弹簧和扭转弹簧，如图6-32所示。

a) 压缩弹簧　　　　　b) 拉伸弹簧　　　　　c) 扭转弹簧

图 6-32　圆柱螺旋弹簧

圆柱螺旋压缩弹簧可画成视图、剖视图或示意图，如图6-33所示。

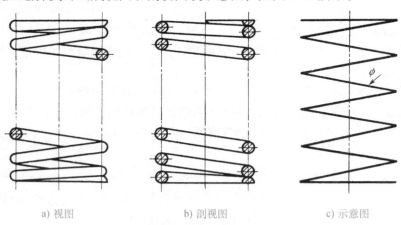

a) 视图　　　　　　b) 剖视图　　　　　c) 示意图

图 6-33　圆柱螺旋压缩弹簧的画法

图6-34为圆柱螺旋压缩弹簧在装配图中的画法。

图6-35所示为弹簧的工作图。当需要表达弹簧负荷与高度之间的变化关系时，必须用图解表示。主视图上方的性能曲线画成直线，其中，F_1为弹簧的预加负荷，F_2为弹簧的最大负荷，F_3为弹簧的允许极限负荷。

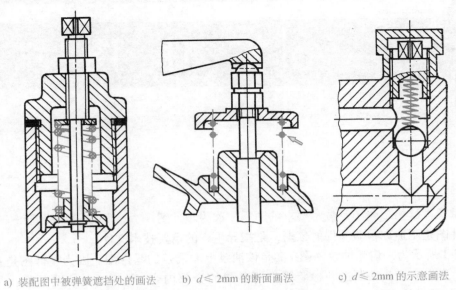

a) 装配图中被弹簧遮挡处的画法　　b) $d \leqslant 2mm$ 的断面画法　　c) $d \leqslant 2mm$ 的示意画法

图 6-34　装配图中压缩弹簧的规定画法

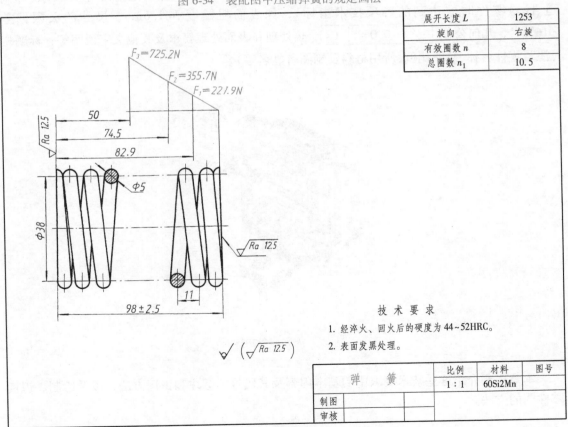

展开长度 L	1253
旋向	右旋
有效圈数 n	8
总圈数 n_1	10.5

$F_3 = 725.2N$

$F_2 = 355.7N$

$F_1 = 221.9N$

技 术 要 求

1. 经淬火、回火后的硬度为 44~52HRC。
2. 表面发黑处理。

弹　簧		比例	材料	图号
		1 : 1	60Si2Mn	
制图				
审核				

图 6-35　弹簧的工作图

第七章

零件图

表示零件结构、大小及技术要求的图样，称为零件图。

零件图是制造和检验零件的依据，是指导生产的重要技术文件。

图 7-1 所示为一齿轮油泵，图 7-2 是该油泵上左端盖的零件图。因为零件图是直接用于生产的，所以它应具备制造和检验零件所需要的全部内容（图 7-2），主要包括：一组图形（表示零件的结构形状）；一组尺寸（表示零件各部分的大小及其相对位置）；技术要求（即制造、检验零件时应达到的各项技术指标），如表面粗糙度 $Ra1.6\mu m$、尺寸的极限偏差 $\phi16^{+0.018}_{0}$、几何公差 $\boxed{// \quad 0.04 \quad C}$、热处理和表面处理要求及其他文字说明等；标题栏（注写零件名称、绘图比例、所用材料及制图者姓名等）。

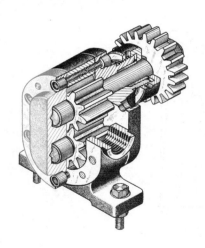

图 7-1 齿轮油泵立体图

本章主要介绍这些技术要求中的基本内容及其代号的标注和识读方法，以及绘制、识读零件图的方法。

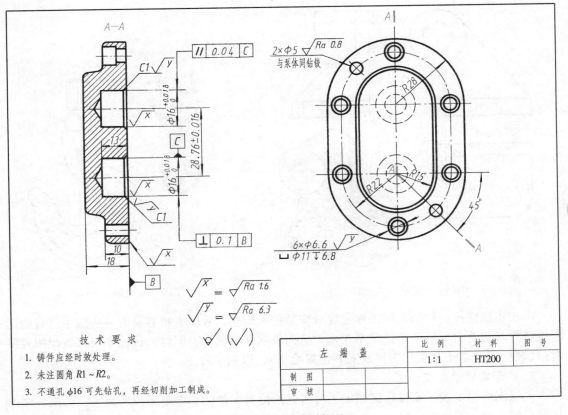

技 术 要 求

1. 铸件应经时效处理。

2. 未注圆角 $R1 \sim R2$。

3. 不通孔 $\phi 16$ 可先钻孔，再经切削加工制成。

左 端 盖	比 例	材 料	图 号
	1:1	HT200	
制 图			
审 核			

图 7-2 左端盖零件图

<h1 style="text-align:center">第一节 零件图的视图选择</h1>

零件图的视图选择，是根据零件的结构形状、加工方法，以及它在机器中所处位置等因素的综合分析来确定的。

选择视图的内容包括主视图的选择、视图数量和表达方法的选择。

一、主视图的选择

主视图是一组图形的核心，主视图选择得恰当与否将直接影响到其他视图位置和数量的选择，关系到画图、看图是否方便，甚至牵扯到图纸幅面的合理利用等问题，因此，主视图的选择一定要慎重。

选择主视图的原则：将表示零件信息量最多的那个视图作为主视图，通常是零件的工作位置或加工位置或安装位置。具体地说，一般应从以下三个方面来考虑。

1. 表示零件的工作位置或安装位置

主视图应尽量表示零件在机器上的工作位置或安装位置。例如图7-3所示的支座和图7-4所示的吊钩，其主视图就是根据它们的工作位置、安装位置并尽量多地反映其形状特征的原则选定的。

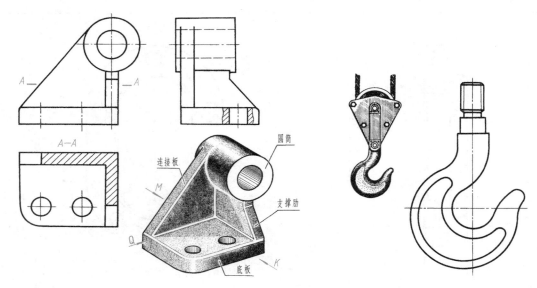

图 7-3　支座的主视图选择

图 7-4　吊钩的工作位置

由于主视图按零件的实际工作位置或安装位置绘制，看图者很容易通过头脑中已有的形象储备将其与整台机器或部件联系起来，从而获取某些信息；同时，也便于与其装配图直接对照（装配图通常按其工作位置或安装位置绘制），以利于看图。

2. 表示零件的加工位置

主视图应尽量表示零件在机械加工时所处的位置。如轴、套类零件的加工，大部分工序是在车床或磨床上进行，因此一般将其轴线水平放置画出主视图，如图 7-5 所示。这样，在加工时可以直接进行图物对照，既便于看图，又可减少差错。

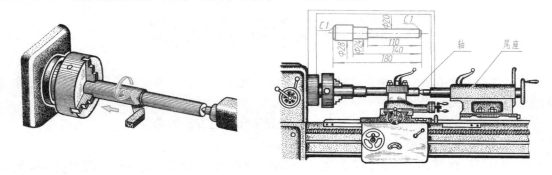

图 7-5　轴类零件的加工位置

3. 表示零件的结构形状特征

主视图应尽量多地反映零件的结构形状特征。这主要取决于投射方向的选定，如图 7-3 所示的支座，以 K 向、Q 向投射都反映它们的工作位置。但经过比较，K 向将圆筒、连接板的形状和四个组成部分的相对位置表现得更清楚，故以此作为主视图的投射方向。此外，选择主视图的投射方向时，还应考虑使主视图和其他视图尽量少出现细虚线，这就是不能以 M 向投射的道理（图 7-3 中 A—A 剖视的画法表明，当肋、薄板等结构被横向剖切时，必须画剖面线）。

二、其他视图数量和表达方法的选择

主视图确定后，应运用形体分析法对零件的各组成部分逐一进行分析，对主视图表达未尽部分，再选其他视图完善其表达。具体选用时，应注意以下几点：

1）所选视图应具有独立存在的意义及明确的表达重点，各个视图所表达的内容应相互配合，彼此互补，注意避免不必要的细节重复。在明确表示零件的前提下，使视图的数量为最少。

2）先选用基本视图，后选用其他视图（剖视、剖面等表示方法应兼用）；先表达零件的主要部分（较大的结构），后表达零件的次要部分（较小的结构）。

3）零件结构的表达要内外兼顾，大小兼顾。选择视图时要以"物"对"图"，以"图"对"物"，反复盘查，不可遗漏任何一个细小的结构。不要以为自己见过实物，就主观地认为各部分的形状、位置已经表达清楚，而实际上它们并没有确定，给看图造成困难。

例如图7-3所示支座的三视图，主视图为外形视图，左视图除了小孔取了剖视外也是个外形图，它们已将圆筒、连接板、支撑肋的结构形状完整地表示出来，底板及其两个小孔的形状、位置反映得也比较清楚，但整个零件的形状却不够明晰，尤其是底板上的圆角还没表示出来，因此又增加了一个全剖的俯视图、A—A剖面将连接板与支撑肋的连接情况，以及它们与底板后、右面的组合关系反映得特别醒目，从而将整个支座的结构形状非常清晰、简洁、完整地表示出来。

总之，选择表达方案的能力，应通过看图、画图的实践，并在积累生产实际知识的基础上逐步提高。初学者选择视图时，应首先致力于表达得完整，在此前提下，再力求视图简洁、精练。

第二节 零件图的尺寸标注

微课：零件图的尺寸标注

零件图上所标注的尺寸是制造零件的重要依据，不允许有差错。在零件图上标注尺寸应遵循下列要求：

1）尺寸注写形式应符合国家标准《机械制图》的基本规定——正确。

2）尺寸数量必须做到一个不漏，但也不重复——完整。

3）尺寸配置应醒目，便于看图时查找——清晰。

4）尺寸标注应符合设计及工艺要求，以保证产品性能——合理。

以上所列的前三项，已在第一、四章中做了介绍，在标注尺寸时应严格遵循。但是，制造一个合格的零件，仅做到这三条是不够的，还应使所注尺寸符合零件的设计要求与工艺要求，即标注尺寸要合理。下面就合理标注尺寸的一般原则和要求做一简要说明。

一、正确选择尺寸基准

标注尺寸的起点，称为尺寸基准。通常选择零件上的一些几何元素——面（如底面、对称面、端面等）和线（如回转体的轴线）作为尺寸基准。

选择尺寸基准的目的，一是为了确定零件在机器中的位置或零件上几何元素的位置，以符合设计要求；二是为了在制作零件时，确定测量尺寸的起点位置，便于加工和测量，以符合工艺要求。因此，根据基准作用的不同，可把基准分为两类：

1. 设计基准

根据机器的构造特点及对零件结构的设计要求所选定的基准，称为设计基准。

如图 7-6a 所示的阶梯轴，在设计时，考虑到轴与轮类零件的孔相配合，轴与孔应同轴，因此确定轴线作为阶梯轴径向尺寸的设计基准，由此而注出 $\phi15$、$\phi22$ 和 $M10$ 等。

2. 工艺基准

为便于对零件加工和测量所选定的基准，称为工艺基准。

图 7-6a 所示的小轴，在车床上加工时，车刀每一次车削的最终位置，都是以右端面为基准来定位的(图 7-6b)。因此，右端面即为轴向尺寸的工艺基准(右端面也是长度方向尺寸的设计基准，即设计基准与工艺基准重合)。

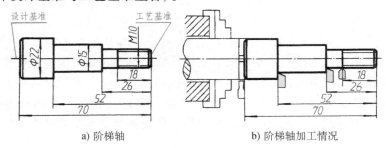

a) 阶梯轴   b) 阶梯轴加工情况

图 7-6　阶梯轴的工艺基准与设计基准

再来分析一下图 7-2 所示零件图中的尺寸基准：零件在长、宽、高的每个方向上，至少都有一个尺寸基准，即主要基准(通常与设计基准重合)。该体长度方向尺寸的主要基准为右端面，宽度方向尺寸的主要基准为前后对称面，高度方向尺寸的主要基准为上 $\phi16$ 孔的轴线。

基准确定之后，主要尺寸即应从设计基准出发标注，一般尺寸则应从工艺基准出发标注。

二、避免注成封闭的尺寸链

图 7-7 中的轴，除了对全长尺寸进行了标注，又对轴上各组成段的长度一个不漏地进行了标注，这就形成了封闭的尺寸链。如按这种方式标注尺寸，轴上各段尺寸可以得到保证，而总长尺寸则可能得不到保证。因为加工时，各段尺寸的误差积累起来，最后都集中反映到总长尺寸上。为此，在注尺寸时，应将次要的轴段尺寸空出不注(称为开口环)，如图 7-8a 所示。这样，其他各段加工的误差都积累至这个不要求检验的尺寸上，而全长及主要轴段的尺寸则因此得到保证。如需标注开口环的尺寸时，可将其注成参考尺寸(加括号)，如图 7-8b、图 7-8c 所示。

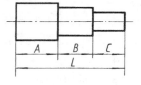

图 7-7　封闭尺寸链

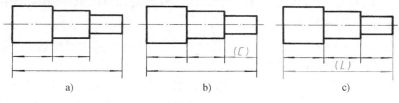

a)   b)   c)

图 7-8　开口环的确定

三、按加工要求标注尺寸

图 7-9 是滑动轴承的下轴衬。该零件是与上轴衬合在一起进行加工的。为了便于检测尺寸，其半圆尺寸应按直径 ϕ 标注。

为使不同工种的工人在生产时看图方便，对于加工与非加工部位的尺寸，或不同工序的加工尺寸，应在图形两边分别标注，如图 7-10 所示。

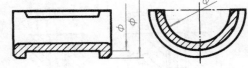

图 7-9　轴衬的尺寸标注

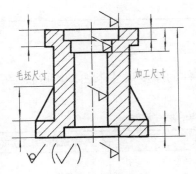

a) 加工面与非加工面分注两边

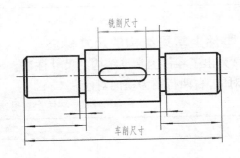

b) 不同工序加工尺寸分注两边

图 7-10　考虑加工工艺和方便看图

四、零件上常见孔的尺寸注法

零件上常见的销孔、锪平孔、沉孔、螺孔等标准结构的尺寸，可参照表 7-1 示例进行标注。表中的"普通注法"和"简化注法"，为同一种结构的两种注写形式。在标注尺寸时，可根据图形情况及标注尺寸的位置加以选用。应尽量采用旁注法。

表 7-1　零件上常见孔的尺寸注法

类型	普通注法	简化注法		说　　明
光孔	4×Φ4 / 10	4×Φ4 ▼10	4×Φ4 ▼10	"▼"为孔深符号
锪孔	Φ13 / 4×Φ6.6	4×Φ6.6 ⊔Φ13	4×Φ6.6 ⊔Φ13	"⊔"为锪平或沉孔符号 锪孔通常只需锪出圆平面即可，因此沉孔深度一般不注
沉孔	90° Φ13 / 6×Φ6.6	6×Φ6.6 ∨Φ13×90°	6×Φ6.6 ∨Φ13×90°	"∨"为埋头孔符号 该孔为安装开槽沉头螺钉所用

（续）

类型	普通注法	简化注法		说　　明
螺孔	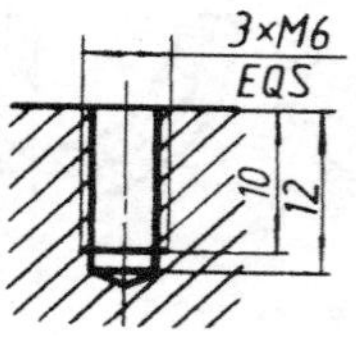	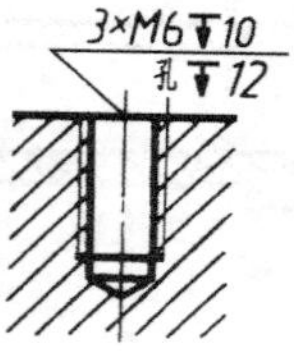	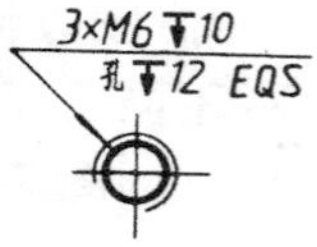	"EQS"为"均布"的缩写词

五、零件上常见结构的尺寸标注

表7-2列出了零件上常见结构的尺寸注法。零件的厚度尺寸未注，均可视为一致（左行图为竖向对应，右两行图为横向对应）。

表7-2　零件上常见结构的尺寸注法

类别	图　例	正　确　注　法	错误注法（只注出错处）
简化注法	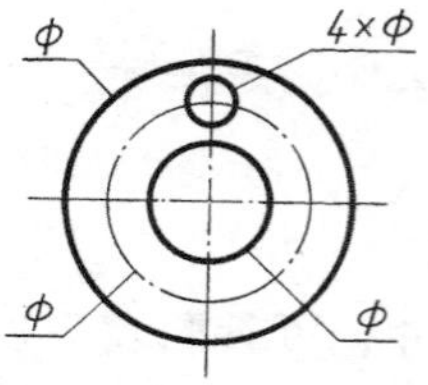	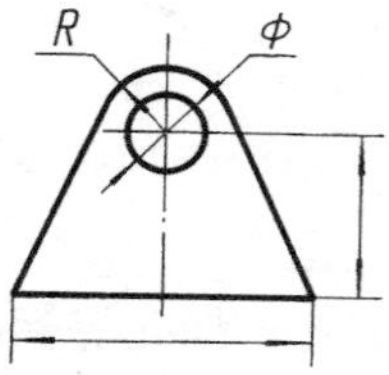	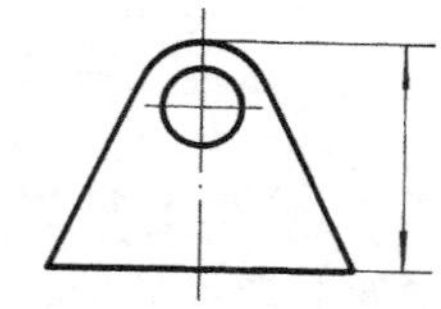
一般注法	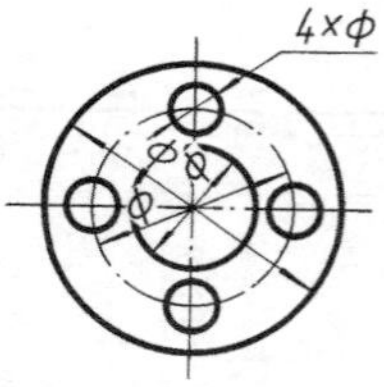	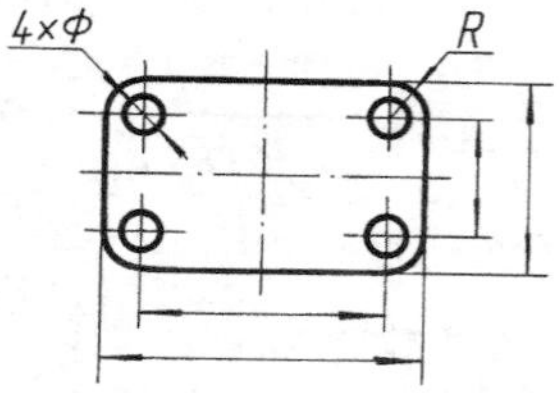	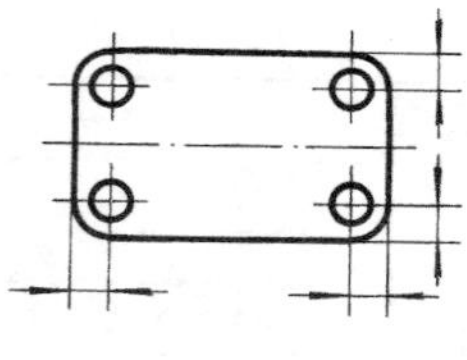
简化注法	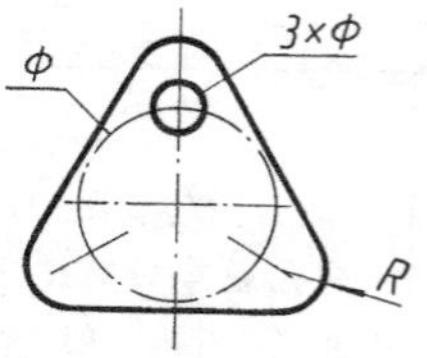	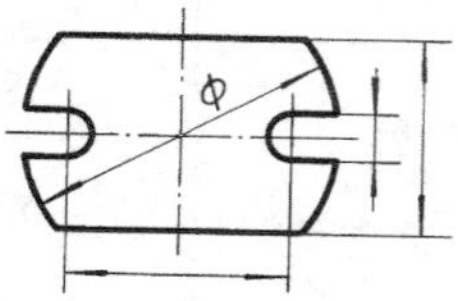	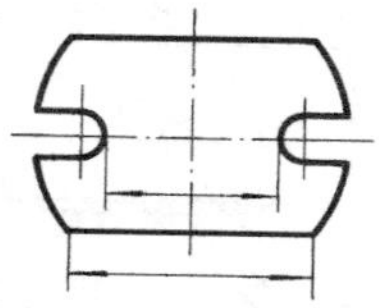
一般注法	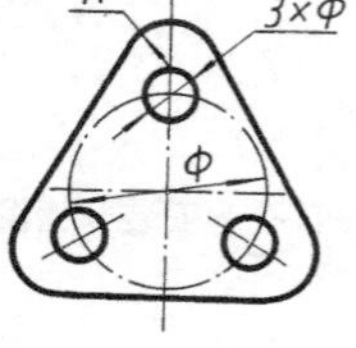	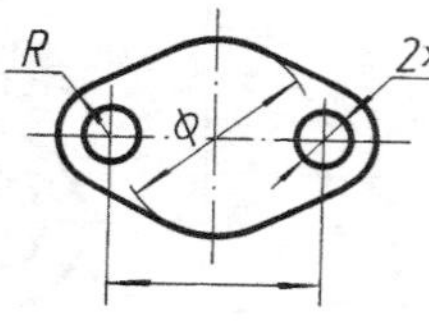	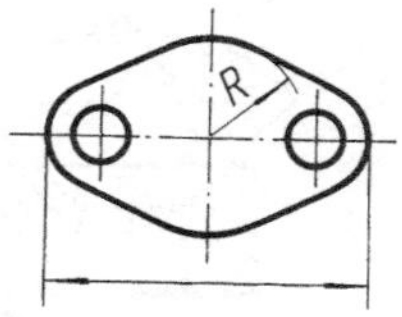

第三节　表面结构的表示法

所谓表面结构是指零件表面的几何形貌。它是表面粗糙度、表面波纹度、表面纹理、表面缺陷和表面几何形状的总称。国家标准（GB/T 131—2006）对表面结构的表示法做了全面的规定。本节只介绍我国目前应用最广的表面粗糙度在图样上的表示法及其符号、代号的标注与识读方法。

表面粗糙度是指加工表面上具有较小的间距和峰谷所组成的微观几何形状特征。

经过加工的零件表面，看起来很光滑，但将其断面置于放大镜（或显微镜）下观察时，则可见其表面具有微小的峰谷，如图7-11所示。这种情况，是由于在加工过程中，刀具从零件表面上分离材料时的塑性变形、机械振动及刀具与被加工表面的摩擦而产生的。表面粗糙度对零件摩擦、磨损、抗疲劳、抗腐蚀，以及零件间的配合性能等有很大影响。表面粗糙度值越高，零件的表面性能越差；表面粗糙度值越低，则表面性能越好，但加工费用也必将随之增加。因

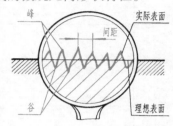

图7-11　表面粗糙度示意图

此，国家标准规定了零件表面粗糙度的评定参数，以便在保证使用功能的前提下，选用较为经济的评定参数值。

一、表面结构的评定参数及数值

评定表面结构要求时普遍采用的是轮廓参数。本节仅介绍粗糙度轮廓（R轮廓）中的两个高度方向上的参数 Ra 和 Rz。

1. 轮廓算术平均偏差 Ra

在一个取样长度内，纵坐标值 $Z(x)$ 绝对值的算术平均值，如图7-12所示，其值的算式如下：

$$Ra = \frac{|Z_1| + |Z_2| + |Z_3| + \cdots + |Z_n|}{n}$$

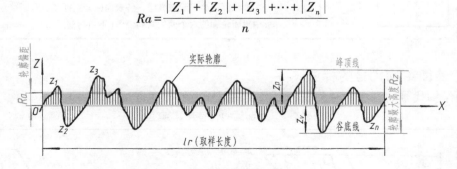

图7-12　轮廓算术平均偏差（Ra）

2. 轮廓最大高度 Rz

在一个取样长度内，最大轮廓峰高 Z_P 和最大轮廓谷深 Z_V 之和的高度（即轮廓峰顶线与轮廓谷底线之间的距离），如图7-12所示。

Ra、Rz 的常用参数值（μm）为 0.4、0.8、1.6、3.2、6.3、12.5、25。数值越小，表面

越平滑；数值越大，表面越粗糙。其数值的选用应根据零件的功能要求而定。

二、表面结构符号

在图样中，对表面结构的要求可用几种不同的图形符号(以下简称符号)表示。

各种符号及其含义见表 7-3。

表 7-3　表面结构的符号及其含义(GB/T 131—2006)

符号名称	符　号	含义及说明
基本符号		**基本符号** 表示对表面粗糙度有要求的符号，以及未指定工艺方法的表面。基本符号仅用于简化代号的标注，当通过一个注释解释时可单独使用，没有补充说明时不能单独使用
扩展符号		**要求去除材料的符号** 在基本符号上加一短横，表示指定表面是用去除材料的方法获得，如通过机械加工(车、铣、钻、磨、剪切、抛光、腐蚀、电火花加工、气割等)获得的表面
		不允许去除材料的符号 在基本符号上加一个圆圈，表示指定表面是用不去除材料的方法获得，如铸、锻等。也可用于表示保持上道工序形成的表面，不管这种状况是通过去除材料或不去除材料形成的
完整符号		**完整符号** 在上述所示的符号的长边上加一横线，用于对表面结构有补充要求的标注。左、中、右符号分别用于"允许任何工艺""去除材料""不去除材料"方法获得的表面的标注
工件轮廓各表面的符号		**工件轮廓各表面的符号** 当在图样某个视图上构成封闭轮廓的各表面有相同的表面粗糙度要求时，应在完整符号上加一圆圈，标注在图样中工件的封闭轮廓线上。如果标注会引起歧义时，各表面应分别标注。左图符号是指对图形中封闭轮廓的六个面的共同要求(不包括前后面)

三、表面结构代号的标注

表面结构代号的画法和有关规定，以及在图样上的标注方法见表 7-4。

表 7-4　表面结构代号及其标注

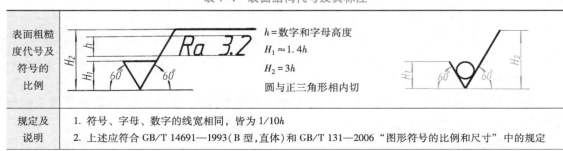

表面粗糙度代号及符号的比例	h=数字和字母高度　$H_1 \approx 1.4h$　$H_2 = 3h$　圆与正三角形相内切
规定及说明	1. 符号、字母、数字的线宽相同，皆为 $1/10h$ 2. 上述应符合 GB/T 14691—1993(B 型，直体)和 GB/T 131—2006 "图形符号的比例和尺寸"中的规定

表面粗糙度数值及其注写位置的规定	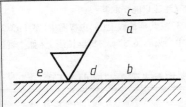	位置 a——注写结构参数代号、极限值、取样长度（或传输带）等 位置 a 和 b——注写两个或多个表面结构要求 位置 c——注写加工方法、表面处理、涂层或其他加工工艺要求等 位置 d——注写所要求的表面纹理和纹理方向，如"="" ⊥"等 位置 e——注写所要求的加工余量
规定及说明	位置 a——注写传输带或取样长度后应有斜线"/"，之后是表面结构参数代号，最后是数值。为了避免误解，在参数代号和极限值间应插入空格 位置 a 和 b——注写两个或多个表面结构要求，如位置不够时，图形符号应在垂直方向扩大，以留出足够的空间	
标注示例	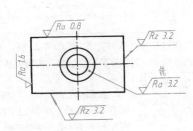	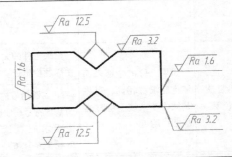
规定及说明	1. 表面结构要求对每一表面一般只标注一次，并尽可能注在相应的尺寸及其公差的同一视图上。除非另有说明，所标注的表面结构要求是对完工零件表面的要求 2. 表面结构要求的注写和读取方向与尺寸的注写和读取方向一致 3. 表面结构要求可标注在轮廓线上（其符号应从材料外指向并接触表面）。必要时，表面结构符号也可用带箭头或黑点的指引线引出标注	
标注示例	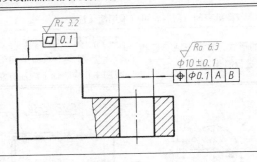	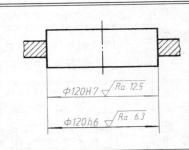
规定及说明	表面结构要求可以标注在几何公差框格的上方	在不致引起误解时，表面结构要求可以标注在特征尺寸的尺寸线上
标注示例	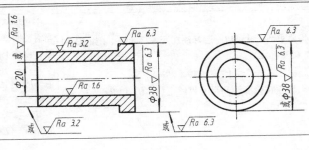	

（续）

规定及说明	圆柱的表面结构要求只标注一次。标注时，上图中的重复注法只能任取其一： 1. 可以标注在轮廓线（如主视图中 *Ra* 3.2、*Ra* 1.6、*Ra* 6.3）或其延长线上（如主视图中"或 *Ra*3.2"） 2. 可以标注在同一尺寸线（如主视图中 *Ra* 6.3、左视图中"或 *Ra* 6.3"）或其延长线上（如主视图中"或 *Ra* 1.6"） 3. 可以标注在尺寸界线（如左视图中 *Ra* 6.3）或其延长线上（如主视图中"或 *Ra* 6.3"）
简化画法标注示例	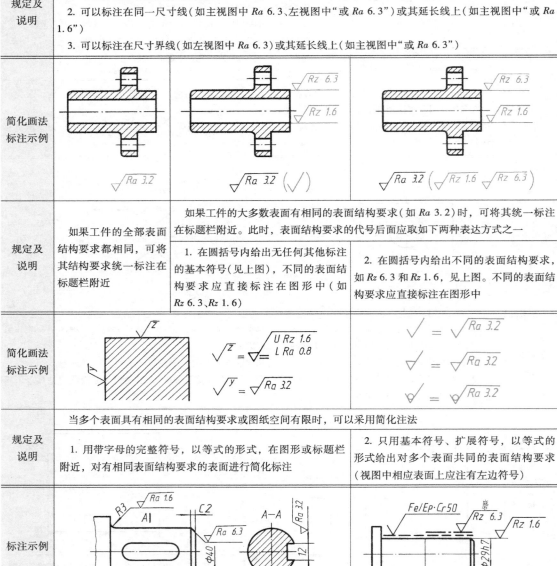

规定及说明	如果工件的全部表面结构要求都相同，可将其结构要求统一标注在标题栏附近	如果工件的大多数表面有相同的表面结构要求（如 *Ra* 3.2）时，可将其统一标注在标题栏附近。此时，表面结构要求的代号后面应取如下两种表达方式之一	
		1. 在圆括号内给出无任何其他标注的基本符号（见上图），不同的表面结构要求应直接标注在图形中（如 *Rz* 6.3、*Rz* 1.6）	2. 在圆括号内给出不同的表面结构要求，如 *Rz* 6.3 和 *Rz* 1.6，见上图。不同的表面结构要求应直接标注在图形中
简化画法标注示例			

规定及说明	当多个表面具有相同的表面结构要求或图纸空间有限时，可以采用简化注法	
	1. 用带字母的完整符号，以等式的形式，在图形或标题栏附近，对有相同表面结构要求的表面进行简化标注	2. 只用基本符号、扩展符号，以等式的形式给出对多个表面共同的表面结构要求（视图中相应表面上应注有左边符号）
标注示例	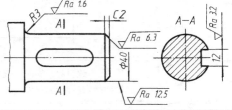	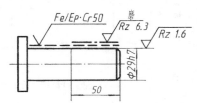

规定及说明	表面结构要求和尺寸可以一起标注在同一尺寸线上（如 *R*3 和 *Ra* 1.6、12 和 *Ra* 3.2） 可以一起标注在延长线上（如 ϕ40 和 *Ra* 12.5） 可以分别标注在轮廓线和尺寸界线上（如 *C*2 和 *Ra* 6.3，ϕ40 和 *Ra* 12.5）	由几种不同的工艺方法获得的同一表面，当需要明确每种工艺方法的表面结构要求时，可按上图进行标注： 第一道工序：去除材料，上限值，$Rz = 1.6 \mu m$ 第二道工序：镀铬 第三道工序：磨削，上限值，$Rz = 6.3 \mu m$，仅对长 50mm 的圆柱面有效

标注示例	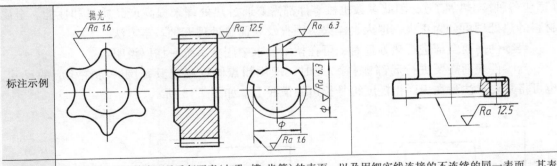	
规定及说明	对零件上的连续表面及重复要素（如孔、槽、齿等）的表面，以及用细实线连接的不连续的同一表面，其表面结构要求只标注一次	

四、表面结构代号的识读举例（表7-5）

表7-5　表面结构代号识读举例

序号	代　号	含义及解释
1	$\sqrt{}$ Rz 0.4	表示不允许去除材料，Rz 的上限值为 0.4μm （当只注上限值时，表示在测得的全部实测值中，大于规定值的个数不超过测得值总个数的16%时，该表面为合格。此称"16%规则"）
2	$\sqrt{}$ Rz max 0.2	表示去除材料，Rz 的最大值为 0.2μm （当只注最大值时，表示在测得的全部实测值中，一个也不超过图样上的规定值时，该表面为合格。此称"最大规则"。凡在参数代号后面加注 max 者，则可判定该参数为最大值）
3	$\sqrt{}$ U Ra max 3.2 L Ra 0.8	表示不允许去除材料，双向极限值：Ra 的上限值为 3.2μm，"最大规则"；Ra 的下限值为 0.8μm，"16%规则"（默认——凡在参数代号后无 max 字样者，均为"16%规则"） （U 为上限值代号，L 为下限值代号。只标注单项极限值时，一般是指上限值，不必加 U。如果是指参数的下限值，则必须在参数代号前加注 L）
4	$\sqrt{}$ Ra max 6.3 Rz 12.5	表示任意加工方法，两个单项上限值：Ra 的最大值为 6.3μm，"最大规则"；Rz 的上限值为 12.5μm，"16%规则"（默认）
5	$\sqrt{}$ Cu/Ep·Ni5bCr0.3r Rz 0.8	粗糙度的最大高度 Rz 的上限值为 0.8μm，"16%规则"（默认） 表面处理： 铜件，镀镍/铬 表面要求对封闭轮廓的所有表面有效

五、热处理

热处理是通过加热和冷却固态金属的操作方法来改变其内部组织结构，并获得所需性能的一种工艺。

热处理可以改善金属材料的使用性能(如强度、刚度、硬度、塑性的韧性等)和工艺性能(适应各种冷、热加工),因此多数机械零件都需要通过热处理来提高产品质量和性能。金属材料的热处理可分为正火、退火、淬火、回火及表面热处理五种基本方法。

当零件需要全部进行热处理时,可在技术要求中用文字统一加以说明。

当零件表面需要进行局部镀(涂)覆时,应用粗点画线画出其范围并标注相应的尺寸,也可将其要求注写在表面粗糙度符号长边的横线上,如图 7-13 所示。

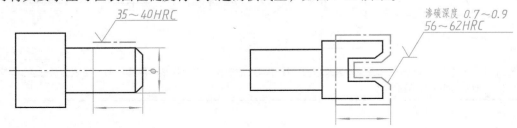

图 7-13 表面局部热处理标注

第四节 极限与配合

在大批量的生产中,为了提高效率,相同的零件必须具有互换性。零件具有互换性,必然要求零件尺寸的精确度,但并不是要求将零件的尺寸都准确地制成一个指定的尺寸,而只是将其限定在一个合理的范围内变动,以满足不同的使用要求,由此就产生了"极限与配合"制度[⊖]。

一、基本概念

尺寸及其公差(图 7-14)

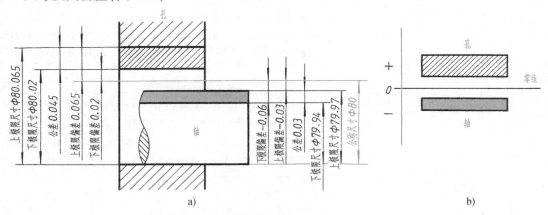

图 7-14 尺寸及公差带图解

（1）公称尺寸　通过它应用上、下极限偏差可算出极限尺寸的尺寸，如图 7-14a 中的 $\phi80$。

（2）极限尺寸　一个孔或轴允许的尺寸的两个极端。实际尺寸位于其中，也可达到极限尺寸。孔或轴允许的最大尺寸，称为上极限尺寸；孔或轴允许的最小尺寸，称为下极限尺寸。

图 7-14 中，孔、轴的极限尺寸分别为：

孔 $\begin{cases} \text{上极限尺寸为} \phi80.065 \\ \text{下极限尺寸为} \phi80.02 \end{cases}$　　轴 $\begin{cases} \text{上极限尺寸为} \phi79.97 \\ \text{下极限尺寸为} \phi79.94 \end{cases}$

极限尺寸可以大于、小于或等于公称尺寸——$\phi80$。

（3）极限偏差　极限尺寸减其公称尺寸所得的代数差，称为极限偏差。上极限尺寸减其公称尺寸所得的代数差，称为上极限偏差；下极限尺寸减其公称尺寸所得的代数差，称为下极限偏差。偏差可以是正值、负值或零。

图 7-14a 中孔、轴的极限偏差可分别计算如下：

孔 $\begin{cases} \text{上极限偏差(ES)} = 80.065 - 80 = +0.065 \\ \text{下极限偏差(EI)} = 80.02 - 80 = +0.02 \end{cases}$　轴 $\begin{cases} \text{上极限偏差(es)} = 79.97 - 80 = -0.03 \\ \text{下极限偏差(ei)} = 79.94 - 80 = -0.06 \end{cases}$

（4）尺寸公差（简称公差）　上极限尺寸减下极限尺寸之差，或上极限偏差减下极限偏差之差，称为公差。它是尺寸允许的变动量，是一个没有符号的绝对值。

图 7-14 中孔、轴的公差可分别计算如下：

孔 $\begin{cases} \text{公差} = \text{上极限尺寸} - \text{下极限尺寸} = 80.065 - 80.02 = 0.045 \\ \text{公差} = \text{上极限偏差} - \text{下极限偏差} = 0.065 - 0.02 = 0.045 \end{cases}$

轴 $\begin{cases} \text{公差} = \text{上极限尺寸} - \text{下极限尺寸} = 79.97 - 79.94 = 0.03 \\ \text{公差} = \text{上极限偏差} - \text{下极限偏差} = -0.03 - (-0.06) = 0.03 \end{cases}$

由此可知，公差用于限制尺寸误差，是尺寸精度的一种度量。公差越小，尺寸的精度越高，实际尺寸的允许变动量就越小；反之，公差越大，尺寸的精度越低。

（5）公差带　由代表上极限偏差和下极限偏差，或上极限尺寸和下极限尺寸的两条直线所限定的一个区域，称为公差带。在分析公差时，为了形象地表示公称尺寸、偏差和公差的关系，常画出公差带图。为了简便，不画出孔和轴，而只画出放大的孔和轴的公差带来分析问题，图 7-14b 就是图 7-14a 的公差带图。其中，表示公称尺寸的一条直线称为零线。零线上方的偏差为正，零线下方的偏差为负。

二、标准公差与基本偏差

公差带由"公差带大小"和"公差带位置"两个要素组成。公差带大小由标准公差确定，公差带位置由基本偏差确定，如图 7-15 所示。

1. 标准公差（IT）

在极限与配合制中，标准公差是国家标准规定的确定公差带大小的任一公差。"IT"是标准公差的代号，阿拉伯数字表示其公差等级。

标准公差等级分 IT01、IT0、IT1 至 IT18 共 20

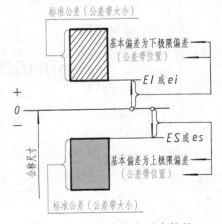

图 7-15　标准公差与基本偏差

级。从 IT01 至 IT18 等级依次降低，而相应的标准公差数值依次增大，现示意表示如下：

$$高 \qquad 公差等级 \qquad 低$$

$$\longleftarrow$$

$$IT01、IT0、IT1、IT2\cdots\cdots IT18$$

$$\longrightarrow$$

$$小 \qquad 公差数值 \qquad 大$$

各级标准公差的数值，可查阅附表 15。从表中可以看出，同一公差等级（例如 IT7）对所有公称尺寸的一组公差值由小到大，这是因为随着尺寸的增大，其零件的加工误差也随之增大的缘故。因此，它们都应视为具有同等精确程度。

2. 基本偏差

在极限与配合制中，确定公差带相对零线位置的那个极限偏差称为基本偏差。它可以是上极限偏差或下极限偏差，一般为靠近零线的那个偏差。当公差带位于零线上方时，基本偏差为下极限偏差；当公差带位于零线下方时，基本偏差为上极限偏差，如图 7-15 所示。

国家标准对孔和轴各规定了 28 个基本偏差。基本偏差代号用拉丁字母表示，大写字母表示孔，小写字母表示轴。基本偏差系列如图 7-16 所示。其中，A~H（a~h）用于间隙配合，J~ZC（j~zc）用于过渡配合或过盈配合。该图只表示公差带的位置，不表示公差带的大小，

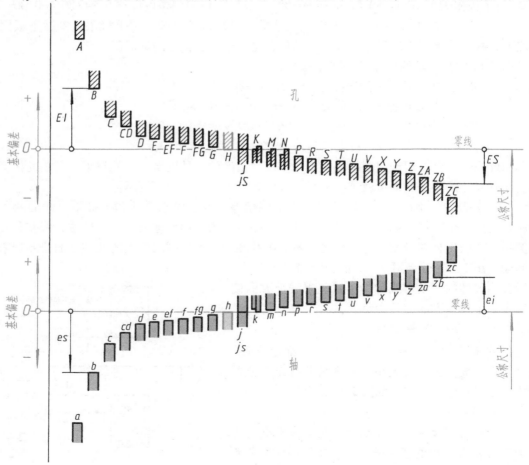

图 7-16　基本偏差系列示意图

因此,公差带只画出属于基本偏差的一端,另一端则是开口的,即公差带的另一端应由标准公差来限定。

本书附表 16、附表 17 分别摘要列出了常用轴、孔的极限偏差表,供读者查阅。

三、配合

公称尺寸相同的、相互结合的孔和轴公差带之间的关系,称为配合。

根据使用要求不同,配合的松紧程度也不同。配合的类型共有三种:

(1) 间隙配合　具有间隙(包括最小间隙等于零)的配合称为间隙配合,如图 7-17a、图 7-17b 所示。此时,孔的公差带在轴的公差带之上,如图 7-17c 所示。孔的上极限尺寸减轴的下极限尺寸之差为最大间隙,孔的下极限尺寸减轴的上极限尺寸之差为最小间隙,实际间隙必须在二者之间才符合要求。间隙配合主要用于孔、轴间需产生相对运动的活动连接。

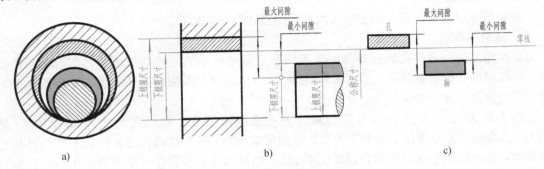

图 7-17　间隙配合

(2) 过盈配合　具有过盈(包括最小过盈等于零)的配合称为过盈配合,如图 7-18a、图 7-18b 所示。此时,孔的公差带在轴的公差带之下,如图 7-18c 所示。孔的下极限尺寸减轴的上极限尺寸之差为最大过盈,孔的上极限尺寸减轴的下极限尺寸之差为最小过盈。实际过盈超过最小、最大过盈即为不合格。因为轴的实际尺寸比孔的实际尺寸大,所以在装配时需要一定的外力才能把轴压入孔中。过盈配合主要用于孔、轴间不允许产生相对运动的紧固连接。

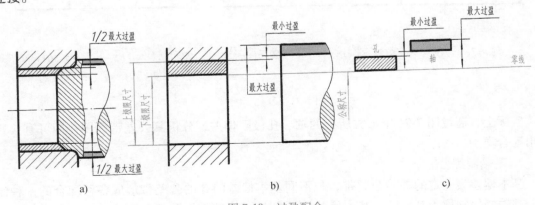

图 7-18　过盈配合

(3) 过渡配合　可能具有间隙或过盈的配合称为过渡配合。此时,孔的公差带与轴的公差带相互交叠,如图 7-19、图 7-20 所示。在过渡配合中,间隙或过盈的极限为最大间隙和最大过盈。其配合究竟是出现间隙或过盈,只有通过孔、轴实际尺寸的比较或试装才能知道，分析图7-20可弄清这个道理。过渡配合主要用于孔、轴间的定位连接。

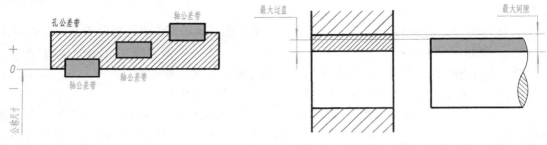

图 7-19　过渡配合公差带图解　　　　　图 7-20　过渡配合的最大间隙和最大过盈

四、配合制

国家标准中规定，配合制度分为两种，即基孔制和基轴制。

1. 基孔制配合

基本偏差为一定的孔的公差带，与不同基本偏差的轴的公差带形成各种配合的一种制度。基孔制的孔称为基准孔，基本偏差代号为"H"，其上极限偏差为正值，下极限偏差为零，下极限尺寸等于公称尺寸。

图7-21示出了基孔制配合孔、轴公差带之间的关系，即以孔的公差带为基准（图7-21a），当轴的公差带位于它的下方时，形成间隙配合（图7-21b）；当轴的公差带与孔的公差带相互交叠时，形成过渡配合（图7-21c、d）；当轴的公差带位于孔公差带的上方时，则形成过盈配合（图7-21e）。

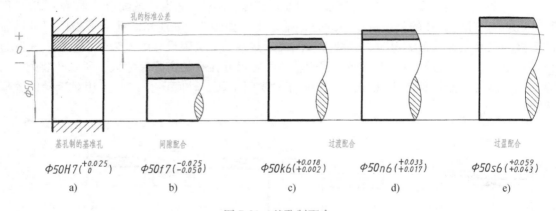

$\phi50H7\binom{+0.025}{0}$　　$\phi50f7\binom{-0.025}{-0.050}$　　$\phi50k6\binom{+0.018}{+0.002}$　　$\phi50n6\binom{+0.033}{+0.017}$　　$\phi50s6\binom{+0.059}{+0.043}$

a)　　　　　　b)　　　　　　c)　　　　　　d)　　　　　　e)

图 7-21　基孔制配合

实际上，通过图7-21中下方所列的轴、孔极限偏差，分析其公差带简图，即可直接判断出配合类别。

2. 基轴制配合

基本偏差为一定的轴的公差带，与不同基本偏差的孔的公差带形成各种配合的一种制度。基轴制的轴称为基准轴，基本偏差代号为"h"，其上极限偏差为零，下极限偏差为负值，上极限尺寸等于公称尺寸（图7-22）。

基轴制配合，就是将轴的公差带保持一定，通过改变孔的公差带，使孔、轴之间形成松紧程度不同的间隙配合、过渡配合、过盈配合，以满足不同的使用要求，其公差带图解如图

7-22 所示，其分析方法与图 7-21 相类似，就不再赘述了。

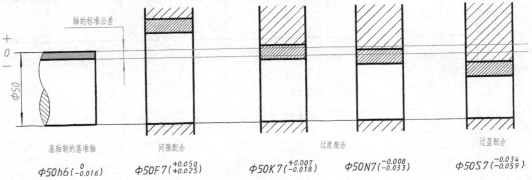

图 7-22　基轴制配合

关于基准制的选择，国家标准明确规定，在一般情况下，应优先采用基孔制配合。

五、极限与配合的标注（GB/T 4458. 5—2003）

1. 在装配图上的标注

在装配图中标注线性尺寸的配合代号时，必须在公称尺寸的右边用分数的形式注出，分子位置注孔的公差带代号，分母位置注轴的公差带代号（图 7-23a）。必要时也允许按图 7-23b 或图 7-23c 所示的形式标注。

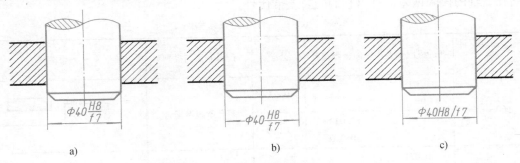

图 7-23　配合代号在装配图上标注的三种形式

2. 在零件图上的标注

用于大批量生产的零件图，可只注公差带代号，如图 7-24a 所示。用于中小批量生产的零件图，一般可只注出极限偏差，上极限偏差注在右上方，下极限偏差应与公称尺寸注在同一底线上，如图 7-24b 所示。如需要同时注出公差带代号和对应的极限偏差值时，则其极限偏差值应加上圆括号，如图 7-24c 所示。

标注极限偏差时应注意：上、下极限偏差数字的字号应比公称尺寸数字的字号小一号；上、下极限偏差的小数点必须对齐，小数点后右端的 "0" 一般不予注出（如 $^{-0.060}_{-0.090}$ 应写成 $^{-0.06}_{-0.09}$）；如果为了使上、下极限偏差值的小数点后的位数相同，可以用 "0" 补齐（如 $^{-0.025}_{-0.05}$ 可写成 $^{-0.025}_{-0.050}$，图 7-24b）。当上极限偏差或下极限偏差为 "零" 时，用数字 "0" 标出，并与下极限偏差或上极限偏差的小数点前的个位数对齐，如图 7-24b 所示。当上、下极限偏差的绝对值相同时，偏差数字可以只注写一次，并应在偏差数字与公称尺寸之间注出符号 "±"，且两者数字高度相同，如 $\phi 80 \pm 0.03$。

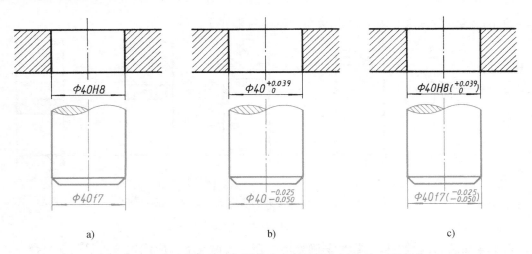

a)   b)   c)

图 7-24   公差带代号、极限偏差在零件图上标注的三种形式

六、配合代号识读举例

表 7-6 列出了识读配合代号的几个例子，内容包括孔、轴极限偏差的查表、公差的计算、配合基准制的判别及其公差带图解的画法等，希望读者认真读一读（要注意横向内容的分析和比较），并根据给出的配合代号查表（附表 16、附表 17），与表中的数值进行核对，再根据孔、轴的极限偏差，查出它们的公差带代号。

表 7-6   配合代号的识读举例

项目 代号	孔的极限偏差	轴的极限偏差	公差	配合制度与类别	公差带图解
$\phi60\dfrac{H7}{n6}$	+0.03 0		0.03	基孔制过渡配合	
		+0.039 +0.020	0.019		
$\phi20\dfrac{H7}{s6}$	+0.021 0		0.021	基孔制过盈配合	
		+0.048 +0.035	0.013		
$\phi30\dfrac{H8}{f7}$	+0.033 0		0.033	基孔制间隙配合	
		-0.020 -0.041	0.021		
$\phi24\dfrac{G7}{h6}$	+0.028 +0.007		0.021	基轴制间隙配合	
		0 -0.013	0.013		
$\phi100\dfrac{K7}{h6}$	+0.010 -0.025		0.035	基轴制过渡配合	
		0 -0.022	0.022		

（续）

项目 代号	孔的极限偏差	轴的极限偏差	公差	配合制度与类别	公差带图解
$\phi75\dfrac{R7}{h6}$	−0.032 −0.062		0.03	基轴制过盈配合	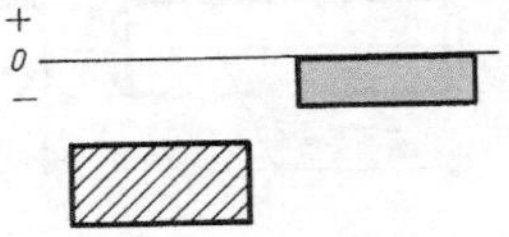 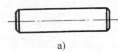
		0 −0.019	0.019		
$\phi50\dfrac{H6}{h5}$	+0.016 0		0.016	基孔制，也可视为 基轴制，是最小间隙 为零的一种间隙配合	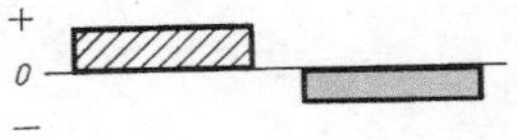 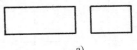
		0 −0.011	0.011		

第五节 几 何 公 差

一、概述

在生产实际中，经过加工的零件，不但会产生尺寸误差，而且会产生几何误差。

例如，图 7-25a 所示的销轴，加工后轴线变弯了（图 7-25b 所示为夸大了变形），因而产生了直线度误差。

又如，图 7-26a 所示的四棱柱，加工后上表面倾斜了（图 7-26b 所示为夸大了变形），因而产生了平行度误差。

a)　　　　　　　　　　b)　　　　　　　　　　a)　　　　　　　　b)

图 7-25　形状误差　　　　　　　　　　　　　图 7-26　位置误差

因此，为提高零件加工质量，应合理地确定出几何误差的最大允许值，如图 7-27a 中的 $\phi0.08$：表示销轴圆柱面的提取（实际）中心线应限定在直径等于 $\phi0.08$ 的圆柱面内，如图 7-27b 所示[⊖]；又如图 7-28a 中的 0.01：表示提取（实际）上表面应限定在间距等于 0.01、平行于基准 A 的两平行平面之间，如图 7-28b 所示。

为将其误差控制在一个合理的范围之内，国家标准规定了一项保证零件加工质量的技术指标——"几何公差"（GB/T 1182—2018）。

二、几何公差的几何特征和符号

几何公差的几何特征和符号见表 7-7。

三、几何公差的标注

1. 公差框格

在图样中，几何公差应以框格的形式进行标注，其标注内容及框格等的绘制规定如图

⊖　GB/T 1182—2018 标准将"中心要素"改为"导出要素"。即"中心线"和"中心面"用于表述非理想形状的导出要素，"轴线"和"中心平面"用于表述理想形状的导出要素。如"轴线"，被测要素称为"中心线"，基准要素称为"轴线"。原"测得要素"改为"提取要素"。

7-29 所示(框格、符号的线条粗细与所用字体的笔画宽度相同)。

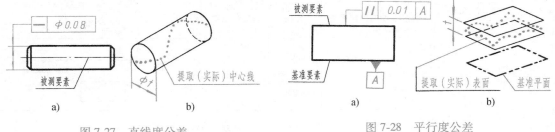

图 7-27　直线度公差　　　　　　　　　　　图 7-28　平行度公差

表 7-7　几何公差的几何特征和符号

公差类型	几何特征	符　　号	有无基准	公差类型	几何特征	符　　号	有无基准
形状公差	直线度	—	无	位置公差	位置度	⊕	有或无
	平面度	▱	无		同心度 (用于中心点)	◎	有
	圆度	○	无		同轴度 (用于轴线)	◎	有
	圆柱度	⌭	无		对称度	═	有
	线轮廓度	⌒	无		线轮廓度	⌒	有
	面轮廓度	⌓	无		面轮廓度	⌓	有
方向公差	平行度	∥	有	跳动公差	圆跳动	↗	有
	垂直度	⊥	有		全跳动	⌰	有
	倾斜度	∠	有				
	线轮廓度	⌒	有				
	面轮廓度	⌓	有				

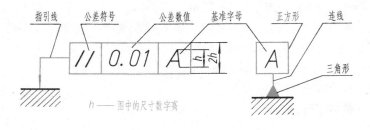

a) 公差代号　　　　　　　　　　　　b) 基准符号

图 7-29　公差代号与基准符号

2. 被测要素

按下列方式之一用指引线连接被测要素和公差框格。指引线引自框格的任意一侧，终端带一箭头。

1) 当公差涉及轮廓线或轮廓面时，箭头指向该要素的轮廓线或其延长线（应与尺寸线明显错开，图7-30）；箭头也可指向引出线的水平线，引出线引自被测面（图7-31）。

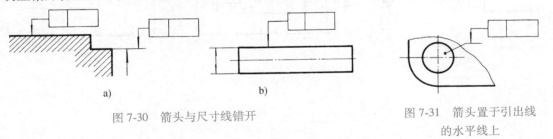

图7-30　箭头与尺寸线错开

图7-31　箭头置于引出线的水平线上

2) 当公差涉及要素的中心线、中心面或中心点时，箭头应位于相应尺寸线的延长线上（图7-32）。

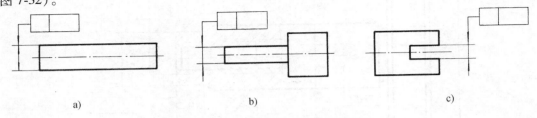

图7-32　箭头与尺寸线的延长线重合

3. 基准

1) 与被测要素相关的基准用一个大写字母表示。字母标注在基准方格内，与一个涂黑的或空白的三角形相连以表示基准（图7-33）；表示基准的字母还应标注在公差框格内。涂黑的和空白的基准三角形含义相同。

2) 带基准字母的基准三角形应按如下规定放置：

① 当基准要素是轮廓线或轮廓面时，基准三角形放置在要素的轮廓线或其延长线上（与尺寸线明显错开，图7-33）；基准三角形也可放置在该轮廓面引出线的水平线上（图7-34）。

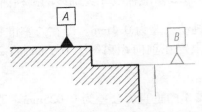
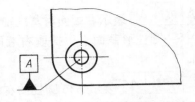

图7-33　基准符号与尺寸线错开

图7-34　基准符号置于引出线的水平线上

② 当基准是尺寸要素确定的轴线、中心平面或中心点时，基准三角形应放置在该要素尺寸线的延长线上（图7-35a、图7-35b）。如果没有足够的位置标注基准要素尺寸的两个尺寸箭头，则其中一个箭头可用基准三角形代替（图7-35b、c）。

四、几何公差标注示例

几何公差的综合标注示例如图7-36所示。图中各公差代号的含义及其解释如下：

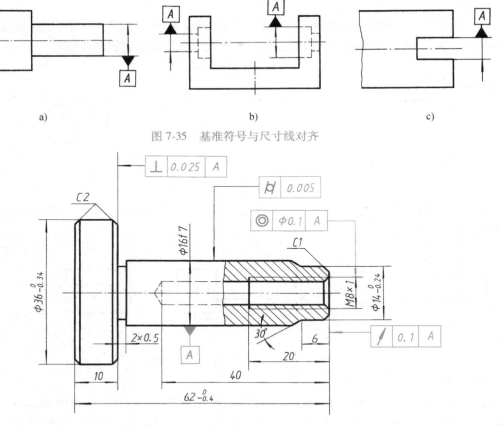

图 7-35　基准符号与尺寸线对齐

图 7-36　几何公差综合标注示例

$\boxed{\cancel{H} \mid 0.005}$　表示 $\phi16$ 圆柱面的圆柱度公差为 0.005mm。即提取的 $\phi16$(实际)圆柱面应限定在半径差为公差值 0.005mm 的两同轴圆柱面之间。

$\boxed{\circledcirc \mid \phi0.1 \mid A}$　表示 M8×1 的中心线对基准轴线 A 的同轴度公差为 0.1mm。即 M8×1 螺纹孔的提取(实际)中心线应限定在直径等于 0.1mm，以 $\phi16$ 基准轴线 A 为轴线的圆柱面内。

$\boxed{\nearrow \mid 0.1 \mid A}$　表示右端面对基准轴线 A 的轴向圆跳动公差为 0.1mm。即在与基准轴线 A 同轴的任一圆柱形截面上，提取右端面(实际)圆应限定在轴向距离等于 0.1mm 的两个等圆之间。

$\boxed{\perp \mid 0.025 \mid A}$　表示 $\phi36$ 圆柱的右端面对基准轴线 A 的垂直度公差为 0.025mm。即提取(实际)表面应限定在间距等于 0.025mm 的两平行平面之间。该两平行平面垂直于基准轴线 A。

第六节　零件上常见的工艺结构

　　零件的制造过程，通常是先制造出毛坯件，再将毛坯件经机械加工制作成零件。因此，在绘制零件图时，必须对零件上的某些结构(如铸造圆角、退刀槽等)进行合理的设计和规范的表达，以符合铸造工艺和机械加工工艺的要求。下面将零件上常见的工艺结构做简单介绍。

一、铸造工艺结构

1. 起模斜度

造型时，为了能将木模顺利地从砂型中提取出来，一般常在铸件的内外壁上沿着起模方向设计出斜度，这个斜度称为起模斜度，如图 7-37a 所示。起模斜度一般按 1∶20 选取，也可以角度表示(木模造型约取 1°~3°)。该斜度在零件图上一般不画、不标。如有特殊要求，可在技术要求中说明。

2. 铸造圆角

为了便于脱模和避免砂型尖角在浇注时(图 7-37a、图 7-37b)发生落砂，以及防止铸件两表面的尖角处出现裂纹、缩孔，往往将铸件转角处做成圆角，如图 7-37c 所示。在零件图上，该圆角一般应画出并标注圆角半径。当圆角半径相同(或多数相同)时，也可将其半径尺寸在技术要求中统一注写，如图 7-37d 所示。

3. 铸件壁厚

铸件壁厚应尽量均匀或采用逐渐过渡的结构(图 7-37d)，否则，在厚壁处极易形成缩孔或在壁厚突变处产生裂纹，如图 7-37e 所示。

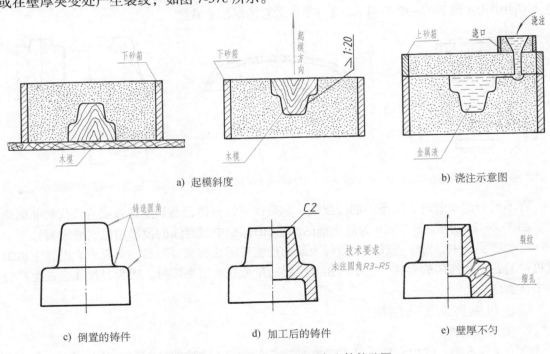

a) 起模斜度　　　　　　　　　　　b) 浇注示意图

c) 倒置的铸件　　　　d) 加工后的铸件　　　　e) 壁厚不匀

图 7-37　起模斜度、铸造圆角和铸件壁厚

4. 过渡线

由于有铸造圆角，铸件表面的交线变得不够明显，图样中若不画出这些线，零件的结构则显得含糊不清，如图 7-38a、图 7-38c 所示。

为了便于看图及区分不同表面，图样中仍须按没有圆角时交线的位置，画出这些不太明显的线,此线称过渡线,其投影用细实线表示,且不宜与轮廓线相连,如图 7-38b、图 7-38d 所示。

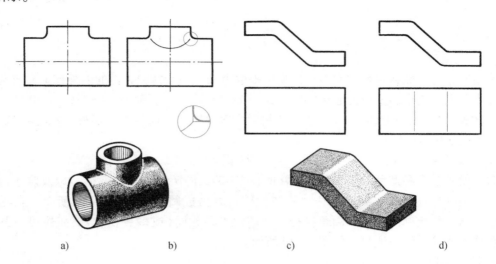

a)   b)   c)   d)

图 7-38   图形中画与不画交线的比较

在铸件的内、外表面上,过渡线随处可见,看图、画图都会经常遇到。下面,再识读几张其应用图例(图 7-39~图 7-41),进一步熟悉它的画法和看法。

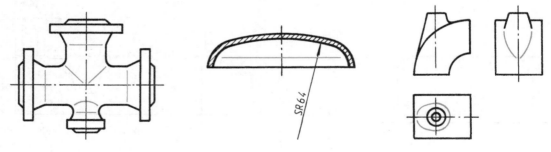

图 7-39 过渡线的画法(一)   图 7-40   过渡线的画法(二)   图 7-41   过渡线的画法(三)

在不致引起误解时,图形中的过渡线、相贯线可以简化,例如用圆弧或直线代替非圆曲线,如图 7-42a 所示(图 7-42b 为简化前的画法,旧标准中过渡线的投影用粗实线绘制)。

在生产实际中,对于一般铸、锻件表面的过渡线画法要求并不高,只要求在图样上将组成机件的各个几何体的形状、大小和相对位置清楚地表示出来即可,因为过渡线会在生产过程中自然形成。

二、机械加工工艺结构

1. 倒角和倒圆

为了去除毛刺、锐边和便于装配,在轴和孔的端部(或零件的面与面的相交处),一般都加工出倒角;为了避免应力集中产生裂纹,将轴肩处往往加工成圆角的过渡形式,此圆角称为倒圆。倒角和倒圆的尺寸可在相应标准中查出,其尺寸注法如图 7-43a 所示。

在不致引起误解时,零件图中的倒角(45°)可以省略不画,其尺寸也可简化标注,如图 7-43b 所示(倒圆也采用了简化画法)。30°、60°倒角的注法,如图 7-43c 所示。

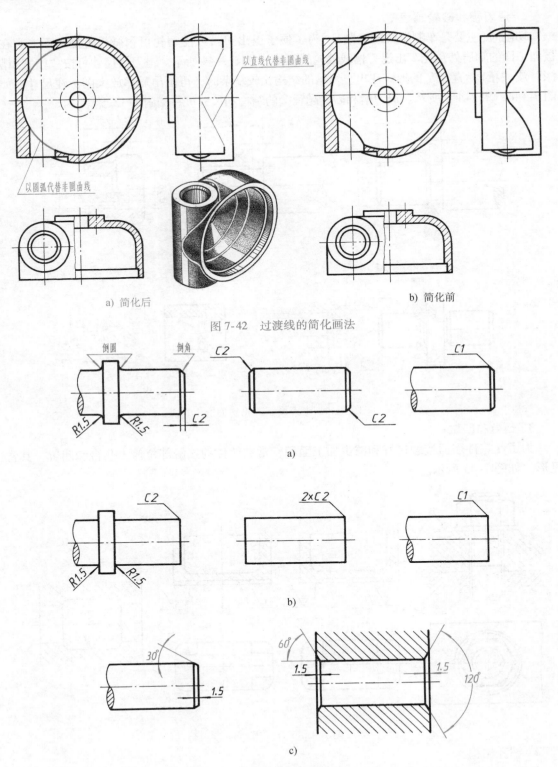

a) 简化后   b) 简化前

图 7-42　过渡线的简化画法

a)

b)

c)

图 7-43　倒角与倒圆的画法和尺寸标注

2. 退刀槽和砂轮越程槽

切削时(主要是车制螺纹或磨削),为了便于退出刀具或使磨轮可稍微越过加工面,常在被加工面的轴肩处预先车出退刀槽或砂轮越程槽,如图7-44所示。退刀槽尺寸可按"槽宽×槽深"或"槽宽×直径"的形式注出。当槽的结构比较复杂时,可画出局部放大图标注尺寸,如图7-44c、图7-44d所示。退刀槽和砂轮越程槽的结构和尺寸可查阅附表13、附表14。

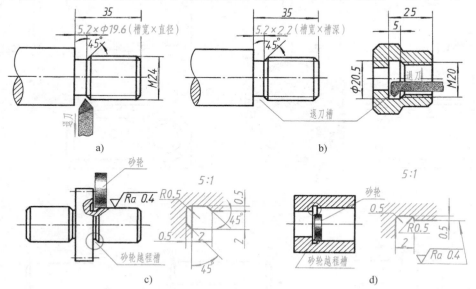

图 7-44　退刀槽和砂轮越程槽

3. 凸台和凹坑

为了使零件表面接触良好和减少加工面积,常在铸件的接触部位铸出凸台和凹坑,其常见形式如图7-45所示。

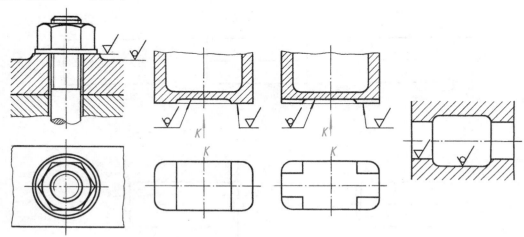

图 7-45　凸台与凹坑

4. 钻孔结构

钻孔时,钻头的轴线应与被加工表面垂直,否则会使钻头弯曲,甚至折断(图7-46a)。

因此，当零件表面倾斜时，可设置凸台或凹坑(图 7-46b、图 7-46c)。钻头单边受力也容易折断，因此，对于钻头钻透处的结构，也要设置凸台使孔完整(图 7-46d、图 7-46e)。

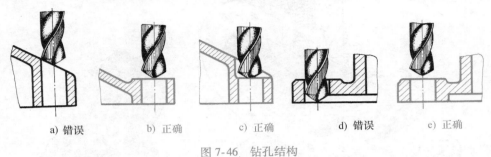

| a) 错误 | b) 正确 | c) 正确 | d) 错误 | e) 正确 |

图 7-46　钻孔结构

第七节　零件测绘

对实际零件凭目测徒手画出图形，然后进行测量记入尺寸、提出技术要求、填写标题栏，以完成草图，再根据草图画出零件图的过程，称为零件测绘。在仿造机器和修配损坏的零件时，都要进行零件测绘。

零件草图是绘制零件图的依据，必要时还要直接根据它制造零件，因此，一张完整的零件草图必须具备零件图应有的全部内容，要求做到图形正确、尺寸完整、线型分明、字体工整，并注写出技术要求和标题栏中的相关内容。

一、零件测绘的方法和步骤

下面以齿轮油泵的泵体(图 7-47)为例，说明零件测绘的方法和步骤。

1. 了解和分析测绘对象

首先应了解零件的名称、材料以及它在机器或部件中的位置、作用及与相邻零件的关系，然后对零件的内外结构形状进行分析。

齿轮油泵是机器润滑供油系统中的一个主要部件，它通过一对啮合齿轮传动，将油从进油口吸入，由齿轮的齿间将油转至下端，通过出油口压出(图 7-48)，以实现供油润滑功能。

泵体是油泵上的一个主体件，属于箱体类零件，材料为铸铁。它的主要作用是容纳一对啮合齿轮及进油、出油通道，其形体的主要结构形状即由此而定。此外，在泵体的长圆形箱壁上设置了两个销孔和六个螺孔，是为了使泵盖与其定位和连接。泵体腰形凸台上的大孔和两个螺孔是为了装配和紧固泵盖。泵体下部带有凹坑的底板和其上的四个沉孔是为了安装油泵。泵体进、出油口孔端的螺孔是为了连接进、出油管等。至此，泵体的结构已基本分析清楚。

2. 确定表达方案

泵体的主视图应按其工作位置及形状结构特征选定，投射方向如图 7-47b 中箭头所指。为表达进、出油口的结构与泵腔的关系，应对两个孔道进行局部剖视。

为表达泵体与底板、出油口的相对位置，应选用左视图，并取局部剖视将泵腔及孔的结构表示清楚。

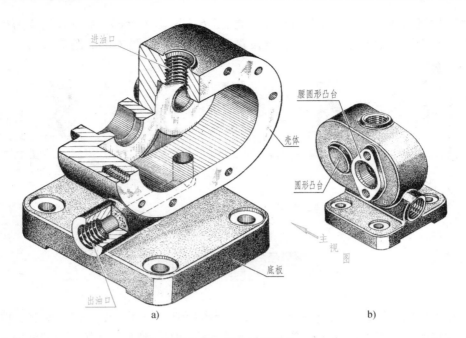

a)   b)

图 7-47　齿轮油泵泵体

　　然后再选用一俯视图表示底板的形状及安装孔的数量、位置。为表明两个轴孔与泵腔的相对位置，俯视图应取全剖视。

　　对支承孔两个凸台的形状（图 7-47b），其中圆形凸台可由尺寸 ϕ 来确定，而腰圆形凸台，还应采用一局部视图加以表达。最后选定的表达方案，如图 7-49 所示。

　　3. 绘制零件草图

　　（1）绘制图形　根据选定的表达方案，徒手画出视图、剖视等图形，其作图步骤与画零件图相同。但需注意以下两点：

　　1）零件上的制造缺陷（如砂眼、气孔等），以及由于长期使用造成的磨损、碰伤等，均不应画出。

　　2）零件上的细小结构（如铸造圆角、倒角、倒圆、退刀槽、砂轮越程槽、凸台和凹坑等）必须画出。

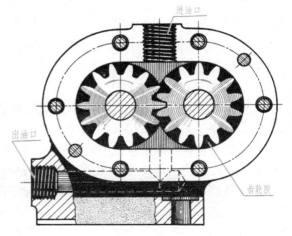

图 7-48　油泵工作原理示意图

　　（2）标注尺寸　先选定基准，再标注尺寸。具体应注意以下三点：

　　1）先集中画出所有的尺寸界线、尺寸线和箭头，再依次测量、逐个记入尺寸数字。

　　2）零件上标准结构（如键槽、退刀槽、销孔、中心孔、螺纹等）的尺寸，必须查阅相应国家标准，并予以标准化。

　　3）与相邻零件的相关尺寸（如泵体上螺孔、销孔、沉孔的定位尺寸，以及有配合关系的尺寸等）一定要一致。

（3）注写技术要求　零件上的表面粗糙度、极限与配合、几何公差等技术要求，通常可采用类比法给出。具体注写时需注意以下三点：

1）主要尺寸要保证其精度。泵体的两轴线、轴线距底面以及有配合关系的尺寸等，都应给出公差，如图 7-49 所示。

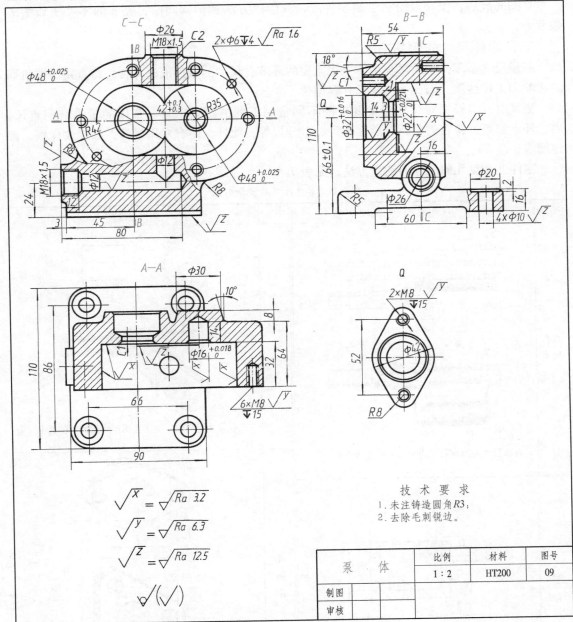

技 术 要 求
1. 未注铸造圆角R3;
2. 去除毛刺锐边。

泵　　体	比例	材料	图号
	1:2	HT200	09
制图			
审核			

图 7-49　泵体零件图

2）有相对运动的表面及对形状、位置要求较严格的线、面等要素，要给出既合理又经济的表面粗糙度或几何公差要求，图 7-49 中的相应标注，读者可自行分析。

3）有配合关系的孔与轴，要查阅与其相结合的轴与孔的相应资料(装配图或零件图)，以核准配合制度和配合性质。

只有这样,经测绘而制造出的零件,才能顺利地装配到机器上去并达到其功能要求。

(4)填写标题栏 一般可填写零件的名称、材料及绘图者的姓名和完成时间等。

4. 根据零件草图画零件图

草图完成后,便要根据它绘制零件图,其绘图方法和步骤同前,完成的零件图如图7-49所示。

二、零件尺寸的测量方法

测量尺寸是零件测绘过程中一个很重要的环节,尺寸测量得准确与否,将直接影响机器的装配和工作性能,因此,测量尺寸要谨慎。

测量时,应根据对尺寸精度要求的不同选用不同的测量工具。常用的量具有钢直尺,内、外卡钳等;精密的量具有游标卡尺、千分尺等;此外,还有专用量具,如螺纹样板、圆角规等。

零件上常见几何尺寸的测量方法,见表7-8。

表7-8 零件尺寸的测量方法

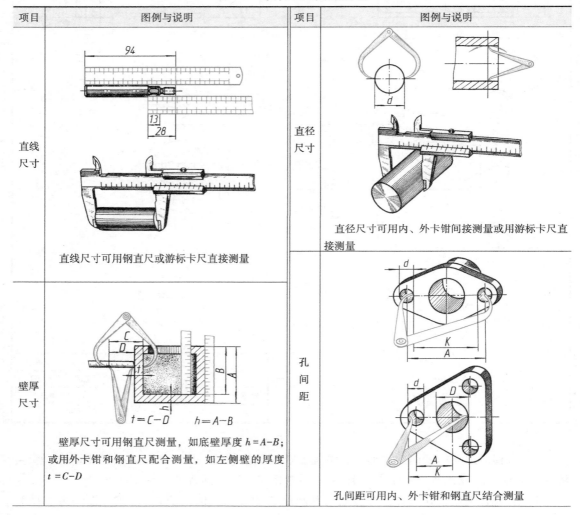

项目	图例与说明	项目	图例与说明
直线尺寸	直线尺寸可用钢直尺或游标卡尺直接测量	直径尺寸	直径尺寸可用内、外卡钳间接测量或用游标卡尺直接测量
壁厚尺寸	壁厚尺寸可用钢直尺测量,如底壁厚度 $h=A-B$;或用外卡钳和钢直尺配合测量,如左侧壁的厚度 $t=C-D$	孔间距	孔间距可用内、外卡钳和钢直尺结合测量

项目	图例与说明	项目	图例与说明
中心高	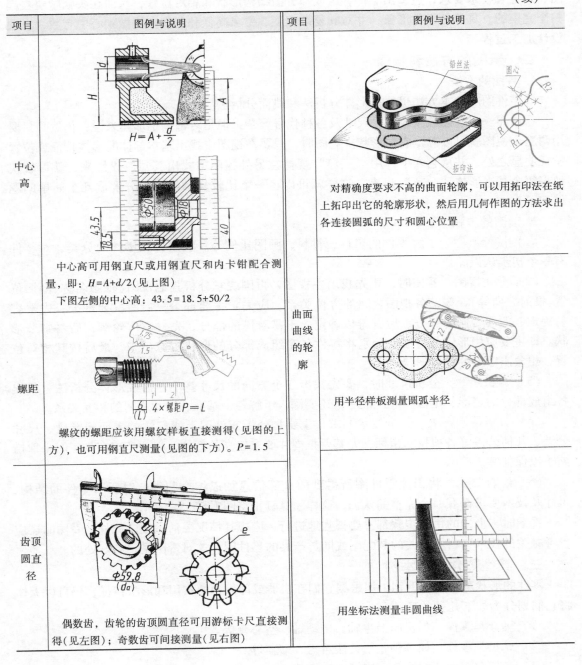$H=A+\dfrac{d}{2}$ 中心高可用钢直尺或用钢直尺和内卡钳配合测量，即：$H=A+d/2$（见上图） 下图左侧的中心高：43.5＝18.5＋50/2	曲面曲线的轮廓	对精确度要求不高的曲面轮廓，可以用拓印法在纸上拓印出它的轮廓形状，然后用几何作图的方法求出各连接圆弧的尺寸和圆心位置
螺距	$4×$螺距$P=L$ 螺纹的螺距应该用螺纹样板直接测得（见图的上方），也可用钢直尺测量（见图的下方）。$P=1.5$		用半径样板测量圆弧半径
齿顶圆直径	$\phi59.8$$(d_a)$ 偶数齿，齿轮的齿顶圆直径可用游标卡尺直接测得（见左图）；奇数齿可间接测量（见右图）		用坐标法测量非圆曲线

第八节 看零件图

一、看图要求

看零件图的要求：了解零件的名称、所用材料和它在机器或部件中的作用。通过分析视

图、尺寸和技术要求，想象出零件各组成部分的结构形状和相对位置，从而在头脑中建立起一个完整的、具体的零件形象，并对其复杂程度、要求高低和制作方法做到心中有数，以便设计加工过程。

二、看图的方法和步骤

1. 看图的方法

看零件图的基本方法仍然是形体分析法和线面分析法。

零件图一般视图数量较多，尺寸及各种代号繁杂，但是对每一个形体来说，仍然是只要用两三个视图就可以确定它的形状。看图时，只要在视图中找出基本形体的形体特征或位置特征明显之处，并从它入手，用"三等"规律在另外视图中找出其对应投影来，就可较快地将每个基本形体"分离"出来，这样就可以将一个比较复杂的问题分解成几个简单问题处理了。

2. 读图的步骤

（1）读标题栏　了解零件的名称、材料、画图比例等。联系典型零件的分类，对零件有一个初步认识。

（2）分析视图　看图时，要先找出主视图，再围绕它分析其他视图（视图名称、剖切位置、投射方向等），辨清各视图之间的方位关系。应先看主要部分，后看次要部分；先看容易确定、能够看懂的部分，后看难以确定、不易看懂的部分；先看整体轮廓，后看细节形状。即主要应用形体分析法，分别将零件各个组成部分的形状想像出来，最后按其相对位置，想象出零件的整体形状。

（3）分析尺寸　分析尺寸时，要先找出三个方向的尺寸基准；再按形体分析法，找出各组成部分的定形、定位尺寸；最后，还要深入了解各个基准、尺寸之间的相互关系。

（4）分析技术要求　分析技术要求，主要是分析零件图上所标注的表面粗糙度、尺寸公差、几何公差等各项技术指标，尤其要把握住要求较高的部位，以便考虑在加工时采取措施予以保证等。

（5）综合归纳　将识读零件图所得到的全部信息加以综合归纳，对所示零件的结构、尺寸及技术要求都有一个完整的认识，这样才算真正将图看懂。

看图时，上述的每一步骤都不要孤立地进行，应视其情况灵活运用。此外，看图时还应参考有关的技术资料和相关的装配图或同类产品的零件图，这对看图是很有好处的。

三、典型零件看图举例

零件的形状虽然千差万别，但根据它们在机器或部件中的作用和形状特征，仍可以大体将它们划分为如下几种类型：

（1）轴套类零件　如机床上主轴、传动轴、空心套等。

（2）轮盘类零件　如各种轮子、法兰盘、端盖等。

（3）叉架类零件　如拨叉、连杆、支架等。

（4）箱体类零件　如机座、阀体、床身等。

下面，将结合各种典型零件说明看图的一般方法步骤。

例1　识读轴的零件图（图7-51）。

（1）读标题栏　该轴是铣刀头（图7-50）上起支承和传递动力作用的一个主要零件，材料为45钢（优质碳素结构钢），比例为1∶2。

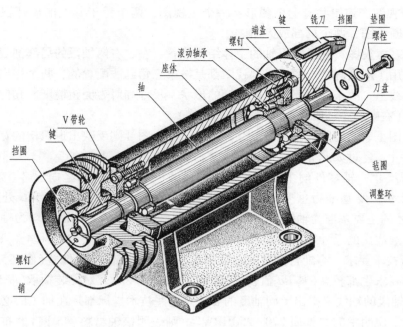

图 7-50　铣刀头轴测图

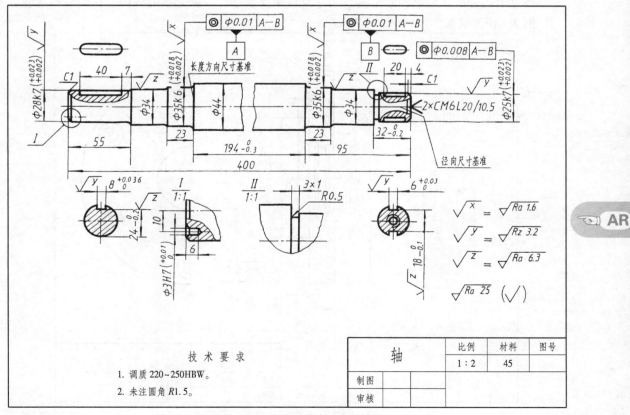

技术要求

1. 调质 220~250HBW。
2. 未注圆角 R1.5。

轴		比例	材料	图号
		1:2	45	
制图				
审核				

图 7-51　铣刀头中阶梯轴的零件图

（2）分析视图 该图共有七个图形：一个主视图，两个置于其上的局部视图，两个置于其下的移出断面图，两个局部放大图。

主视图为基本视图，它反映出轴的主体结构形状，左、右两轴段的局部剖表达了键槽的结构，中间采用了断裂画法；两个局部视图都是按第三角画法配置的，两个移出断面因画在剖切线的延长线上，故未标注，它们把键槽的形状、尺寸和对表面粗糙度、几何公差的要求表示得很清楚（右断面中的螺孔为中心孔上的结构）。

局部放大图Ⅰ表示出圆柱销孔的尺寸和公差，放大图Ⅱ则反映出退刀槽的宽度、深度和圆角半径等尺寸。经过如此分析，可想象出该轴的整体形状（图7-50）。

（3）分析尺寸 轴零件的主要尺寸是轴向尺寸（长度方向）和径向尺寸（宽、高方向）。该轴的轴向尺寸主要基准为重要的定位面（$\phi44$ 轴段左面的轴肩，即 $\phi35k6$ 处的轴承定位面），径向尺寸的主要基准为轴线。$\phi44$ 轴段右轴肩和轴的左、右端面，均为轴向尺寸的辅助基准，从基准注出的尺寸，都是必须控制的重要尺寸，如 $32_{-0.2}^{0}$、23、$194_{-0.3}^{0}$ 等。

（4）分析技术要求 有配合要求的轴径都给出了公差带代号和偏差（图7-51），其轴段表面的粗糙度要求也都较高（其 Ra 值较小，分别为 1.6 和 3.2）。对安装轴承（$\phi35$ 两处）和刀盘（$\phi25$）三个轴段的轴线又提出了同轴度的要求。这些技术指标都是在加工时必须予以保证的。此外，文字说明中的"调质 220~250HBW"，则表明该轴材料（45 钢）的布氏硬度值应在 220~250 之间。

通过上述分析，对该轴的结构、尺寸及技术要求已有一个完整的认识，从而将图看懂。

例2 识读端盖的零件图（图7-52）。

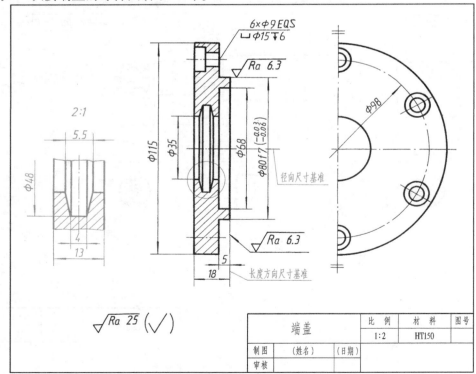

图 7-52 端盖零件图

（1）读标题栏　该端盖是铣刀头（图 7-50）上的一个零件，材料为灰铸铁，比例为1：1，它在铣刀头上起连接、轴向定位和密封作用。

（2）分析视图　该零件图共有三个图形：全剖的主视图表达了端盖的主要结构；左视图（只画一半，简化画法）反映出零件的端面形状和沉孔的位置；局部放大图清楚地表示密封槽的结构，同时也便于标注尺寸。

（3）分析尺寸　如图所示，端盖的径向尺寸基准为轴线，故圆柱体及圆孔的直径尺寸，一般都以该轴线为基准注在投影为非圆的视图上；轴向尺寸则以端盖与滚动轴承外圈端面相接触的面为基准，由此注出了 5 和 18 等。

（4）分析技术要求　该端盖的配合表面很少，精度要求较低，只有 $\phi80f7(^{-0.03}_{-0.06})$ 为配合尺寸。

例 3　识读支架的零件图（图 7-53）。

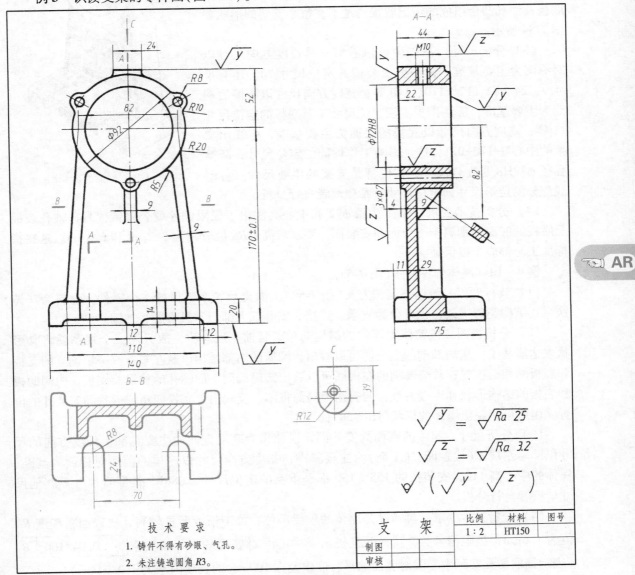

图 7-53　支架零件图

（1）读标题栏　该零件的名称是支架，是用来支承轴的，材料为灰铸铁，比例为 1 : 2。

（2）分析视图　图中共有五个图形：三个基本视图、一个按向视图形式配置的局部视图 C 和一个移出断面图。主视图是外形图，俯视图 B—B 是全剖视图，是用水平面剖切的；左视图 A—A 也是全剖视图，是用两个平行的侧平面剖切的；局部视图 C 是移位配置的；断面画在剖切线的延长线上，表示肋板的剖面形状。

从主视图可以看出上部圆筒、凸台、中部支承板、肋板和下部底板的主要结构形状和它们之间的相对位置；从俯视图可以看出底板、安装板（槽）的形状及支承板、肋板间的相对位置；局部视图反映出带有螺孔的凸台形状。综上所述，再配合全剖的左视图，则支架由圆筒、支承板、肋板、底板及油孔凸台组成的情况就很清楚了，整个支架的形状如图 7-54 所示。

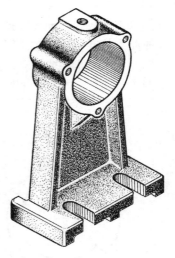

图 7-54　支架的轴测图

（3）分析尺寸　从图中可以看出，其长度方向尺寸以对称面为主要基准，标注出安装槽的定位尺寸 70，还有尺寸 9、24、82、12、110、140 等；宽度方向尺寸以圆筒后端面为主要基准，标注出支承板定位尺寸 4 及底板的定位尺寸 11 等；高度方向尺寸以底板的底面为主要基准，标注出支架的中心高 170±0.1，这是影响工作性能的定位尺寸，圆筒孔径 $\phi72H8$ 是配合尺寸，它们都是支架的主要尺寸。各组成部分的定形尺寸、定位尺寸，希望读者自行分析。

（4）分析技术要求　圆筒孔径 $\phi72$ 和中心高注出了极限偏差或公差带代号，轴孔表面及底板的底面分别属于配合面和安装面，要求较高，Ra 值分别为 3.2μm 和 6.3μm。这些指标加工时都应予以保证。

例 4　识读座体的零件图（图 7-55）。

（1）读标题栏　该座体是铣刀头（图 7-50）上面支承轴系组件的一个零件，材料为灰铸铁，其结构类似支架，也可分为支承、连接、安装三大部分，且有肋板加固。

（2）分析视图　该箱体类零件的结构简单，且前、后对称，故只用三个视图就将其形状表达清楚了。从局部剖的主视图可以看出，圆筒的内部结构以及左右各有一块侧立的支板和底板的相对位置；从局部剖的左视图可以看出圆筒端面上面螺孔的位置及支板、中间肋板和底板的结构形状和连接关系；俯视图为局部视图，反映出了底板四角的形状和安装孔的位置。由此可想象出座体的形状（图 7-50）。

（3）分析尺寸　座体的底面为安装面，以此作为高度方向的主要基准；长度方向的尺寸以圆筒左端面（接触面、加工面）为主要基准；宽度方向尺寸以座体的前后对称面为基准。座体的中心高 115，安装孔的 155、150 都是重要的定位尺寸，$\phi80K7$ 是配合尺寸。其他尺寸请读者自行分析。

（4）分析技术要求　轴承孔是座体的重要部位，加工精度要求较高，故表面粗糙度 Ra 值为 1.6μm，极限偏差为 $^{+0.009}_{-0.021}$，并且提出了中心线对底面的平行度要求 ▱ | 0.04/100 | B |（表示提取两孔实际中心线对底面的平行度误差在 100mm 的长度内不大于 0.04mm）。

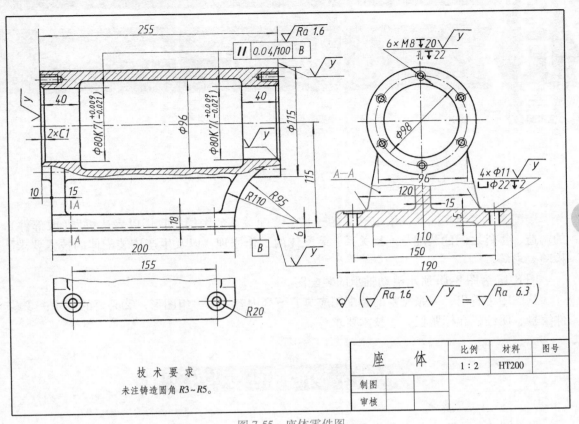

技 术 要 求

未注铸造圆角 *R*3~*R*5。

座 体		比例	材料	图号
		1:2	HT200	
制图				
审核				

图 7-55 座体零件图

装　配　图

装配图是表示产品及其组成部分的连接、装配关系的图样。它用以表达机器（或部件）的构造、零件之间的装配与连接关系、装配体的工作原理，以及生产该装配体的技术要求、检验要求等。

图 8-1a 为图 8-1b 所示滑动轴承的装配图。

从图中可看出，一张完整的装配图应具有下列内容：①一组图形；②必要的尺寸；③零件编号、明细栏和标题栏；④技术要求等。

第一节　装配图的表达方法

零件图的各种表达方法在装配图中同样适用。但由于装配图所表达的重点与零件图不同，因此，装配图的视图选择原则与零件图也不同，并针对装配图的特点做出一些画法上的规定。

一、装配图视图选择的特点

装配图应反映装配体的结构特征、工作原理及零件间的相对位置和装配关系。因此装配图的主视图选择，一般应符合装配体的工作位置，并要求尽量多地反映装配体的工作原理和零件之间的装配关系。组成装配体的各零件往往相互交叉、遮盖而导致投影重叠，因此，装配图一般都要画成剖视图，以使某些层次及装配关系表达清楚。

二、装配图画法的一般规定

1）两零件的接触面或配合（包括间隙配合）表面，规定只画一条线。而非接触面、非配合表面，即使间隙再小，也应画两条线。

2）相邻两零件的剖面线倾斜方向应相反（图 8-1a 中轴承盖与轴承座）。若相邻零件多于两个时，则有的零件的剖面线，应以间隔不同与其相邻的零件相区别。同一零件在各视图上的剖面线画法应一致。

三、装配图的特殊表达方法

1. 沿零件结合面剖切和拆卸画法

在装配图中，可假想沿某些零件的结合面剖切；某些常见的较大零件，在某个视图上的位置和基本连接关系等已表达清楚时，为了避免遮盖某些零件的投影，在其他视图上可假想

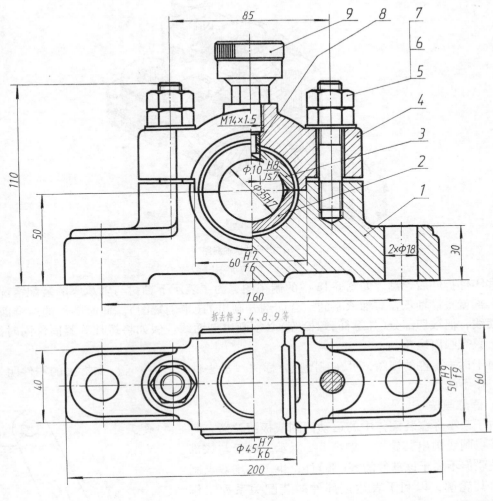

AR

拆去件 3、4、8、9 等

技 术 要 求

1. 轴瓦和轴承座用着色法检查接触情况。下轴瓦与轴承座接触面不得小于整个面积的 50%，上轴瓦与轴承盖接触面积不得小于 40%。

2. 调整试转后，零件用煤油清洗，工作面涂一层薄干油。

9	油杯	1		JB/T 7940.3—1995
8	销套	1	45	
7	螺母 M12	4		GB/T 6170—2015
6	螺柱 M12×70	2		GB/T 5782—2016
5	垫圈 12	2		GB/T 97.1—2002
4	轴承盖	1	HT150	
3	上轴衬	1	ZCuAl10Fe3	
2	下轴衬	1	ZCuAl10Fe3	
1	轴承座	1	HT150	
序号	名称	数量	材料	备注

滑动轴承		比例 1：2	第 1 张
		重量	共 1 张
制图			
设计			
审核			

a) 滑动轴承装配图

图 8-1 滑动轴承

187

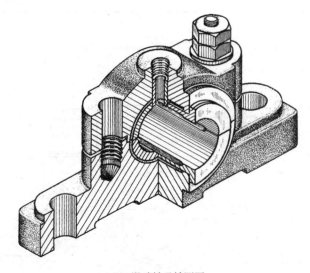

b) 滑动轴承轴测图

图 8-1　滑动轴承(续)

将某些零件拆卸后绘制。如图 8-1a 中的俯视图,为了表示下轴衬与轴承座的装配情况,图的右半部就是沿轴承盖与轴承座的结合面剖开画出的(半剖视图)。此时零件的结合面上不画剖面线,但被切部分(如螺杆、螺栓等)必须画出剖面线。假如将螺柱等紧固件同时拆去,则图上只需画出螺孔。

对于拆去零件的视图,可在视图上方标注"拆去件×、×……"。如拆去的零件明显时,也可省略不注。

2. 假想画法

对于某零件在装配体中的运动范围或极限位置,可用细双点画线画出其轮廓,如图 8-2 所示。对于与该部件相关联但不属于该部件的零(部)件,也可用细双点画线画出其轮廓,以利于表达该部件的装配关系和工作原理。

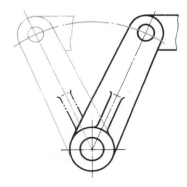

图 8-2　运动零件的极限位置

3. 简化画法

1) 在装配图上作剖视时,当剖切平面通过标准件(螺母、螺钉、垫圈、销、键等)和实心件(轴、杆、柄、球等)的基本轴线时,这些零件按不剖绘制(即不画剖面线)。如图 8-1a 主视图右半部剖视图中的螺母、垫圈、双头螺柱的画法。

2) 对于同一规格、均匀分布的螺栓、螺母等联接件或相同的零件组,允许只画一个或一组,其余用中心线或轴线表示其位置。如图 8-3a 中就只画出一组用螺栓联接的支架零件组,其他皆用细点画线表示其位置和组数。

3) 对于滚动轴承、密封圈、油封等,可仅画出对称图形的一半,另一半按其外廓画出,如图 8-3b 中对滚动轴承就采用了规定画法。

4) 零件上的工艺结构,如倒角、倒圆、退刀槽等可省略不画。六角螺栓头部及螺母,因倒角而产生的曲线也可省略不画(图 8-3b)。

4. 夸大画法

对于薄、细、小间隙，以及斜度、锥度很小的零件或部位，可以适当地加厚、加粗、加大画出，以使这些部位的轮廓特征明显。对于在图形中，厚度或直径小于 2mm 的薄、细零件或部位的断面，可用涂黑代替剖面线，如图 8-3b 中端盖与箱体凸台之间的垫片的画法。

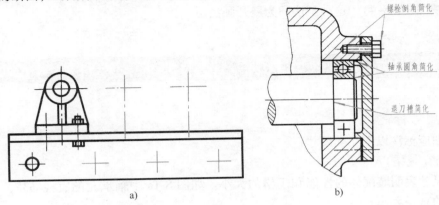

图 8-3 简化画法

5. 单独表达某零件

在装配图上，可以单独画出某一零件的视图，但必须在所画视图的上方注出该零件的视图名称，在相应视图的附近，用箭头指明投射方向，并注上同样的字母。

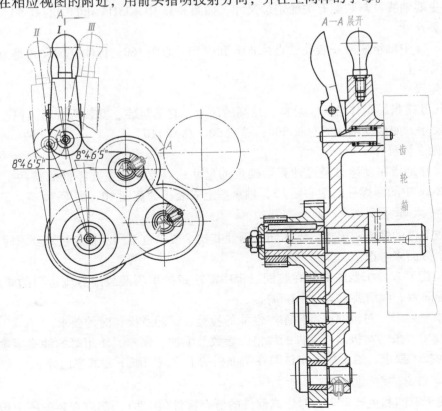

图 8-4 展开画法

6. 展开画法

在传动机构中，各轴系的轴线往往不在同一平面内，即使采用几个平行或几个相交的剖切面剖切，也不能将其运动路线完全表达出来，这时可采用如下表达方法：假想用剖切平面沿传动路线上各轴线顺次剖切，然后使其展开、摊平在一个平面上（平行于某投影面），再画出其剖视图（图 8-4），这种画法即为展开画法。

第二节　装配图的尺寸标注、技术要求、零件编号及明细栏

一、尺寸标注

装配图应标注以下几类尺寸：

1. 性能（规格）尺寸

这类尺寸表明装配体的性能和规格的大小。如图 8-1a 中轴承孔的直径 $\phi35$，它反映所支承的轴的直径大小。

2. 装配关系尺寸

这类尺寸表明装配体上相关零件之间的装配关系。

（1）配合尺寸　如图 8-1a 中的 $\phi35H7$、60H7/f6。

（2）主要轴线及与装配有关的定位尺寸　如图 8-1a 中 $\phi35H7$ 孔的中心高 50。

3. 安装尺寸

如图 8-1a 中轴承座两安装孔的直径 $\phi18$ 和两孔中心距 160。标注这类尺寸是为了将该部件安装到机台上。

4. 总体尺寸

这类尺寸是指装配体总长、总宽、总高的尺寸。它是包装、安装所占用体积、面积的设计所需之尺寸。如滑动轴承的总长 200、总宽 60、总高 110。

5. 其他主要尺寸

这类尺寸是指在设计时经过计算而确定的尺寸，以及其他主要零件的某些主要结构尺寸。如图 8-1a 中的两螺柱的中心距 85，轴承座上安装板的宽度 40、高度 30 等。

二、技术要求

机器或部件的性能、要求各不相同，因此其技术要求也不同。拟定技术要求时，一般可从以下几个方面来考虑：

（1）装配要求　机器或部件在装配过程中需注意的事项及装配后应达到的要求，如准确度、装配间隙、润滑要求等（图 8-1a）。

（2）检验要求　对机器或部件基本性能的检验、试验及操作时的要求。

（3）使用要求　对机器或部件的规格、参数及维护、保养、使用时的注意事项及要求。装配图中的技术要求，通常用文字注写在明细栏的上方或图纸下方的空白处。

三、零件编号和明细栏

为了便于看图和生产管理，对组成部件的所有零件（组件），都应在装配图上编写序号，并在标题栏上方编制相应的明细栏（填写零件序号、名称、材料、数量等），如图 8-1a 所示。

1. 序号编排方法

将组成部件的所有零件(包括标准件)进行统一编号。相同的零(部)件编一个序号,一般只标注一次。如图 8-1a 中的四个螺母、两个螺柱各编一个号。序号应注写在视图外明显的位置上。序号的注写形式如图 8-5 所示,其注写规定如下:

1)序号的字号应比图上尺寸数字大一号(图 8-5a)或大两号(图 8-5b)。一般从被注零件的可见轮廓内画一圆点,然后从圆点开始用细实线画出指引线,在指引线的另一端画一水平细实线或细实线圆,在水平线上或圆内注写序号。

2)直接将序号写在指引线附近,这时的序号应比图上尺寸数字大两号(图 8-5b)。

3)当指引线所指零件很薄,或是涂黑的剖面而不便画圆点时,则可用箭头代替圆点,箭头直接指在该件的轮廓线上(图 8-5c)。

4)画指引线不要相互交叉或与剖面线平行,必要时可画成一次折线,如图 8-5d 所示。

5)对于一组紧固件,可按图 8-5e 的形式引注。

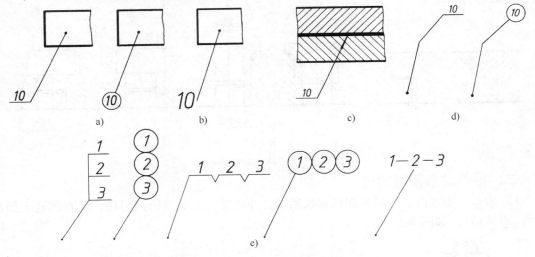

图 8-5 序号注写形式

6)序号应按顺时针(或逆时针)方向整齐地顺次排列。如在整个图上无法连续时,可只在每个水平或垂直方向顺次排列。

7)在编写序号时,要尽量使各序号之间距离均匀一致。

2. 明细栏

明细栏一般绘制在标题栏上方。明细栏的填写,应按编号顺序自下而上地进行。位置不够时,可在与标题栏毗邻的左侧续编,但应尽可能与右侧对齐。

第三节 装配结构简介

装配结构是否合理,将直接影响部件(或机器)的装配、工作性能及检修时拆装是否方便。因此,下面就设计绘图时应考虑的几个装配结构的合理性问题加以简介。

一、接触面的结构

1）轴肩面与孔端面接触时，应将孔边倒角或将轴的根部切槽，以保证轴肩面与孔的端面接触良好，如图8-6所示。

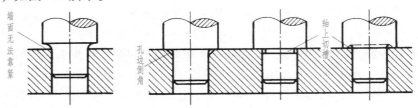

图 8-6　轴肩与孔口接触的画法

2）在同一方向上只能有一组面接触，应尽量避免两组面同时接触。这样，既可保证两面接触良好，又可降低加工要求。图8-7a示出了两平面接触的情况；图8-7b、c示出了两圆柱面接触的情况。

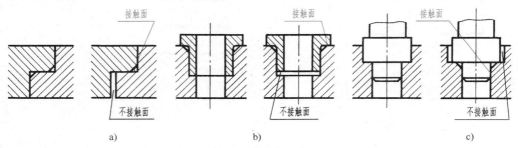

图 8-7　两零件接触面的画法

二、零件的紧固与定位

1）为了紧固零件，可适当加长螺纹尾部，并在螺杆上加工出退刀槽，或在螺孔上做出凹坑(或倒角)，如图8-8所示。

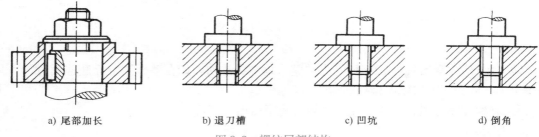

a) 尾部加长　　　　　b) 退刀槽　　　　　c) 凹坑　　　　　d) 倒角

图 8-8　螺纹尾部结构

2）为了防止滚动轴承在运动中产生窜动，应将其内、外圈沿轴向顶紧，如图8-9所示。

三、密封装置

为了防止机器、设备内部的气体或液体向外渗漏，防止外界灰尘、水蒸气或其他不洁净物质侵入其内部，常需考虑密封。密封的形式很多，常见的有：

（1）垫片密封　为防止流体沿零件结合面向外渗漏，常在两零件之间加垫片密封，同时也改善了接触性能，如图8-10a所示。

（2）密封圈密封　如图8-10a所示，将密封圈(胶圈或毡圈)放在槽内，受压后紧贴机体表面，从而起到密封作用。

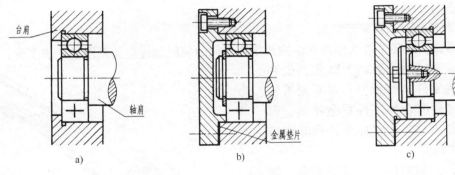

图 8-9　滚动轴承的紧固

（3）填料密封　图 8-10b 所示是阀门上常见的密封形式。为防止流体沿阀杆与阀体的间隙溢出，在阀体上制有一空腔，内装有填料，当压紧填料压盖时，就起到了防漏密封作用。

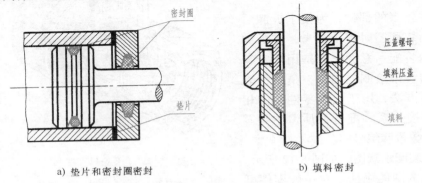

a) 垫片和密封圈密封　　　　　　　b) 填料密封

图 8-10　密封装置

画图时，填料压盖不要画成压紧的极限状态，即与阀体端面之间应留有空隙，以保证将填料压紧。轴与填料压盖之间也应留有间隙，以免转动时发生摩擦。

第四节　部件测绘和装配图画法

一、部件测绘

部件测绘是根据现有的部件（或机器），先画出零件草图，再画出装配图和零件图等全套图样的过程。

现以图 8-11 所示球阀为例，说明部件测绘的方法和步骤。

1. 了解测绘对象

通过观察和拆卸，了解部件的用途、性能、工作原理、结构特点、零件间的装配、连接关系和相对位置等。有产品说明书时，可对照说明书上的图来看，也可以参考同类产品的有关资料。总之，只有充分地了解测绘对象，才能使测绘工作顺利地进行。

图 8-11 所示球阀是用来切断或接通管路的部件。它由 12 种零件组成，阀体为主要零件。阀芯由手柄通过阀杆带动旋转，以控制通道的开启和关闭。阀芯由左右两个阀座定位并密封。阀盖与阀体由螺纹连接，结合面处用垫片密封；适当旋入压盖压紧密封环，防止液体

由阀杆处渗漏。

2. 拆卸部件、画装配示意图

通过拆卸，对各零件的作用和结构及零件之间的装配和连接关系做进一步了解，确定拆卸顺序。拆卸时须注意：为防止丢失和混淆，应将零件进行编号；对不便拆卸的连接、过盈配合的零件尽量不拆，以免损坏或影响精度；对标准件和非标准件最好分类保管。

球阀的拆卸顺序：先旋下螺母、垫圈，拆下手柄，再旋下压盖，取下阀杆、密封环及挡圈；旋下阀盖，取出阀芯完成拆卸。

对零件较多的部件，为便于拆卸后重装和为画装配图时提供参考，在拆卸过程中应画装配示意图。它是用规定符号和简单的线条绘制的图样，是一种表意性的图示方法，用于记录零件间的相对位置、连接关系和配合性质，注明零件的名称、数量和编号等。

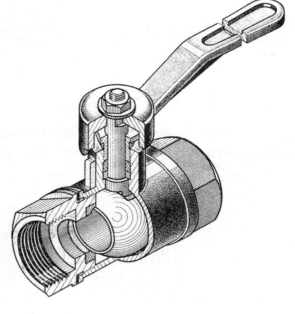

图 8-11 球阀

球阀的装配示意图，如图 8-12 所示。

装配示意图的画法：对一般零件可按其外形和结构特点形象地画出零件的大致轮廓；一般从主要零件和较大的零件入手，按装配顺序和零件的位置逐个画出示意图，可将零件当作透明体，其表达可不受前后层次的限制，并尽量将所有零件都集中在一个视图上表达出来。实在无法表达时，才画出第二个图（应与第一个视图保持投影关系）。画机构传动部分的示意图时，应按国家标准（GB/T 4460—2013）《机械制图 机构运动简图用图形符号》绘制。

3. 画零件草图

零件草图是画装配图和零件工作图

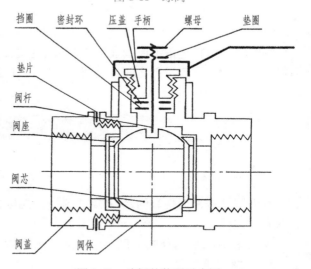

图 8-12 球阀的装配示意图

的依据。因此，在拆卸工作结束后，要对零件进行测绘，画出零件草图。球阀的零件草图如图 8-13 所示。

画零件草图时，应注意以下几点：

1）标准件可不画草图，但要测出其主要尺寸（如螺纹的大径 d、螺距 P；键长 L、宽 b 等）。然后查找有关标准，确定其标记代号，列出明细栏予以详细记录。

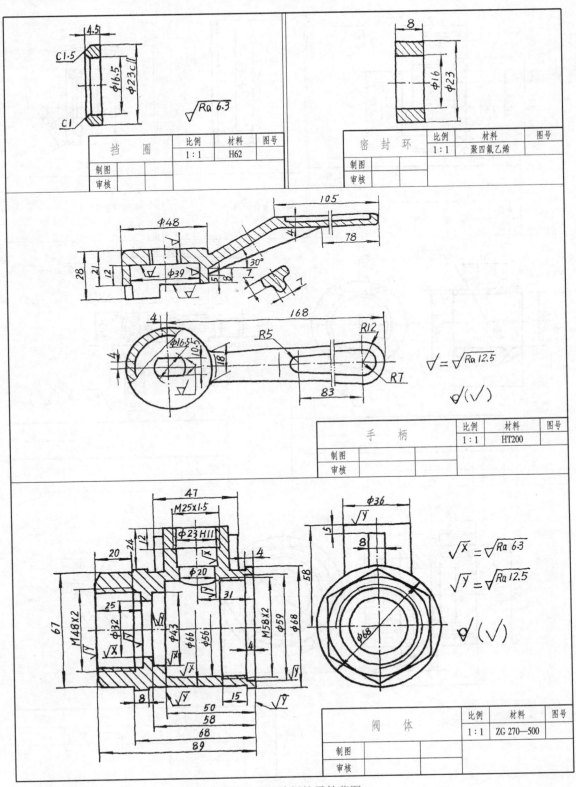

挡圈

	比例	材料	图号
	1:1	H62	
制图			
审核			

密封环

	比例	材料	图号
	1:1	聚四氟乙烯	
制图			
审核			

手柄

	比例	材料	图号
	1:1	HT200	
制图			
审核			

阀体

	比例	材料	图号
	1:1	ZG 270—500	
制图			
审核			

图 8-13　球阀的零件草图

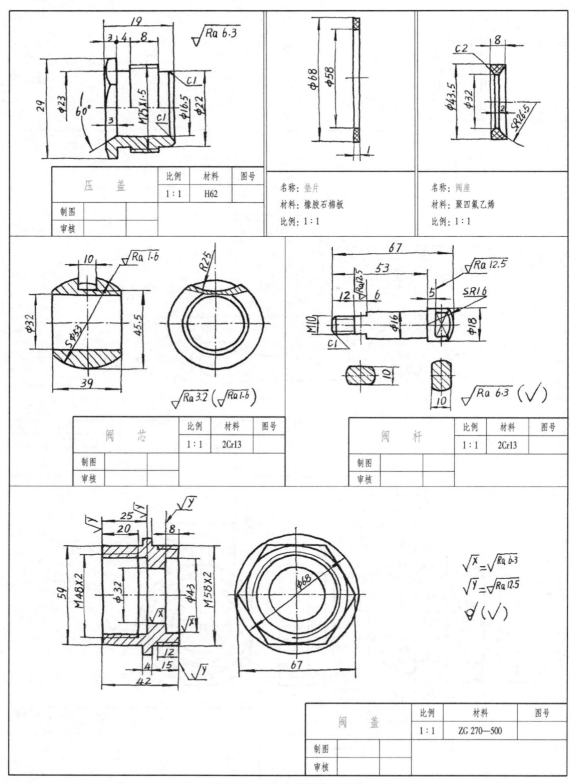

图 8-13 球阀的零件草图(续)

2）零件的配合尺寸，应正确判定其配合状况（可参阅有关资料），并成对地在两个零件草图上同时进行标注，如图 8-13 所示的阀体 $\phi23H11$、挡圈 $\phi23c11$。

4. 画装配图和零件工作图

根据零件草图和装配示意图绘制装配图，再根据装配图和零件草图绘制零件工作图。

二、装配图的画法

1. 选择表达方案

现以图 8-15 所示的球阀为例，说明装配图的画法。

（1）主视图的选择　主视图的选择应符合部件的工作位置或习惯放置位置。尽可能反映该部件的结构特点、工作状况及零件之间的装配、连接关系；应能明显地表示出部件的工作原理；主视图通常取剖视，以表达零件主要装配干线（如工作系统、传动路线）。图 8-15 中的主视图采用了全剖视，既明显地反映出球阀的结构特点，又将零件间的配合、连接关系表示得很清楚，同时也符合其工作位置。

（2）其他视图的选择　其他视图的选择应能补充主视图尚未表达或表达不够充分的部分。一般情况下，部件中的每一种零件至少应在视图中出现一次。如左视图采用了半剖，以补充表达阀杆与阀芯的装配关系。在俯视图中，为表示手柄的运动范围，采用了假想画法等。选择其他视图时还应注意，不可遗漏任何一个有装配关系的细小部位。

2. 画图步骤

1）定比例、选图幅、合理布图。在表达方案确定以后，根据部件的总体尺寸、复杂程度和视图数量确定绘图比例及标准的图纸幅面。布图时，应同时考虑标题栏、明细栏、零件编号、标注尺寸和技术要求等所需的位置。

2）绘制各视图的主要基准线。它们通常是指主要轴线（装配干线）、对称中心线、主要零件的基面或端面等（图 8-14a）。

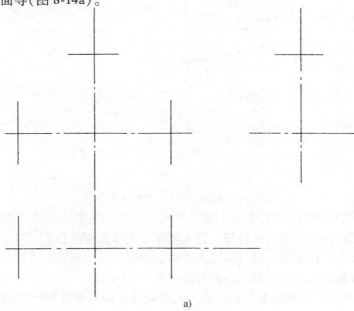

a)

图 8-14　球阀装配图的作图步骤

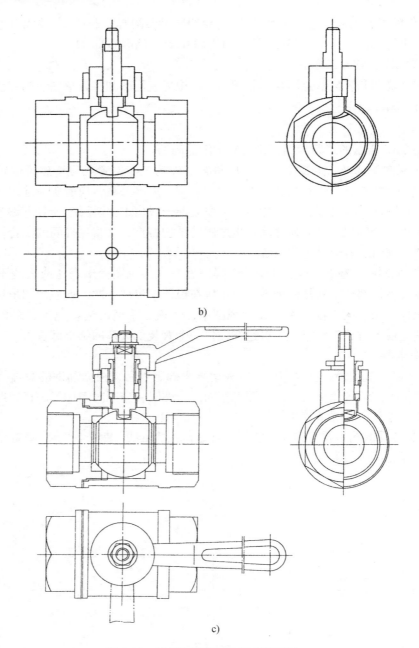

b)

c)

图 8-14　球阀装配图的作图步骤(续)

3) 绘制主体结构和与它直接相关的重要零件。不同的机器或部件，都有决定其特性的主体结构，在绘图时必须根据设计计算，首先绘制出主体结构的轮廓。与主体结构相接的重要零件也要相继画出。作图时，既可由里向外画，也可由外向里画。一般应先画主视图，一个视图一个视图地画，应注意各视图间的投影关系(图 8-14b)。

4) 绘制其他次要零件和细部结构。逐步画出主体结构与重要零件的细节，以及各种连接件如螺栓、螺母、键、销等(图 8-14c)。

5) 检查核对底稿，加深图线，画剖面线。

6) 标注尺寸，编写序号，画标题栏、明细栏，注写技术要求，完成全图（图 8-15）。

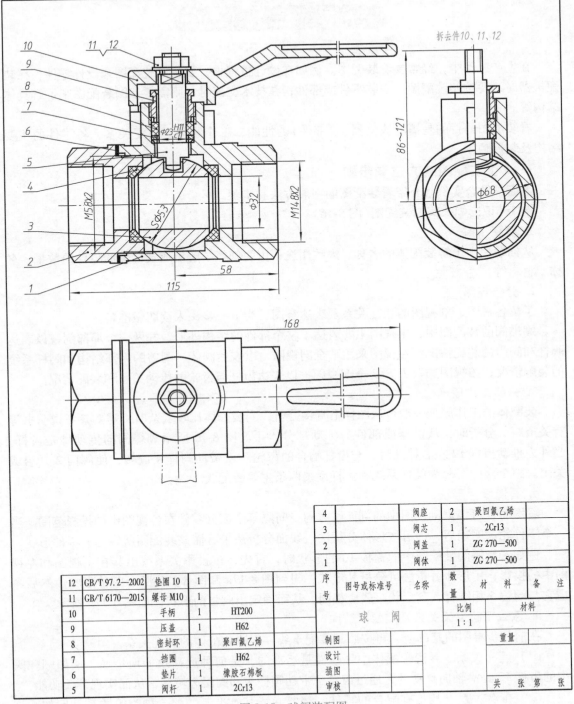

图 8-15　球阀装配图

4		阀座	2	聚四氟乙烯	
3		阀芯	1	2Cr13	
2		阀盖	1	ZG 270—500	
1		阀体	1	ZG 270—500	

12	GB/T 97.2—2002	垫圈 10	1		
11	GB/T 6170—2015	螺母 M10	1		
10		手柄	1	HT200	
9		压盖	1	H62	
8		密封环	1	聚四氟乙烯	
7		挡圈	1	H62	
6		垫片	1	橡胶石棉板	
5		阀杆	1	2Cr13	
序号	图号或标准号	名称	数量	材　料	备　注

球　阀		比例	材料		
		1：1			
制图				重量	
设计					
描图					
审核			共　张　第　张		

最后，在画零件工作图时，应对零件草图中的视图表达、尺寸标注和技术要求等内容进行修改和补充。

第五节 看 装 配 图

在生产工作中，经常要看装配图。例如在设计过程中，要按照装配图来设计零件；在装配机器时，要按照装配图来安装零件或部件；在技术交流时，则需要参阅装配图来了解具体结构等。

看装配图的目的是搞清该机器（或部件）的性能、工作原理、装配关系、各零件的主要结构及装拆顺序。

一、看装配图的方法和步骤

下面，结合实例来介绍看装配图的一般方法和步骤。

例1 识读蝴蝶阀的装配图（图8-16）。

1. 概括了解

从标题栏中了解装配体的名称、大致用途；由明细栏了解组成装配体的零件的数量、名称、材料等。

2. 分析视图

了解各视图、剖视图的相互关系及表达意图，为下一步深入读图做准备。

蝴蝶阀的装配图中，主视图主要表达了整个部件的结构外形，并做一个局部剖视以表达阀杆和阀门的装配情况；左视图采用了全剖视图，以表达阀体、阀盖的内部结构和阀杆系统的装配情况；俯视图选取了 B-B 全剖视图，以表达齿杆与齿轮的传动关系和装配情况。

3. 分析工作原理

装配体的工作原理一般可从图样上直接分析，当装配体比较复杂时，需要参考说明书等有关资料。分析时，从机器或部件的传动部分入手。图 8-16 所示蝴蝶阀的传动件是齿杆。当外力推动齿杆 12 左右移动时，与齿杆啮合的齿轮 7 就带动阀杆 4 旋转，使阀门 2 开启或关闭。整个阀门可分为阀杆系统和齿杆系统两条主要装配线。

4. 看懂零件形状

看图时，可根据剖视图中的剖面线方向、间隔等来区分零件在各视图中的投影范围。当一个零件轮廓明确后，即可按形体分析法、线面分析法来看懂该装配图所表达的零件形状。

例如看蝴蝶阀装配图中的盖板 10 的形状时，首先，按投影关系找出其在主视图和左视图中的投影，用形体分析法可分析其形状，得到图 8-17a 和图 8-17b 所示两种形状。然后考虑它与阀盖 5 相结合，其形状一般应相同，从而确定出阀板的形状，如图 8-17b 所示。

5. 深入了解装配关系及装配体结构

在前几步看图的基础上，再按照其装配干线，弄清装配体的装配关系。

（1）运动关系 弄清装配体中哪些件是运动的，是何种运动及如何传递。例如蝴蝶阀中的齿杆 12 是沿轴向移动的，通过齿轮 7 带动阀杆 4 和阀门 2 转动，从而实现开关功能。

（2）配合关系 凡是有配合的零件，都要弄清其基准制、配合种类等关系。例如，该图中所有的配合均为基孔制、间隙配合。其中，$\phi 12H8/h8$、$\phi 30H7/h6$ 是间隙配合中间隙量最小（可为零）的一种配合。

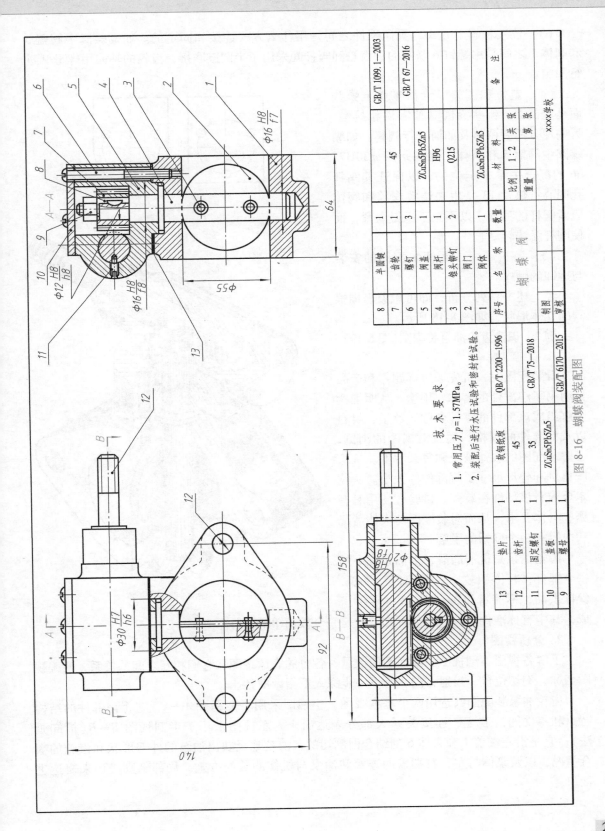

序号	名 称	数量	材 料	备 注
8	半圆键	1		GB/T 1099.1—2003
7	齿轮	1	45	
6	螺钉	3		GB/T 67—2016
5	阀盖	1	ZCuSn5Pb5Zn5	
4	阀杆	1	H96	
3	维头销钉	2	Q215	
2	阀门	1		
1	阀体	1	ZCuSn5Pb5Zn5	

蝴 蝶 阀

比例	1:2		
重量		共 张	
		第 张	
制图			xxxx学校
审核			

13	垫片	1	软钢纸板	QB/T 2200—1996
12	齿杆	1	45	GB/T 75—2018
11	固定螺钉	1	35	
10	盖板	1	ZCuSn5Pb5Zn5	GB/T 6170—2015
9	螺母	1		

技 术 要 求

1. 常用压力 p = 1.57MPa。
2. 装配后进行水压试验和密封性试验。

图 8-16 蝴蝶阀装配图

$\Phi16\frac{H8}{f7}$

55ϕ

64

$\Phi12\frac{H8}{h8}$

10

$\Phi16\frac{H8}{f8}$

$\Phi30\frac{H7}{h6}$

158

92

140

$\Phi20\frac{H8}{f8}$

A—A

B—B

（3）连接和固定方式　看懂零件之间是用什么方式连接和固定的。如蝴蝶阀中阀盖 5 和阀体 1 之间是用螺钉 6 联接的；齿轮和阀杆间采用了半圆键联接；齿轮的轴向用螺母 9 进行固定。

（4）定位和调整　弄清零件上哪些面是定位面，哪些面同其他零件相接触，哪些地方需要调整及如何进行调整。如蝴蝶阀中阀盖 5 和阀体 1 之间是用 φ30H7/h6 的配合关系来定位的，以保证其阀杆孔同心；垫片 13 是用来调整阀盖和阀体压紧阀杆的程度，以不至于压得太紧，而使阀杆无法转动。

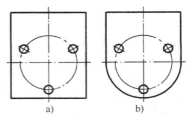

图 8-17　阀板形状分析

（5）装拆顺序　弄清装配体的安装与拆卸的顺序。

经上述一系列分析，即可想象出蝴蝶阀的立体形状，如图 8-18 所示。

例 2　识读齿轮油泵装配图(图 8-19)。

1. 概括了解

看装配图时，首先通过标题栏和产品说明书了解部件的名称、用途。从明细栏了解组成该部件的零件名称、数量、材料以及标准件的规格。通过对视图的浏览，了解装配图的表达情况和复杂程度。从绘图比例和外形尺寸了解部件的大小。从技术要求看该部件在装配、试验、使用时有哪些具体要求，从而对装配图的大体情况和内容有一个概括的了解。

齿轮油泵是机器润滑、供油系统中的一个部件；其体积较小，要求传动平稳，保证供油，不能有渗漏；由 17 种零件组成，其中有标准件 7 种。由此可知，这是一个较简单的部件。

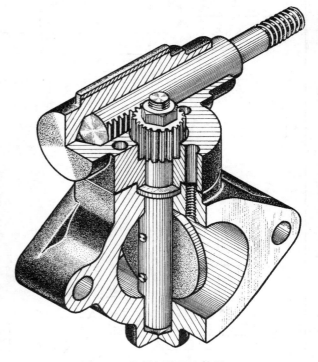

图 8-18　蝴蝶阀装配立体图

2. 分析视图

了解各视图、剖视图、断面图的数量，各自的表达意图和它们相互之间的关系，明确视图名称、剖切位置、投射方向，为下一步深入看图做准备。

齿轮油泵装配图共选用两个基本视图。主视图采用了全剖视 A—A，它将该部件的结构特点和零件间的装配、连接关系大部分表达出来。左视图采用了半剖视图 B—B(拆卸画法)，它是沿左端盖 1 和泵体 6 的结合面剖切的，清楚地反映出油泵的外部形状和齿轮的啮合情况，以及泵体与左、右端盖的连接和油泵与机体的装配方式。局部剖则是用来表达进油口。

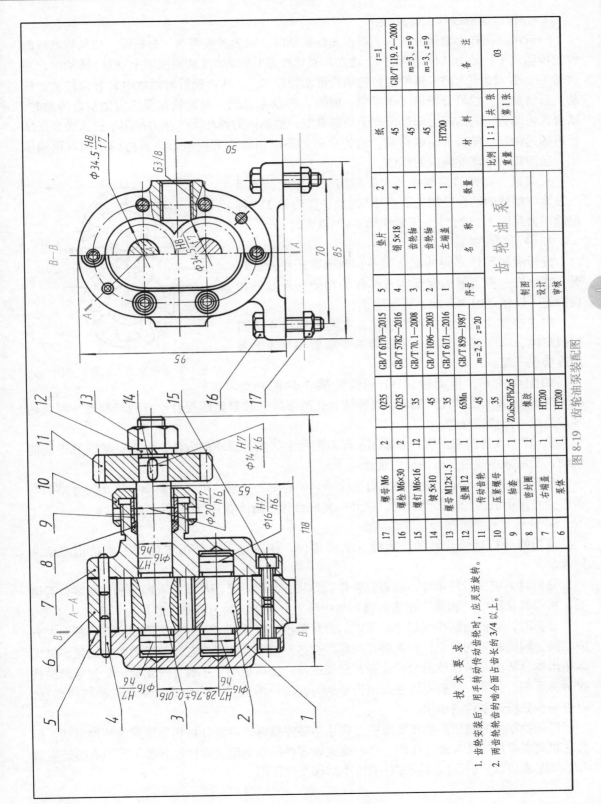

图 8-19 齿轮油泵装配图

3. 分析传动路线和工作原理

一般可从图样上直接分析,当部件比较复杂时,需参考说明书。分析时,应从机器或部件的传动入手:动力从传动齿轮 11 输入,当它按逆时针方向(从左视图上观察)转动时,通过键 14,带动齿轮轴 3,再经过齿轮啮合带动齿轮轴 2,从而使后者做顺时针方向转动。传动关系清楚了,就可分析出工作原理,如图 8-20 所示。当一对齿轮在泵体内做啮合传动时,啮合区内前边空间的压力降低而产生局部真空,油池内的油在大气压力作用下进入油泵低压区内的进油口,随着齿轮的转动,齿槽中的油不断沿箭头方向被带至后边的出油口把油压出,送至机器中需要润滑的部位。

凡属泵、阀类部件都要考虑防漏问题。为此,该泵在泵体与端盖的结合处加入了垫片 5,并在齿轮轴 3 的伸出端用密封圈 8、轴套 9、压紧螺母 10 加以密封。

4. 分析装配关系

分析清楚零件之间的配合关系、连接方式和接触情况,能够进一步了解为保证实现部件的功能所采取的相应措施,以使更加深入地了解部件。

如连接方式,从图中可以看出,它是采用以 4 个圆柱销定位、12 个螺钉紧固的方法将两个端盖与泵体牢靠地连接在一起。

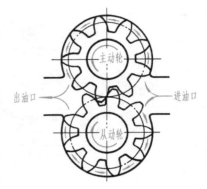

图 8-20 油泵工作原理示意图

如配合关系,传动齿轮 11 和齿轮轴 3 的配合为 $\phi14H7/k6$,属基孔制过渡配合。这种轴、孔两零件间较紧密的配合,有利于和键一起将两零件连成一体传递动力。

$\phi16H7/h6$ 为间隙配合,它采用了间隙配合中间隙为最小的方法,以保证轴在孔中既能转动,又可减小或避免轴的径向跳动。

尺寸 28.76 ± 0.016,则反映出对齿轮啮合中心距的要求。可以想象出,这个尺寸准确与否将会直接影响齿轮的传动情况。另外一些配合代号请读者自行分析。

5. 分析零件主要结构形状和用途

前面的分析是综合性的,为深入了解部件,还应进一步分析零件的主要结构形状和用途。

分析时,应先看简单件,后看复杂件。即将标准件、常用件及一看即明的简单零件看懂后,再将其从图中"剥离"出去,然后集中精力分析剩下的为数不多的复杂零件。

分析时,应依据剖面线划定各零件的投影范围。根据同一零件的剖面线在各个视图上方向相同、间隔相等的规定,首先将复杂零件在各个视图上的投影范围及其轮廓搞清楚,进而运用形体分析法并辅以线面分析法进行仔细推敲,还可借助丁字尺、三角板、分规等帮助找投影关系等。此外,分析零件主要结构形状时,还应考虑零件为什么要采用这种结构形状,以进一步分析该零件的作用。

当某些零件的结构形状在装配图上表达不够完整时,可先分析相邻零件的结构形状,根据它和周围零件的关系及其作用,再来确定该零件的结构形状就比较容易了。但有时还需参考零件图来加以分析,以弄清零件的细小结构及其作用。

6. 归纳总结

在以上分析的基础上，还要对技术要求和全部尺寸进行分析，并把部件的性能、结构、装配、操作、维修等几方面联系起来研究，进行总结归纳，这样对部件才能有一个全面的了解。

上述看图方法和步骤，是为初学者看图时理出一个思路，彼此不能截然分开。看图时还应根据装配图的具体情况而加以选用。

图 8-21 是齿轮油泵的轴测图，供看图时参考。

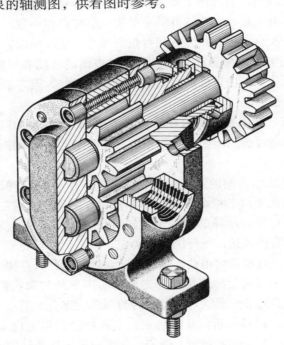

图 8-21 齿轮油泵轴测装配图

二、由装配图拆画零件图

在设计新机器时，通常是根据使用要求先画出装配图，确定实现其工作性能的主要结构，然后根据装配图再来画零件图。由装配图拆画零件图，简称"拆图"。拆图的过程，也是继续设计零件的过程。

1. 拆画零件图的要求

1）拆图前，必须认真阅读装配图，全面深入了解设计意图，分析清楚装配关系、技术要求和各个零件的主要结构。

2）画图时，要从设计方面考虑零件的作用和要求，从工艺方面考虑零件的制造和装配，使所画的零件图既符合设计要求又符合生产要求。

2. 拆画零件图应注意的几个问题

（1）完善零件结构　装配图主要是表达装配关系，因此对某些零件的结构形状往往表达得不够完整，在拆图时，应根据零件的功用加以补充、完善。

（2）重新选择表达方案　装配图的视图选择是从表达装配关系和整个部件情况考虑的，因此在选择零件的表达方案时不能简单照搬，应根据零件的结构形状，按照零件图的视图选择原则重新考虑。当然，许多零件，尤其是箱体类零件的主视图方位与装配图还是一致的。对于轴套类零件，一般仍按加工位置(轴线水平放置)选取主视图。

（3）补全工艺结构　在装配图上，零件的细小工艺结构，如倒角、倒圆、退刀槽等往往被省略。拆图时，这些结构必须补全，并加以标准化。

（4）补齐所缺尺寸，协调相关尺寸　因为装配图上的尺寸很少，所以拆图时必须补全。装配图上已注出的尺寸，应在相关零件图上直接注出；未注的尺寸，则由装配图上按所用比例量取，数值可做适当圆整。装配图上尚未体现的，则需自行确定。

相邻零件接触面的有关尺寸和连接件的有关定位尺寸必须一致，拆图时应一并将它们注在相关零件图上；对于配合尺寸和重要的相对位置尺寸，应注出偏差数值。

（5）确定表面粗糙度　表面粗糙度应根据零件表面的作用和要求确定。接触面与配合面的表面粗糙度值要低些，自由表面的表面粗糙度值要高些。但有密封、耐腐蚀、美观等要求的表面粗糙度值则要低些。

（6）注写技术要求　技术要求将直接影响零件的加工质量。但正确制定技术要求，涉及许多专业知识，初学者可参照同类产品的相应零件图用类比法确定。

　3. 拆画零件图举例

下面以拆画图 8-19 所示齿轮油泵装配图中的右端盖为例，介绍拆图的方法和步骤。

（1）确定零件的结构形状　根据零件序号 7 和剖面符号看出，右端盖的投影轮廓分明，左连接板、中支承板、右空心凸缘的结构也比较清楚，但连接板、支承板的端面形状不明确，而左视图上又没有直接表达，需仔细分析确定。

从主视图上看，左、右端盖的销孔、螺孔均与泵体贯通；从左视图上看，销孔、螺孔的分布情况很清楚；而两个端盖上的连接板、支承板的内部结构和它们所起的作用又基本相同，据此，可确定右端盖的端面形状与左端盖的端面形状完全相同。

（2）选择表达方案　经过分析、比较确定，主视图的投射方向应与装配图一致。它既符合该零件的安装位置、工作位置和加工位置，又突出了零件的结构形状特征。主视图也采用全剖视，既可将三个组成部分的外部结构及其相对位置反映出来，也可将其内部结构，如阶梯孔、销孔、螺孔等表达得很清楚。那么，该件的端面形状怎样表达呢？总的看，选左视图或右视图均可。如选右视图，其优点是避免了细虚线，但视图位置发生了变化，不便与装配图对照；若选左视图，长圆形支承板的投影轮廓则为细虚线，但可省略几个没必要画出的圆，使图形更显清晰，制图更为简便，同时也便于和装配图对照，故左视图也应与装配图一致。

（3）标注尺寸　除了标注装配图上已给出的尺寸和可直接从装配图上量取的一般尺寸外，又确定了几个特殊尺寸。

1）根据 M6 查表确定了内六角圆柱头螺钉用的沉孔尺寸，即 $6×\phi6.6$ 和沉孔 $\phi11$ 深 6.8；根据附表 1 确定了细牙普通螺纹 $M27×1.5$ 的尺寸。

2）查附表 13，根据螺纹大径 d(M27)和螺距 P1.5—细牙(附表 1)，确定了退刀槽的直径尺寸为 $\phi24.7$，经圆整为 $\phi25$。

3）为了保证圆柱销定位的准确性，确定销孔应与泵体同钻铰。

4）确定了沉孔、销孔的定位尺寸 R22 和 45°，该尺寸则必须与左端盖和泵体上的相关尺寸协调一致。

（4）确定表面粗糙度　有钻铰的孔和有相对运动的孔的表面粗糙度都较低（参数值较小），故给出的 Ra 分别为 $0.8\mu m$ 和 $1.6\mu m$；其他表面的表面粗糙度要求则是按常规给出的。

（5）技术要求　参考有关同类产品的资料进行了注写，并根据装配图上给出的公差带代号查出了相应的公差值。

图 8-22 示出了右端盖的零件图。

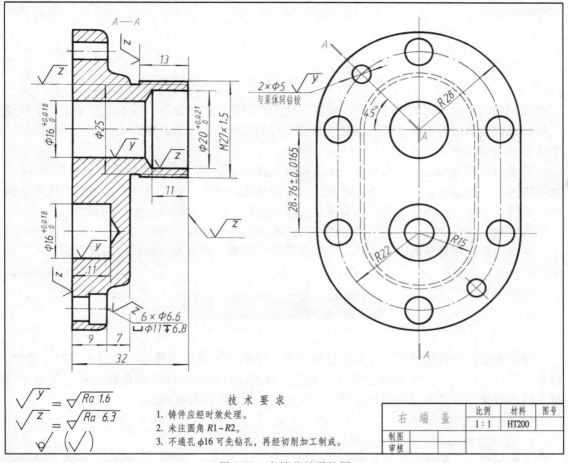

图 8-22　右端盖的零件图

管　路　图

现代化的石油、天然气的生产与输送，化工产品的生产与储存，建筑工程中的供水与供气等，都需要通过管道来实现。因此，管道工程的设计与施工，已成为现代化生产建设中一个重要的组成部分。

管道通常需要用法兰、弯头、三通等管件连接起来。在生产中通过管道输送的油、气、水等物料，一般要求定时、定压、定量、定向地完成，这样，管道必然要与塔罐、机泵、阀门、容器、控制件、测量表等设备有机地连接成系统，以满足设计与生产的要求。

以管道与管件为主体，用来指导生产与施工的图样，称为管路图。

本章简要介绍管路的图示方法，管路布置图的作用、内容及管路图的阅读方法。

第一节　管路布置图

管路布置图又称配管图。管路布置图主要用标准中所规定的符号，表示出管路、建筑、设备、阀件、仪表、管件等的相互位置关系，要求标有准确的尺寸和比例，并注明施工数据、技术要求、设备型号和管件规格等，图 9-1 为一局部管路布置图。

一、管道的图示方法

1. 管道的表示法

在管路图中，管道一般用单线（粗实线）表示。如图 9-2a 所示：立面图上的粗实线即表示管道的投影，平面图上的投影用一小圆点，再以此为圆心加画一个细实线的小圆表示。也可以只画出一个小圆，其圆心不画点，如图 9-2b 所示。如果只画一段管道，应在其中断处画上断裂符号，如图 9-2c 所示。大径（≥400mm）或重要管道用双线（中实线）表示，如图 9-2d 所示（不应画出管道壁厚的投影）。

2. 管道转折的表示法（图 9-3）

图 9-3a 为管道向上弯折 90° 的画法。单线图中，画其平面图时，先看到立管的断口，后看到横管，故立管的投影应画成一个有圆心点的小圆，横管的投影应画至小圆边；其双线圆应根据投影规律画出。

图 9-3b 为管道向下弯折 90° 的画法。单线图中，画其平面图时，先看到横管，立管的断口在下面看不到，故立管应画成小圆，横管画至小圆的圆心。双线图应根据投影规律画出。

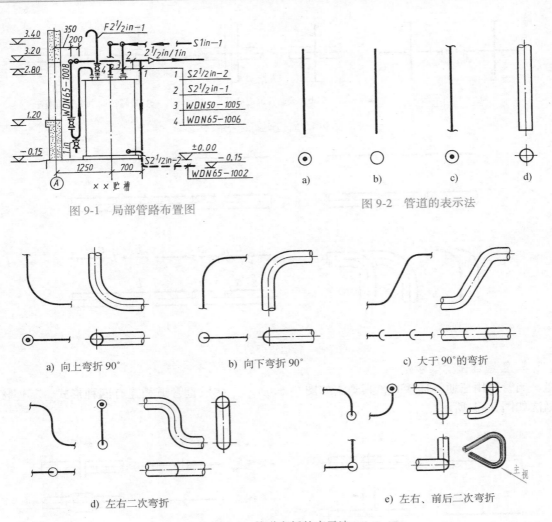

图 9-1　局部管路布置图

图 9-2　管道的表示法

a) 向上弯折 90°　　　b) 向下弯折 90°　　　c) 大于 90°的弯折

d) 左右二次弯折　　　e) 左右、前后二次弯折

图 9-3　管道弯折的表示法

图 9-3c 为大于 90°弯折管道的画法。其单线图的画法同 90°弯管的画法很相似，只是在弯折处应画成半个小圆，先看到的管段画至半圆的圆心，后看到的管段画至半圆边。

二次弯折管道的画法，如图 9-3d、e 所示。图 9-3d 为在同一平面上的左右二次弯折画法。图 9-3e 为在两个平面上左右、前后的二次弯折画法，其空间走向见其直观图。

3. 管道交叉的表示法

当管道交叉时，一般表示法如图 9-4a 所示。当需要表示两管道的相对位置时，将先看到管道的投影全部显示，后看到被遮管道的投影断开，如图 9-4b 所示。若被遮管子为主要管道时，也可将上（前）方管道的投影断开，但应画上断裂符号，如图 9-4c 所示。

4. 管道重叠的表示法

当管道的投影重合时，将可见管道的投影断裂表示，不可见管道的投影则画至重影处（稍留间隙），如图 9-5a 所示。当多条管道的投影重合时，最上一条画双重断裂符号，如图 9-5b 所示，也可在管道投影断开处注上 a、a 和 b、b 等小写字母，以便于区分，如图 9-5d 所示。当管道转折后投影重合时，则下面的管画至重影处并稍留间隙，如图 9-5c 所示。

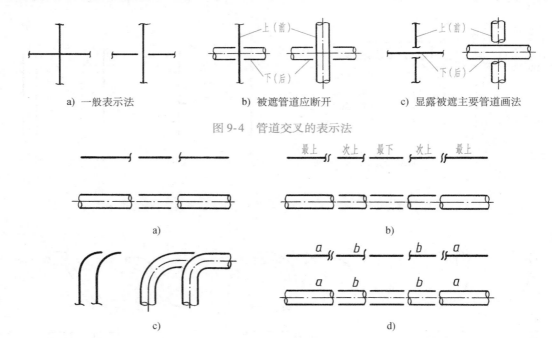

a) 一般表示法　　　　　b) 被遮管道应断开　　　　c) 显露被遮主要管道画法

图 9-4　管道交叉的表示法

图 9-5　管道重叠的表示法

5. 管道连接的表示法

当管道用三通等连接时，其画法如图 9-6a 所示。两段直管道相连有四种形式，其连接画法如图 9-6b 所示。

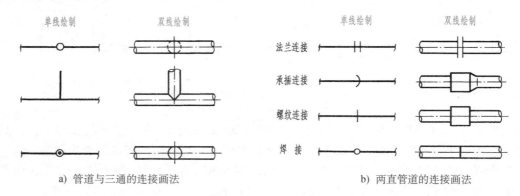

a) 管道与三通的连接画法　　　　　　　　b) 两直管道的连接画法

图 9-6　管道连接的表示法

6. 阀门及控制元件的表示法

阀门在管路中用来调节流量、切断或切换管路，对管路起安全、控制作用。常用阀门的图形符号及控制元件符号须查阅相应标准。

阀门与管道的连接方式，如图 9-7a 所示。阀门的安装方位，一般应在管路图中画出，如图 9-7b 所示(该控制元件为手动方式)。

7. 管件的表示法

管路一般用弯头、三通、四通、管接头等附件连接，常用管件的图形符号如图 9-8 所示。管件与管道的连接画法，可参阅图 9-7a。

螺纹连接
法兰连接
焊接连接
a)
b)

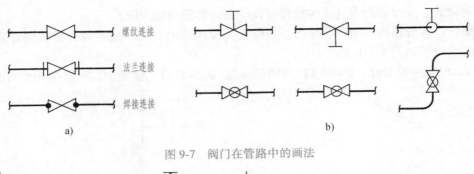

图 9-7 阀门在管路中的画法

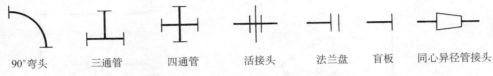

90°弯头
三通管
四通管
活接头
法兰盘
盲板
同心异径管接头

图 9-8 管件的表示法

8. 管架的表示法

管路通常用管架安装固定，管架的形式及位置一般采用符号在平面图上表示出来。管架有固定型、活动型、导向型和复合型等，管架的图示符号如图 9-9 所示。

管路布置图中，一般需要在图纸的右上角画出方位记号，以作为管路安装的定位基准。方位标记应与相应的建筑图及设备布置图相一致，箭头指向建筑北向，如图 9-10 所示。

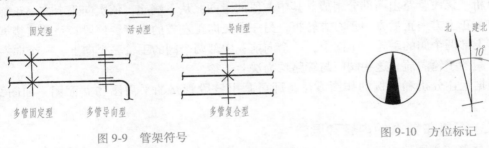

固定型
活动型
导向型
多管固定型
多管导向型
多管复合型

图 9-9 管架符号

北
建北
10°

图 9-10 方位标记

例 1 已知一管路的轴测图(图 9-11a)，试画出其主、俯、左、右四面投影。

主视方向
a)
b)

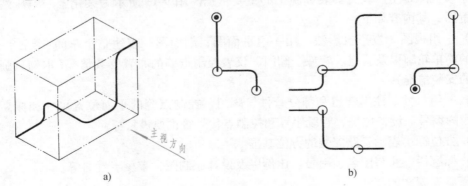

图 9-11 管道转折的投影图画法

分析 从轴测图中可以看出，该管路的“六段”均垂直于相应的投影面，其走向为从左端起，依次向正右方→正上方→正前方→正右方→正上方→正右方转折，故可根据管道转折的规定画法，按投影面垂直线的投影特性画出该管路的轴测图。

作图　应从管路的左端开始作图，一段接一段地画出，每一段的四面投影最好同时画，完成的四面投影如图9-11b所示。

例2　已知一段管路(安装有阀门)的轴测图(图9-12a)，试画出其平面图和立面图。

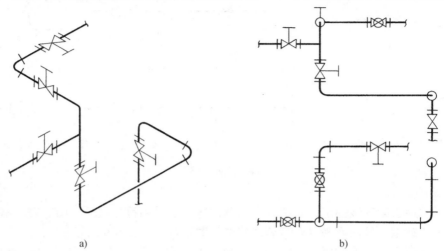

a)　　　　　　　　　　　　　　　b)

图9-12　管道转折的投影图画法

分析　该段管路由两部分组成。其中右段的走向：从下端起，依次向正上方→正前方→正左方→正上方→正后方→正右方转折；另一段是向正左方的支管。该段管路共连接五个截止阀，上部两个阀的手轮一个向上，一个向前；中部两个阀的手轮一个向上，一个向右；下部一个阀的手轮向前。这些阀门与管路均为法兰连接。

根据上述分析和前例的作图方法，即可画出该段管路的平面图和立面图，如图9-12b所示。

二、管路布置图的内容和画法

1. 管路布置图的内容

管路布置图是生产装置安装和施工的重要依据。图9-13所示为某化工厂空压站除尘器管路布置图，其内容如下：

（1）一组视图　按正投影法，用一组平面图、剖面图，表达整个车间(装置)的设备，建筑物的简单轮廓以及管道、管件、阀门、仪表控制点等的布置安装情况(本例只画出除尘器部分的安装情况)。

（2）一组尺寸　注出管道和部分管件、阀门、控制点等的平面位置尺寸和标高，对建筑物轴线的编号、设备位号、管段序号和控制点代号等也要进行标注。

（3）方位标　表示管路安装的方位基准。

（4）标题栏　注写图名、图号、比例以及设计、制图、审核者姓名等。

2. 管路布置图的画法

下面以图9-13为例，说明绘图管路布置图的方法与步骤。

（1）确定表达方案　绘制管路布置图，应以施工流程图和设备布置图为依据。从除尘器部分所需表达的内容来看，选择一个±0.00平面布置图和一个2—2剖面图即可将其表达清楚。

（2）确定比例，选择图幅，合理布图　表达方案确定之后，应根据建筑物的大小及管路布置的复杂程度，选择恰当的比例和图幅，并对图位进行合理的布局。

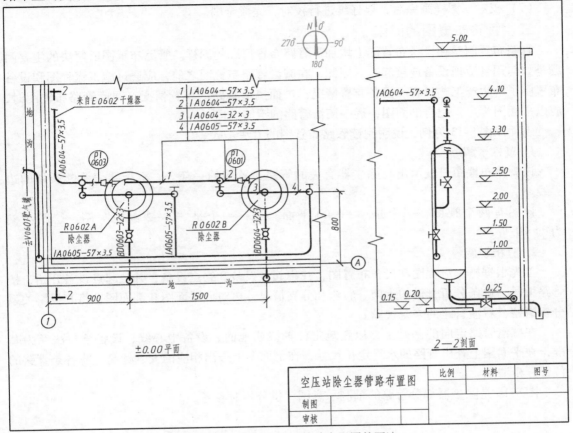

图 9-13　空压站除尘器管路布置图的画法

（3）画管路布置平面图

1）平面图的配置，一般应与设备布置图中的平面图一致。用细实线画出厂房平面图，其表达要求和画法基本上与设备布置图相同。与管路布置无关的内容可以简化。

2）用细实线、按比例画出设备的平面布置。所画的设备形状与设备布置图中的设备形状应基本相同。

3）画出管路上各管件、阀门、控制点的规定符号；根据管路线型规格和管路连接的规定画法，画出管路平面图。

（4）画管路布置剖面图

1）用细实线画出地平线以上的建筑物和设备基础部分。

2）用细实线画出带管口的设备示意图。

3）画出管路上各管件、阀门、控制点的规定符号；根据管路线型规格和管路连接的规定画法，画出管路剖面图。

（5）标注尺寸、编号及代号等

1）依次注出厂房定位轴线、标高尺寸；设备的定位尺寸；管路的定位尺寸。

2）依次注写管路的编号、规格和介质流向等。

（6）绘制方向标、标题栏及注写说明　在图纸的右上角或平面布置图的右上角画出方向标，作为管路安装的定向基准。绘制标题栏并注写必要的说明。

（7）校对　图样画完后，要仔细进行校对，完成全图。

三、管路布置图的阅读

管路布置图是在设备布置图上增加了管路布置情况的图样。管路布置图所解决的主要问题是如何用管道把设备连接起来。因此，在阅读管路布置图之前，应通过施工流程图和设备布置图了解生产工艺过程和设备布置情况，进而搞清管路的布置情况。阅读管路布置图时，应以平面图为主，配合剖面图，逐一搞清管路的空间走向。

下面以图9-13为例，说明阅读管路布置图的方法步骤。

1. 概括了解

该管路布置图只表示出与除尘器有关的管路布置图的一部分，双折线表示断裂处的边界线。

该图有两个视图，一个是"±0.00平面"图，一个是"2—2剖面"图，绘图比例为1：10。

2. 分析视图

首先根据施工流程图和设备布置图，找出起点设备和终点设备，并从起点设备开始，按管路编号，逐条分析管道的走向、转弯和分支情况，再对照平面图和剖面图，将其投影关系分析清楚，看懂管路的来龙去脉。

在搞清管路走向的基础上，以建筑定位轴线或地面、设备中心线、设备管口法兰为基准，在平面图上查出管路的水平定位尺寸，在剖面图上查出相应的安装标高，将各条管路的位置分析清楚。

图9-14是除尘器部分管路的轴测示意图，供分析时参考。

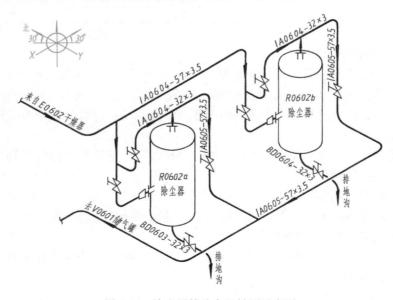

图9-14　除尘器管路布置轴测示意图

从±0.00平面图和2—2剖面图中可以看出，来自干燥器 E0602 的管路 IA0604—57×3.5（标高为 4.10m），到达除尘器 R0602a 的左侧时分成两路：一路继续向右至另一台除尘器 R0602b；另一路向下，在标高 2.00m 处又分成两路，一路继续向下，经过阀门（标高为 1.50m）后，在标高为 1.00m 处向右拐弯，经过同心异径管接头后，与除尘器 R0602a 的管口相接。另一路（IA0604—32×3）向前至除尘器前后对称平面时向上拐弯（标高为 2.00m），经过阀门（标高为 2.50m）后，到达标高为 4.10m 处向右拐弯，经过除尘器 R0602a 的顶端时，与来自除尘器的管路相接，然后继续向右，再拐弯向下，在标高为 0.25m 处拐弯向前，与来自除尘器 R0602b 的管路 IA0605—57×3.5 相接，出厂房后向上、向后拐弯去储气罐 V0601。

除尘器底部的排污管 BD0604—32×3 至标高为 0.20m 处向前，穿过墙壁后排入地沟。

3. 综合归纳

在弄清管路的空间走向及各管路之间的相对位置后，还要了解管路及其附件的安装布置情况。最后将其全部信息加以综合归纳，从而对图样所表达的内容形成一个完整的认识。

第二节　管路轴测图

一、管路轴测图的作用与内容

管路轴测图又称管段图（图 9-15）。它是一种立体图，能把平面图、立（剖）面图中复杂交错的管道在一个图面上直观地表示出来，使施工人员很快看懂，便于施工。因此，管路轴测图在施工中占有重要地位，也是管路布置设计发展的趋势。

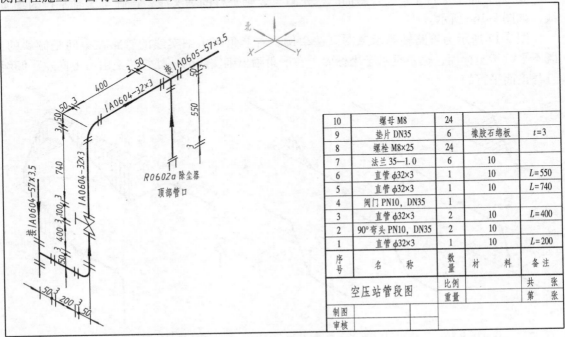

10	螺母 M8	24		
9	垫片 DN35	6	橡胶石绵板	$t=3$
8	螺栓 M8×25	24		
7	法兰 35—1.0	6	10	
6	直管 φ32×3	1	10	$L=550$
5	直管 φ32×3	1	10	$L=740$
4	阀门 PN10, DN35	1		
3	直管 φ32×3	1	10	$L=400$
2	90°弯头 PN10, DN35	2	10	
1	直管 φ32×3	1	10	$L=200$
序号	名　称	数量	材　料	备注
空压站管段图		比例		共　张
		重量		第　张
制图				
审核				

图 9-15　空压站管段图

管路轴测图包括以下内容:

(1) 图形　画出管路轴测图及管路上的附件、阀门、控制点等图形和符号。

(2) 标注　注出管段编号,管段所连接设备的位号、管口序号(或其他管段的编号)及安装尺寸等。

(3) 方位标　安装方位的基准(该方向标应与管路方向标一致,画在图形的右上方)。

(4) 材料表　列表说明管段所需要的材料、尺寸、规格和数量等。

(5) 标题栏　注写图名、图号、比例及设计、制图、审核人员姓名等。

二、管路轴测图的表示方法

1. 管路轴测图的画法

1) 绘制管段图可不按比例,但各种阀门、管件的大小及在管段中的位置要协调、匀称。

2) 管路轴测图一般采用正等测绘制。管路一律用粗实线绘制,管件(弯头、三通除外)、阀门等用规定符号以细实线绘制,并在适当位置画出介质的流向箭头,如图 9-15 所示。交叉的空间管路在轴测图上相交时,被遮住的管路处要断开。画轴测图的顺序一般是先画前面,再画后面;先画上面,再画下面。

3) 当管路不平行于直角坐标轴时,应画出平行于相应轴测轴的细实线,以表示管路所处的平面及相关的坐标平面,具体画法如图 9-16 所示。

① 当管路在与水平投影面平行的平面内倾斜时,画出与 Y 轴平行的细实线,如图9-16a所示。

② 当管路在与水平投影面垂直的平面内倾斜时,画出与 Z 轴平行的细实线,如图9-16b所示。

③ 当管路不平行于任何投影面时,先画与 Z 轴平行的细实线,再画与 Y 轴平行的细实线,如图 9-16c 所示。

图 9-17 所示为管路轴测示意图画法举例。右上角画出细实线的管路在空间是倾斜的,既不平行于坐标面,也不垂直于坐标面。右下角画出细实线的一处管路是由右上向左下倾斜且与正面平行的。

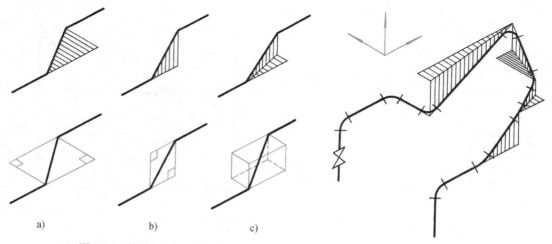

a)　　　　b)　　　　c)

图 9-16　管路倾斜时的表示法　　　　图 9-17　管路轴测示意图画法举例

2. 管路轴测图的尺寸与标注

1）注出管子、管件、阀门等为满足加工预制及安装所需的全部尺寸。为保证安装的准确性，如阀门长度、垫片厚度等细节尺寸也应标注。

2）尺寸界线应从管件中心线或法兰面引出，尺寸线与标注的管路平行。

3）注出管路所连接的设备位号和管子序号。

4）列出材料表，注出管段所需的材料、尺寸、规格和数量等。

根据上述介绍，阅读图 9-15 所示的管路轴测图，加深对管段图的理解。

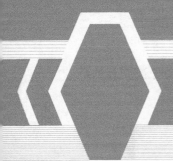

附　　录

附表1　普通螺纹牙型、直径与螺距(摘自 GB/T 192—2003,GB/T 193—2003)　（单位:mm）

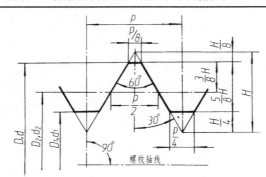

D——内螺纹基本大径(公称直径)

d——外螺纹基本大径(公称直径)

D_2——内螺纹基本中径

d_2——外螺纹基本中径

D_1——内螺纹基本小径

d_1——外螺纹基本小径

P——螺距

H——原始三角形高度

标记示例:

M10(粗牙普通外螺纹、公称直径 d=10、右旋、中径及大径公差带均为6g、中等旋合长度)

M10×1-LH(细牙普通内螺纹、公称直径 D=10、螺距 P=1、左旋、中径及小径公差带均为6H、中等旋合长度)

公称直径 D、d			螺　距　P			
第一系列	第二系列	第三系列	粗　牙	细　牙		
4			0.7	0.5		
5			0.8	0.5		
		5.5			0.5	
6			1			0.75
	7		1	0.75		
8			1.25		1、0.75	
		9	1.25			1、0.75
10			1.5	1.25、1、0.75		
		11	1.5		1.5、1、0.75	
12			1.75			1.25、1
	14		2	1.5、1.25、1		
		15			1.5、1	
16			2			1.5、1
		17		1.5、1		
	18		2.5		2、1.5、1	
20			2.5			2、1.5、1
	22		2.5	2、1.5、1		
24			3		2、1.5、1	
		25				2、1.5、1
		26		1.5		
	27		3		2、1.5、1	
		28				2、1.5、1
30			3.5	(3)、2、1.5、1		
		32			2、1.5	
	33		3.5			(3)、2、1.5

公称直径 D、d			螺 距 P		
第一系列	第二系列	第三系列	粗 牙	细 牙	
36		35	4	1.5	3、2、1.5
		38			1.5
	39		4		3、2、1.5

注：M14×1.25 仅用于发动机火花塞；M35×1.5 仅用于轴承的锁紧螺母。

附表2　六角头螺栓　　　　　　　　　　（单位：mm）

六角头螺栓—C级（摘自 GB/T 5780—2016）

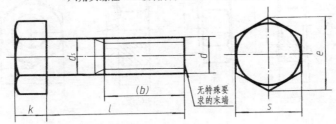

标记示例：

螺栓　GB/T 5780　M20×100

（螺纹规格 d=M20、公称长度 l=100、性能等级为 4.8 级、表面不经处理、杆身半螺纹、C 级的六角头螺栓）

六角头螺栓—全螺纹—C级（摘自 GB/T 5781—2016）

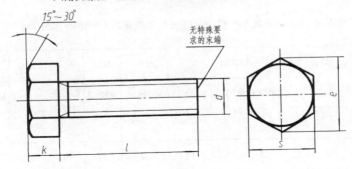

标记示例：

螺栓　GB/T 5781　M12×80

（螺纹规格 d=M12、公称长度 l=80、性能等级为 4.8 级、表面不经处理、全螺纹、C 级的六角头螺栓）

螺纹规格 d		M5	M6	M8	M10	M12	M16	M20	M24	M30	M36	M42	M48
b参考	$l\leqslant125$	16	18	22	26	30	38	46	54	66	—	—	—
	$125<l\leqslant200$	22	24	28	32	36	44	52	60	72	84	96	108
	$l>200$	35	37	41	45	49	57	65	73	85	97	109	121
k公称		3.5	4.0	5.3	6.4	7.5	10	12.5	15	18.7	22.5	26	30
s_{max}		8	10	13	16	18	24	30	36	46	55	65	75
e_{min}		8.6	10.9	14.2	17.6	19.9	26.2	33.0	39.6	50.9	60.8	71.3	82.6
d_{smax}		5.48	6.48	8.58	10.58	12.7	16.7	20.84	24.84	30.84	37.0	43.0	49.0
l范围	GB/T 5780—2016	25~50	30~60	40~80	45~100	55~120	65~160	80~200	100~240	120~300	140~360	180~420	200~480
	GB/T 5781—2016	10~40	12~50	16~65	20~80	25~100	35~100	40~100	50~100	60~100	70~100	80~420	90~480
l系列		10、12、16、20~50（5 进位）、（55）、60、（65）、70~160（10 进位）、180、220~500（20 进位）											

注：1. 括号内的规格尽可能不用。末端按 GB/T 2—2016 规定。

　　2. 螺纹公差：8g（GB/T 5780—2016）；8g（GB/T 5781—2016）；机械性能等级：4.6 级、4.8 级；产品等级：C。

附表 3　六角螺母　　　　　　　　　　　　　　　　（单位:mm）

1 型六角螺母—A 和 B 级(摘自 GB/T 6170—2015)

1 型六角螺母—细牙—A 和 B 级(摘自 GB/T 6171—2016)

六角螺母—C 级(摘自 GB/T 41—2016)

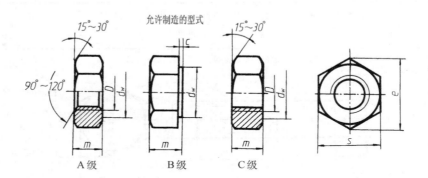

标记示例:

螺母　GB/T 41　M12

(螺纹规格 D=M12、性能等级为 5 级、表面不经处理、C 级的 1 型六角螺母)

螺母　GB/T 6171　M24×2

(螺纹规格 D=M24、螺距 P=2、性能等级为 10 级、表面不经处理、B 级的 1 型细牙六角螺母)

螺纹规格	D	M4	M5	M6	M8	M10	M12	M16	M20	M24	M30	M36	M42	M48
	$D×P$	—	—	—	M8×1	M10×1	M12×15	M16×15	M20×2	M24×2	M30×2	M36×3	M42×3	M48×3
	c	0.4	0.5		0.6				0.8			1		
	s_{max}	7	8	10	13	16	18	24	30	36	46	55	65	75
e_{min}	A、B 级	7.66	8.79	11.05	14.38	17.77	20.03	26.75	32.95	39.95	50.85	60.79	72.02	82.6
	C 级	—	8.63	10.89	14.2	17.59	19.85	26.17						
m_{max}	A、B 级	3.2	4.7	5.2	6.8	8.4	10.8	14.8	18	21.5	25.6	31	34	38
	C 级	—	5.6	6.1	7.9	9.5	12.2	15.9	18.7	22.3	26.4	31.5	34.9	38.9
d_{wmin}	A、B 级	5.9	6.9	8.9	11.6	14.6	16.6	22.5	27.7	33.2	42.7	51.1	60.6	69.4
	C 级	—	6.9	8.7	11.5	14.5	16.5	22						

注: 1. P——螺距。

2. A 级用于 D≤16 的螺母; B 级用于 D>16 的螺母; C 级用于 M5~M64 的螺母。

3. 螺纹公差: A、B 级为 6H, C 级为 7H; 机械性能等级: A、B 级为 6、8、10 级, C 级为 4 级(M16~M39)或 5 级(≤M16)或按协议(>M39)。

附表4 双头螺柱(摘自 GB/T 897~900—1988)　　　　　　　　(单位:mm)

$b_m = 1d$ (GB/T 897—1988)；　　　$b_m = 1.25d$ (GB/T 898—1988)；
$b_m = 1.5d$ (GB/T 899—1988)；　　　$b_m = 2d$ (GB/T 900—1988)

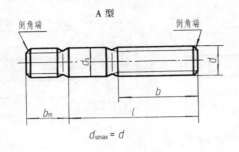
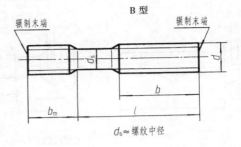

A 型　　　　　　　　　　　　　　　B 型

$d_{smax} = d$　　　　　　　　　　　　$d_s \approx$ 螺纹中径

标记示例:

螺柱　GB/T 900　M10×50

(两端均为粗牙普通螺纹、$d=10$、$l=50$、性能等级为 4.8 级、不经表面处理、B 型、$b_m = 2d$ 的双头螺柱)

螺柱　GB/T 900　AM10-M10×1×50

(旋入机体一端为粗牙普通螺纹、旋螺母一端为螺距 $P=1$ 的细牙普通螺纹、$d=10$、$l=50$、性能等级为 4.8 级、不经表面处理、A 型、$b_m = 2d$ 的双头螺柱)

螺纹规格	b_m(旋入机体端长度)				l/b(螺柱长度/旋螺母端长度)				
d	GB/T 897	GB/T 898	GB/T 899	GB/T 900					
M4	—	—	6	8	$\dfrac{16\sim22}{8}$	$\dfrac{25\sim40}{14}$			
M5	5	6	8	10	$\dfrac{16\sim22}{10}$	$\dfrac{25\sim50}{16}$			
M6	6	8	10	12	$\dfrac{20\sim22}{10}$	$\dfrac{25\sim30}{14}$	$\dfrac{32\sim75}{18}$		
M8	8	10	12	16	$\dfrac{20\sim22}{12}$	$\dfrac{25\sim30}{16}$	$\dfrac{32\sim90}{22}$		
M10	10	12	15	20	$\dfrac{25\sim28}{14}$	$\dfrac{30\sim38}{16}$	$\dfrac{40\sim120}{26}$	$\dfrac{130}{32}$	
M12	12	15	18	24	$\dfrac{25\sim30}{16}$	$\dfrac{32\sim40}{20}$	$\dfrac{45\sim120}{30}$	$\dfrac{130\sim180}{36}$	
M16	16	20	24	32	$\dfrac{30\sim38}{20}$	$\dfrac{40\sim55}{30}$	$\dfrac{60\sim120}{38}$	$\dfrac{130\sim200}{44}$	
M20	20	25	30	40	$\dfrac{35\sim40}{25}$	$\dfrac{45\sim65}{35}$	$\dfrac{70\sim120}{46}$	$\dfrac{130\sim200}{52}$	
(M24)	24	30	36	48	$\dfrac{45\sim50}{30}$	$\dfrac{55\sim75}{45}$	$\dfrac{80\sim120}{54}$	$\dfrac{130\sim200}{60}$	
(M30)	30	38	45	60	$\dfrac{60\sim65}{40}$	$\dfrac{70\sim90}{50}$	$\dfrac{95\sim120}{66}$	$\dfrac{130\sim200}{72}$	$\dfrac{210\sim250}{85}$
M36	36	45	54	72	$\dfrac{65\sim75}{45}$	$\dfrac{80\sim110}{60}$	$\dfrac{120}{78}$	$\dfrac{130\sim200}{84}$	$\dfrac{210\sim300}{97}$
M42	42	52	63	84	$\dfrac{70\sim80}{50}$	$\dfrac{85\sim110}{70}$	$\dfrac{120}{90}$	$\dfrac{130\sim200}{96}$	$\dfrac{210\sim300}{109}$
M48	48	60	72	96	$\dfrac{80\sim90}{60}$	$\dfrac{95\sim110}{80}$	$\dfrac{120}{102}$	$\dfrac{130\sim200}{108}$	$\dfrac{210\sim300}{121}$
l系列	12、(14)、16、(18)、20、(22)、25、(28)、30、(32)、35、(38)、40、45、50、(55)、60、(65)、70、(75)、80、(85)、90、(95)、100~260(10 进位)、280、300								

注: 1. 尽可能不采用括号内的规格。末端按 GB/T 2—2016 规定。

2. $b_m = 1d$，一般用于钢对钢；$b_m = 1.25d$ 或 1.5d，一般用于钢对铸铁；$b_m = 2d$，一般用于钢对铝合金。

附表 5　螺钉(一)　　　　　　　　　　(单位:mm)

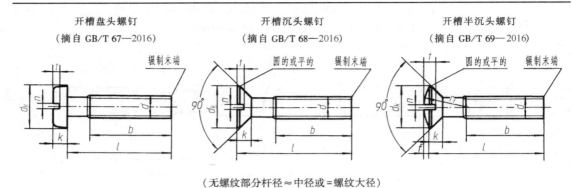

开槽盘头螺钉 (摘自 GB/T 67—2016)　开槽沉头螺钉 (摘自 GB/T 68—2016)　开槽半沉头螺钉 (摘自 GB/T 69— 2016)

(无螺纹部分杆径≈中径或=螺纹大径)

标记示例:
　螺钉 GB/T 67 M5×60
(螺纹规格 d=M5、l=60、性能等级为 4.8 级、表面不经处理的 A 级开槽盘头螺钉)

螺纹规格 d	P	b_{min}	n 公称	f GB/T 69	r_f GB/T 69	k_{max} GB/T 67	k_{max} GB/T 68 GB/T 69	d_{kmax} GB/T 67	d_{kmax} GB/T 68 GB/T 69	t_{min} GB/T 67	t_{min} GB/T 68	t_{min} GB/T 69	l范围 GB/T 67	l范围 GB/T 68 GB/T 69	全螺纹时最大长度 GB/T 67	全螺纹时最大长度 GB/T 68 GB/T 69
M2	0.4	25	0.5	4	0.5	1.3	1.2	4	3.8	0.5	0.4	0.8	2.5~20	3~20	30	30
M3	0.5	25	0.8	6	0.7	1.8	1.65	5.6	5.5	0.7	0.6	1.2	4~30	5~30	30	30
M4	0.7		1.2	9.5	1	2.4	2.7	8	8.4	1	1	1.6	5~40	6~40	40	45
M5	0.8		1.2	9.5	1.2	3	2.7	9.5	9.3	1.2	1.1	2	6~50	8~50	40	45
M6	1	38	1.6	12	1.4	3.6	3.3	12	11.3	1.4	1.2	2.4	8~60	8~60	40	45
M8	1.25	38	2	16.5	2	4.8	4.65	16	15.8	1.9	1.8	3.2	10~80		40	45
M10	1.5		2.5	19.5	2.3	6	5	20	18.3	2.4	2	3.8	10~80		40	45
l系列	2、2.5、3、4、5、6、8、10、12、(14)、16、20~50(5 进位)、(55)、60、(65)、70、(75)、80															

注:螺纹公差:6g;机械性能等级:4.8、5.8;产品等级:A。

附表 6　螺钉(二)　　　　　　　　　　(单位:mm)

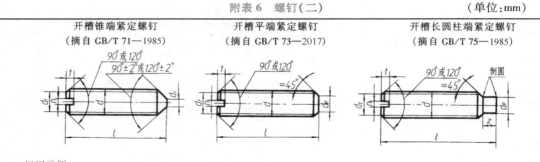

开槽锥端紧定螺钉 (摘自 GB/T 71—1985)　开槽平端紧定螺钉 (摘自 GB/T 73—2017)　开槽长圆柱端紧定螺钉 (摘自 GB/T 75—1985)

标记示例:
　螺钉 GB/T 71 M5×20
(螺纹规格 d=M5、公称长度 l=20、性能等级为 14H 级、表面氧化的开槽锥端紧定螺钉)

螺纹规格 d	P	d_f	$d_{t\,max}$	$d_{p\,max}$	n公称	t_{max}	z_{max}	l范围 GB/T 71	l范围 GB/T 73	l范围 GB/T 75
M2	0.4	螺纹小径	0.2	1	0.25	0.84	1.25	3~10	2~10	3~10
M3	0.5		0.3	2	0.4	1.05	1.75	4~16	3~16	5~16
M4	0.7		0.4	2.5	0.6	1.42	2	6~20	4~20	6~20
M5	0.8		0.5	3.5	0.8	1.63	2.75	8~25	5~25	8~25
M6	1		1.5	4	1	2	3.25	8~30	6~30	8~30
M8	1.25		2	5.5	1.2	2.5	4.3	10~40	8~40	10~40
M10	1.5		2.5	7	1.6	3	5.3	12~50	10~50	12~50
M12	1.75		3	8.5	2	3.6	6.3	14~60	12~60	14~60
l系列	2、2.5、3、4、5、6、8、10、12、(14)、16、20、25、30、35、40、45、50、(55)、60									

注:螺纹公差:6g;机械性能等级:14H、22H;产品等级:A。

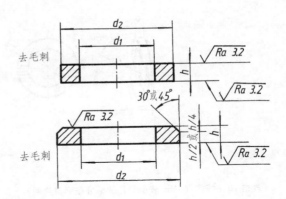

小垫圈——A 级（摘自 GB/T 848—2002）
平垫圈——A 级（摘自 GB/T 97.1—2002）
平垫圈　倒角型——A 级（摘自 GB/T 97.2—2002）
平垫圈——C 级（摘自 GB/T 95—2002）
大垫圈——A 级（摘自 GB/T 96.1—2002）
特大垫圈——C 级（摘自 GB/T 5287—2002）

标记示例：

垫圈　GB/T 95　8

（标准系列、公称尺寸 $d=8$、硬度等级为100HV 级、不经表面处理、产品等级为 C 级的平垫圈）

垫圈　GB/T 97.2　8

（标准系列、公称规格8、由钢制造的硬度等级为200HV 级、不经表面处理、产品等级为 A 级的倒角型平垫圈）

公称尺寸 (螺纹规格)	标准系列									特大系列			大系列			小系列		
	GB/T 95 (C 级)			GB/T 97.1 (A 级)			GB/T 97.2 (A 级)			GB/T 5287 (C 级)			GB/T 96.1 (A 级)			GB/T 848 (A 级)		
d	d_{1min}	d_{2max}	h	d_{1min}	d_{2max}	h	d_{1min}	d_{2max}	h	d_{1min}	d_{2max}	h	d_{1min}	d_{2max}	h	d_{1min}	d_{2max}	h
4	—	—	—	4.3	9	0.8	—	—	—	—	—	—	4.3	12	1	4.3	8	0.5
5	5.5	10	1	5.3	10	1	5.3	10	1	5.5	18	2	5.3	15	1.2	5.3	9	1
6	6.6	12	1.6	6.4	12	1.6	6.4	12	1.6	6.6	22	2	6.4	18	1.6	6.4	11	1.6
8	9	16	1.6	8.4	16	1.6	8.4	16	1.6	9	28	3	8.4	24	2	8.4	15	1.6
10	11	20	2	10.5	20	2	10.5	20	2	11	34	3	10.5	30	2.5	10.5	18	1.6
12	13.5	24	2.5	13	24	2.5	13	24	2.5	13.5	44	4	13	37	2.5	13	20	2
14	15.5	28	2.5	15	28	2.5	15	28	2.5	15.5	50	4	15	44	3	15	24	2.5
16	17.5	30	3	17	30	3	17	30	3	17.5	56	5	17	50	3	17	28	2.5
20	22	37	3	21	37	3	21	37	3	22	72	5	22	60	4	21	34	3
24	26	44	4	25	44	4	25	44	4	26	85	6	26	72	5	25	39	4
30	33	56	4	31	56	4	31	56	4	33	105	6	33	92	6	31	50	4
36	39	66	5	37	66	5	37	66	5	39	125	8	39	110	8	37	60	5
42①	45	78	8	45	78	8	45	78	8	—	—	—	—	—	—	—	—	—
48①	52	92	8	52	92	8	52	92	8	—	—	—	—	—	—	—	—	—

注：1. A 级适用于精装配系列，C 级适用于中等装配系列。

　　2. C 级垫圈没有 $Ra3.2\mu m$ 和去毛刺的要求。

　　3. GB/T 848—2002 主要用于圆柱头螺钉，其他用于标准的六角螺栓、螺母和螺钉。

① 表示尚未列入相应产品标准的规格。

附表 8　标准型弹簧垫圈(摘自 GB/T 93—1987)　　　　　　　　(单位:mm)

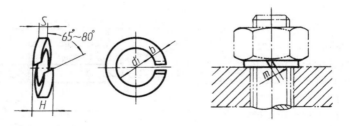

标记示例:

垫圈　GB/T 93　10

(规格 10、材料为 65Mn、表面氧化的标准型弹簧垫圈)

规格 (螺纹大径)	4	5	6	8	10	12	16	20	24	30	36	42	48
$d_{1\,min}$	4.1	5.1	6.1	8.1	10.2	12.2	16.2	20.2	24.5	30.5	36.5	42.5	48.5
$S=b_{公称}$	1.1	1.3	1.6	2.1	2.6	3.1	4.1	5	6	7.5	9	10.5	12
$m\leqslant$	0.55	0.65	0.8	1.05	1.3	1.55	2.05	2.5	3	3.75	4.5	5.25	6
H_{max}	2.75	3.25	4	5.25	6.5	7.75	10.25	12.5	15	18.75	22.5	26.25	30

注: m 应大于零。

附表 9　圆柱销(不淬硬钢和奥氏体不锈钢)(摘自 GB/T 119.1—2000)　(单位:mm)

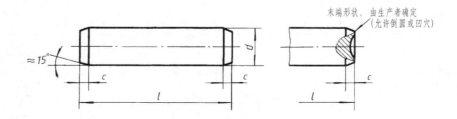

标记示例:

销　GB/T 119.1　6 m6×30

(公称直径 $d=6$、公差为 m6、公称长度 $l=30$、材料为钢、不经淬火、不经表面处理的圆柱销)

销　GB/T 119.1　10 m6×30-A1

(公称直径 $d=10$、公差为 m6、公称长度 $l=30$、材料为 A1 组奥氏体不锈钢、表面简单处理的圆柱销)

d(公称) m6/h8	2	3	4	5	6	8	10	12	16	20	25
$c\approx$	0.35	0.5	0.63	0.8	1.2	1.6	2	2.5	3	3.5	4
$l_{范围}$	6~20	8~30	8~40	10~50	12~60	14~80	18~95	22~140	26~180	35~200	50~220
$l_{系列}$ (公称)	2、3、4、5、6~32(2 进位)、35~100(5 进位)、120~≥200(按 20 递增)										

附表 10　圆锥销(摘自 GB/T 117—2000)　　　　　(单位:mm)

A 型(磨削)　　　　　　　　　　　　　B 型(切削或冷镦)

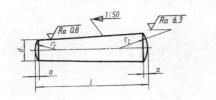 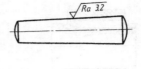

$$r_1 \approx d \qquad r_2 \approx \frac{a}{2} + d + \frac{0.021^2}{8a}$$

标记示例:

销　GB/T 117　10×60

(公称直径 d=10、公称长度 l=60、材料为 35 钢、热处理硬度 28~38HRC、表面氧化处理的 A 型圆锥销)

d公称	2	2.5	3	4	5	6	8	10	12	16	20	25
$a \approx$	0.25	0.3	0.4	0.5	0.63	0.8	1.0	1.2	1.6	2.0	2.5	3.0
l范围	10~35	10~35	12~45	14~55	18~60	22~90	22~120	26~160	32~180	40~200	45~220	50~240
l系列	2、3、4、5、6~32(2 进位)、35~100(5 进位)、120~≥200(20 进位)											

附表 11　开口销(摘自 GB/T 91—2000)　　　　　(单位:mm)

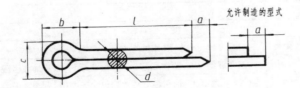

标记示例:

销　GB/T 91　5×50

(公称规格为 5、公称长度 l=50、材料为低碳钢、不经表面处理的开口销)

	公称	0.8	1	1.2	1.6	2	2.5	3.2	4	5	6.3	8	10	13
d	max	0.7	0.9	1	1.4	1.8	2.3	2.9	3.7	4.6	5.9	7.5	9.5	12.4
	min	0.6	0.8	0.9	1.3	1.7	2.1	2.7	3.5	4.4	5.7	7.3	9.3	12.1
c_{max}		1.4	1.8	2	2.8	3.6	4.6	5.8	7.4	9.2	11.8	15	19	24.8
$b \approx$		2.4	3	3	3.2	4	5	6.4	8	10	12.6	16	20	26
a_{max}		1.6			2.5			3.2		4			6.3	
l范围		5~16	6~20	8~26	8~32	10~40	12~50	14~63	18~80	22~100	32~125	40~160	45~200	71~250
l系列		4、5、6~22、25、28、32、36、40、45、50、56、63、71、80、90、100、112、125、140、160、180、200、224、250、280												

注:销孔的公称直径等于 d公称,d_{min}≤(销的直径)≤d_{max}。

附表 12　普通型平键及键槽各部尺寸(摘自 GB/T 1096—2003,GB/T 1095—2003)

(单位:mm)

普通平键键槽的剖面尺寸与公差(GB/T 1095—2003)

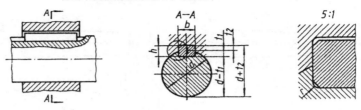

普通平键的型式与尺寸(GB/T 1096—2003)

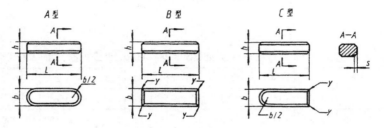

注: $y \leqslant s_{\max}$。

标记示例:

GB/T 1096　键 16×10×100　(普通 A 型平键、$b=16$、$h=10$、$L=100$)

GB/T 1096　键 B16×10×100　(普通 B 型平键、$b=16$、$h=10$、$L=100$)

GB/T 1096　键 C16×10×100　(普通 C 型平键、$b=16$、$h=10$、$L=100$)

轴 公称直径 d	键 键尺寸 $b×h$ (h8)(h11)	倒角或倒圆 s	键槽 宽度 b 基本尺寸 b	极限偏差 正常联结 轴 N9	正常联结 毂 JS9	紧密联结 轴和毂 P9	松联结 轴 H9	松联结 毂 D10	深度 轴 t_1 基本尺寸	轴 t_1 极限偏差	毂 t_2 基本尺寸	毂 t_2 极限偏差	半径 r min	max
>10~12	4×4	0.25~0.40	4	0 −0.030	±0.015	−0.012 −0.042	+0.030 0	+0.078 +0.030	2.5	+0.1 0	1.8	+0.1 0	0.08	0.16
>12~17	5×5		5						3.0		2.3			
>17~22	6×6		6						3.5		2.8			
>22~30	8×7	0.40~0.60	8	0 −0.036	±0.018	−0.015 −0.051	+0.036 0	+0.098 +0.040	4.0	+0.2 0	3.3	+0.2 0	0.16	0.25
>30~38	10×8		10						5.0		3.3			
>38~44	12×8		12	0 −0.043	±0.0215	−0.018 −0.061	+0.043 0	+0.120 +0.050	5.0		3.3		0.25	0.40
>44~50	14×9		14						5.5		3.8			
>50~58	16×10		16						6.0		4.3			
>58~65	18×11		18						7.0		4.4			
>65~75	20×12	0.60~0.80	20	0 −0.052	±0.026	−0.022 −0.074	+0.052 0	+0.149 +0.065	7.5		4.9		0.40	0.60
>75~85	22×14		22						9.0		5.4			
>85~95	25×14		25						9.0		5.4			
>95~110	28×16		28						10.0		6.4			

注: 1. L 系列: 6~22(2 进位)、25、28、32、36、40、45、50、56、63、70、80、90、100、110、125、140、160、180、200、220、250、280、320、360、400、450、500。

2. GB/T 1095—2003、GB/T 1096—2003 中无轴的公称直径一列,现列出仅供参考。

附表 13　普通螺纹退刀槽和倒角（GB/T 3—1997）　　　　（单位：mm）

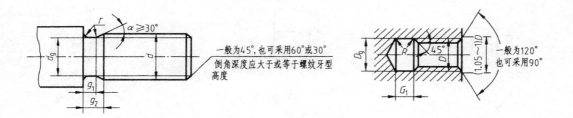

一般为45°，也可采用60°或30°
倒角深度应大于或等于螺纹牙型高度

一般为120°
也可采用90°

螺距 P	粗牙螺纹大径 d、D	外 螺 纹				内 螺 纹			
		g_2 max	g_1 min	d_g	$r \approx$	G_1 一般	G_1 短的	D_g	$R \approx$
0.5	3	1.5	0.8	$d-0.8$	0.2	2	1		0.2
0.6	3.5	1.8	0.9	$d-1$		2.4	1.2		0.3
0.7	4	2.1	1.1	$d-1.1$	0.4	2.8	1.4	$D+0.3$	0.4
0.75	4.5	2.25	1.2	$d-1.2$		3	1.5		0.4
0.8	5	2.4	1.3	$d-1.3$		3.2	1.6		
1	6、7	3	1.6	$d-1.6$	0.6	4	2		0.5
1.25	8	3.75	2	$d-2$		5	2.5		0.6
1.5	10	4.5	2.5	$d-2.3$	0.8	6	3		0.8
1.75	12	5.25	2.5	$d-2.6$	1	7	3.5		0.9
2	14、16	6	3.4	$d-3$		8	4		1
2.5	18、20、22	7.5	4.4	$d-3.6$	1.2	10	5		1.2
3	24、27	9	5.2	$d-4.4$	1.6	12	6	$D+0.5$	1.5
3.5	30、33	10.5	6.2	$d-5$		14	7		1.8
4	36、39	12	7	$d-5.7$	2	16	8		2
4.5	42、45	13.5	8	$d-6.4$	2.5	18	9		2.2
5	48、52	15	9	$d-7$		20	10		2.5
5.5	56、60	17.5	11	$d-7.7$	3.2	22	11		2.8
6	64、68	18	11	$d-8.3$		24	12		3
参考值	—	$\approx 3P$	—	—	—	$=4P$	$=2P$	—	$\approx 0.5P$

注：1. d、D 为螺纹公称直径代号。

　2. d_g 公差：$d>3$mm 时为 h13；$d \leqslant 3$mm 时为 h12。D_g 公差为 H13。

　3. "短"退刀槽仅在结构受限制时采用。

附表 14　砂轮越程槽(摘自 GB/T 6403.5—2008)　　　　　　(单位:mm)

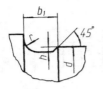

a) 磨外圆

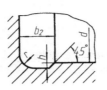

b) 磨内圆

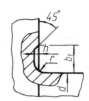

c) 磨外端面

d) 磨内端面

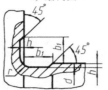

e) 磨外圆及端面

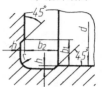

f) 磨内圆及端面

d	~10			>10~50		>50~100		>100	
b_1	0.6	1.0	1.6	2.0	3.0	4.0	5.0	8.0	10
b_2	2.0	3.0		4.0		5.0			
h	0.1	0.2		0.3		0.4	0.6	0.8	1.2
r	0.2	0.5		0.8		1.0	1.6	2.0	3.0

附表 15　标准公差数值(摘自 GB/T 1800.2—2009)

公称尺寸 /mm		标准公差等级																	
		IT1	IT2	IT3	IT4	IT5	IT6	IT7	IT8	IT9	IT10	IT11	IT12	IT13	IT14	IT15	IT16	IT17	IT18
大于	至	公差值/μm											公差值/mm						
—	3	0.8	1.2	2	3	4	6	10	14	25	40	60	0.1	0.14	0.25	0.4	0.6	1	1.4
3	6	1	1.5	2.5	4	5	8	12	18	30	48	75	0.12	0.18	0.3	0.45	0.75	1.2	1.8
6	10	1	1.5	2.5	4	6	9	15	22	36	58	90	0.15	0.22	0.36	0.58	0.9	1.5	2.2
10	18	1.2	2	3	5	8	11	18	27	43	70	110	0.18	0.27	0.43	0.7	1.1	1.8	2.7
18	30	1.5	2.5	4	6	9	13	21	33	52	84	130	0.21	0.33	0.52	0.84	1.3	2.1	3.3
30	50	1.5	2.5	4	7	11	16	25	39	62	100	160	0.25	0.39	0.62	1	1.6	2.5	3.9
50	80	2	3	5	8	13	19	30	46	74	120	190	0.3	0.46	0.74	1.2	1.9	3	4.6
80	120	2.5	4	6	10	15	22	35	54	87	140	220	0.35	0.54	0.87	1.4	2.2	3.5	5.4
120	180	3.5	5	8	12	18	25	40	63	100	160	250	0.4	0.63	1	1.6	2.5	4	6.3
180	250	4.5	7	10	14	20	29	46	72	115	185	290	0.46	0.72	1.15	1.85	2.6	4.6	7.2
250	315	6	8	12	16	23	32	52	81	130	210	320	0.52	0.81	1.3	2.1	3.2	5.2	8.1
315	400	7	9	13	18	25	36	57	89	140	230	360	0.57	0.89	1.4	2.3	3.6	5.7	8.9
400	500	8	10	15	20	27	40	63	97	155	250	400	0.63	0.97	1.55	2.5	4	6.3	9.7

注：公称尺寸小于 1mm 时，无 IT14~IT18。

附表 16　轴的极限偏差（摘自 GB/T 1800.2—2009）

（单位：μm）

公称尺寸/mm（大于~至）	a11	b11	c11	d9	e8	e7	f7	f6	g6	h5	h6	h7	h8	h9	h10	h11	h12	js6	k6	m6	n6	p6	r6	s6	t6	u6	v6	x6	y6	z6
—~3	-270/-330	-140/-200	-60/-120	-20/-45	-14/-28	-14/-24	-6/-16	-6/-12	-2/-8	0/-4	0/-6	0/-10	0/-14	0/-25	0/-40	0/-60	0/-100	±3	+6/0	+8/+2	+10/+4	+12/+6	+16/+10	+20/+14	—	+24/+18	—	+26/+20	—	+32/+26
3~6	-270/-345	-140/-215	-70/-145	-30/-60	-20/-38	-20/-32	-10/-22	-10/-18	-4/-12	0/-5	0/-8	0/-12	0/-18	0/-30	0/-48	0/-75	0/-120	±4	+9/+1	+12/+4	+16/+8	+20/+12	+23/+15	+27/+19	—	+31/+23	—	+36/+28	—	+43/+35
6~10	-280/-370	-150/-240	-80/-170	-40/-76	-25/-47	-25/-40	-13/-28	-13/-22	-5/-14	0/-6	0/-9	0/-15	0/-22	0/-36	0/-58	0/-90	0/-150	±4.5	+10/+1	+15/+6	+19/+10	+24/+15	+28/+19	+32/+23	—	+37/+28	—	+43/+34	—	+51/+42
10~14	-290/-400	-150/-260	-95/-205	-50/-93	-32/-59	-32/-50	-16/-34	-16/-27	-6/-17	0/-8	0/-11	0/-18	0/-27	0/-43	0/-70	0/-110	0/-180	±5.5	+12/+1	+18/+7	+23/+12	+29/+18	+34/+23	+39/+28	—	+44/+33	—	+51/+40	—	+61/+50
14~18	-290/-400	-150/-260	-95/-205	-50/-93	-32/-59	-32/-50	-16/-34	-16/-27	-6/-17	0/-8	0/-11	0/-18	0/-27	0/-43	0/-70	0/-110	0/-180	±5.5	+12/+1	+18/+7	+23/+12	+29/+18	+34/+23	+39/+28	—	+44/+33	+50/+39	+56/+45	—	+71/+60
18~24	-300/-430	-160/-290	-110/-240	-65/-117	-40/-73	-40/-61	-20/-41	-20/-33	-7/-20	0/-9	0/-13	0/-21	0/-33	0/-52	0/-84	0/-130	0/-210	±6.5	+15/+2	+21/+8	+28/+15	+35/+22	+41/+28	+48/+35	—	+54/+41	+60/+47	+67/+54	+76/+63	+86/+73
24~30	-300/-430	-160/-290	-110/-240	-65/-117	-40/-73	-40/-61	-20/-41	-20/-33	-7/-20	0/-9	0/-13	0/-21	0/-33	0/-52	0/-84	0/-130	0/-210	±6.5	+15/+2	+21/+8	+28/+15	+35/+22	+41/+28	+48/+35	+54/+41	+61/+48	+68/+55	+77/+64	+88/+75	+101/+88
30~40	-310/-470	-170/-330	-120/-280	-80/-142	-50/-89	-50/-75	-25/-50	-25/-41	-9/-25	0/-11	0/-16	0/-25	0/-39	0/-62	0/-100	0/-160	0/-250	±8	+18/+2	+25/+9	+33/+17	+42/+26	+50/+34	+59/+43	+64/+48	+76/+60	+84/+68	+96/+80	+110/+94	+128/+112
40~50	-320/-480	-180/-340	-130/-290	-80/-142	-50/-89	-50/-75	-25/-50	-25/-41	-9/-25	0/-11	0/-16	0/-25	0/-39	0/-62	0/-100	0/-160	0/-250	±8	+18/+2	+25/+9	+33/+17	+42/+26	+50/+34	+59/+43	+70/+54	+86/+70	+97/+81	+113/+97	+130/+114	+152/+136
50~65	-340/-530	-190/-380	-140/-330	-100/-174	-60/-106	-60/-90	-30/-60	-30/-49	-10/-29	0/-13	0/-19	0/-30	0/-46	0/-74	0/-120	0/-190	0/-300	±9.5	+21/+2	+30/+11	+39/+20	+51/+32	+60/+41	+72/+53	+85/+66	+106/+87	+121/+102	+141/+122	+163/+144	+191/+172
65~80	-360/-550	-200/-390	-150/-340	-100/-174	-60/-106	-60/-90	-30/-60	-30/-49	-10/-29	0/-13	0/-19	0/-30	0/-46	0/-74	0/-120	0/-190	0/-300	±9.5	+21/+2	+30/+11	+39/+20	+51/+32	+62/+43	+78/+59	+94/+75	+121/+102	+139/+120	+165/+146	+193/+174	+229/+210
80~100	-380/-600	-220/-440	-170/-390	-120/-207	-72/-126	-72/-107	-36/-71	-36/-58	-12/-34	0/-15	0/-22	0/-35	0/-54	0/-87	0/-140	0/-220	0/-350	±11	+25/+3	+35/+13	+45/+23	+59/+37	+73/+51	+93/+71	+113/+91	+146/+124	+168/+146	+200/+178	+236/+214	+280/+258
100~120	-410/-630	-240/-460	-180/-400	-120/-207	-72/-126	-72/-107	-36/-71	-36/-58	-12/-34	0/-15	0/-22	0/-35	0/-54	0/-87	0/-140	0/-220	0/-350	±11	+25/+3	+35/+13	+45/+23	+59/+37	+76/+54	+101/+79	+126/+104	+166/+144	+194/+172	+232/+210	+276/+254	+332/+310
120~140	-460/-710	-260/-510	-200/-450	-145/-245	-85/-148	-85/-125	-43/-83	-43/-68	-14/-39	0/-18	0/-25	0/-40	0/-63	0/-100	0/-160	0/-250	0/-400	±12.5	+28/+3	+40/+15	+52/+27	+68/+43	+88/+63	+117/+92	+147/+122	+195/+170	+227/+202	+273/+248	+325/+300	+390/+365
140~160	-520/-770	-280/-530	-210/-460	-145/-245	-85/-148	-85/-125	-43/-83	-43/-68	-14/-39	0/-18	0/-25	0/-40	0/-63	0/-100	0/-160	0/-250	0/-400	±12.5	+28/+3	+40/+15	+52/+27	+68/+43	+90/+65	+125/+100	+159/+134	+215/+190	+253/+228	+305/+280	+365/+340	+440/+415
160~180	-580/-830	-310/-560	-230/-480	-145/-245	-85/-148	-85/-125	-43/-83	-43/-68	-14/-39	0/-18	0/-25	0/-40	0/-63	0/-100	0/-160	0/-250	0/-400	±12.5	+28/+3	+40/+15	+52/+27	+68/+43	+93/+68	+133/+108	+171/+146	+235/+210	+277/+252	+335/+310	+405/+380	+490/+465
180~200	-660/-950	-340/-630	-240/-530	-170/-285	-100/-172	-100/-146	-50/-96	-50/-79	-15/-44	0/-20	0/-29	0/-46	0/-72	0/-115	0/-185	0/-290	0/-460	±14.5	+33/+4	+46/+17	+60/+31	+79/+50	+106/+77	+151/+122	+195/+166	+265/+236	+313/+284	+379/+350	+454/+425	+549/+520
200~225	-740/-1030	-380/-670	-260/-550	-170/-285	-100/-172	-100/-146	-50/-96	-50/-79	-15/-44	0/-20	0/-29	0/-46	0/-72	0/-115	0/-185	0/-290	0/-460	±14.5	+33/+4	+46/+17	+60/+31	+79/+50	+109/+80	+159/+130	+209/+180	+287/+258	+339/+310	+414/+385	+499/+470	+604/+575
225~250	-820/-1110	-420/-710	-280/-570	-170/-285	-100/-172	-100/-146	-50/-96	-50/-79	-15/-44	0/-20	0/-29	0/-46	0/-72	0/-115	0/-185	0/-290	0/-460	±14.5	+33/+4	+46/+17	+60/+31	+79/+50	+113/+84	+169/+140	+225/+196	+313/+284	+369/+340	+454/+425	+549/+520	+669/+640
250~280	-920/-1240	-480/-800	-300/-620	-190/-320	-110/-191	-110/-162	-56/-108	-56/-88	-17/-49	0/-23	0/-32	0/-52	0/-81	0/-130	0/-210	0/-320	0/-520	±16	+36/+4	+52/+20	+66/+34	+88/+56	+126/+94	+190/+158	+250/+218	+347/+315	+417/+385	+507/+475	+612/+580	+742/+710
280~315	-1050/-1370	-540/-860	-330/-650	-190/-320	-110/-191	-110/-162	-56/-108	-56/-88	-17/-49	0/-23	0/-32	0/-52	0/-81	0/-130	0/-210	0/-320	0/-520	±16	+36/+4	+52/+20	+66/+34	+88/+56	+130/+98	+202/+170	+272/+240	+382/+350	+457/+425	+557/+525	+682/+650	+822/+790
315~355	-1200/-1560	-600/-960	-360/-720	-210/-350	-125/-214	-125/-182	-62/-119	-62/-98	-18/-54	0/-25	0/-36	0/-57	0/-89	0/-140	0/-230	0/-360	0/-570	±18	+40/+4	+57/+21	+73/+37	+98/+62	+144/+108	+226/+190	+304/+268	+426/+390	+511/+475	+626/+590	+766/+730	+936/+900
355~400	-1350/-1710	-680/-1040	-400/-760	-210/-350	-125/-214	-125/-182	-62/-119	-62/-98	-18/-54	0/-25	0/-36	0/-57	0/-89	0/-140	0/-230	0/-360	0/-570	±18	+40/+4	+57/+21	+73/+37	+98/+62	+150/+114	+244/+208	+330/+294	+471/+435	+566/+530	+696/+660	+856/+820	+1036/+1000
400~450	-1500/-1900	-760/-1160	-440/-840	-230/-385	-135/-232	-135/-198	-68/-131	-68/-108	-20/-60	0/-27	0/-40	0/-63	0/-97	0/-155	0/-250	0/-400	0/-630	±20	+45/+5	+63/+23	+80/+40	+108/+68	+166/+126	+272/+232	+370/+330	+530/+490	+635/+595	+780/+740	+960/+920	+1140/+1100
450~500	-1650/-2050	-840/-1240	-480/-880	-230/-385	-135/-232	-135/-198	-68/-131	-68/-108	-20/-60	0/-27	0/-40	0/-63	0/-97	0/-155	0/-250	0/-400	0/-630	±20	+45/+5	+63/+23	+80/+40	+108/+68	+172/+132	+292/+252	+400/+360	+580/+540	+700/+660	+860/+820	+1040/+1000	+1290/+1250

附表 17　孔的极限偏差（摘自 GB/T 1800.2—2009）

（单位：μm）

公差等级

公称尺寸/mm 大于	至	A11	B11	C11	D9	E8	F8	G7	H6	H7	H8	H9	H10	H11	H12	JS6	JS7	K6	K7	K8	M6	M7	N6	N7	P6	P7	R7	S7	T7	U7
—	3	+330/+270	+200/+140	+120/+60	+45/+20	+28/+14	+20/+6	+12/+2	+6/0	+10/0	+14/0	+25/0	+40/0	+60/0	+100/0	±3	±5	0/−6	0/−10	0/−14	−2/−8	−2/−12	−4/−10	−4/−14	−6/−12	−6/−16	−10/−20	−14/−24	—	−18/−28
3	6	+345/+270	+215/+140	+145/+70	+60/+30	+38/+20	+28/+10	+16/+4	+8/0	+12/0	+18/0	+30/0	+48/0	+75/0	+120/0	±4	±6	+2/−6	+3/−9	+5/−13	−1/−9	0/−12	−5/−13	−4/−16	−9/−17	−8/−20	−11/−23	−15/−27	—	−19/−31
6	10	+370/+280	+240/+150	+170/+80	+76/+40	+47/+25	+35/+13	+20/+5	+9/0	+15/0	+22/0	+36/0	+58/0	+90/0	+150/0	±4.5	±7	+2/−7	+5/−10	+6/−16	−3/−12	0/−15	−7/−16	−4/−19	−12/−21	−9/−24	−13/−28	−17/−32	—	−22/−37
10	18	+400/+290	+260/+150	+205/+95	+93/+50	+59/+32	+43/+16	+24/+6	+11/0	+18/0	+27/0	+43/0	+70/0	+110/0	+180/0	±5.5	±9	+2/−9	+6/−12	+8/−19	−4/−15	0/−18	−9/−20	−5/−23	−15/−26	−11/−29	−16/−34	−21/−39	—	−26/−44
18	24	+430/+300	+290/+160	+240/+110	+117/+65	+73/+40	+53/+20	+28/+7	+13/0	+21/0	+33/0	+52/0	+84/0	+130/0	+210/0	±6.5	±10	+2/−11	+6/−15	+10/−23	−4/−17	0/−21	−11/−24	−7/−28	−18/−31	−14/−35	−20/−41	−27/−48	—	−33/−54
24	30	+430/+300	+290/+160	+240/+110	+117/+65	+73/+40	+53/+20	+28/+7	+13/0	+21/0	+33/0	+52/0	+84/0	+130/0	+210/0	±6.5	±10	+2/−11	+6/−15	+10/−23	−4/−17	0/−21	−11/−24	−7/−28	−18/−31	−14/−35	−20/−41	−27/−48	−33/−54	−40/−61
30	40	+470/+310	+330/+170	+280/+120	+142/+80	+89/+50	+64/+25	+34/+9	+16/0	+25/0	+39/0	+62/0	+100/0	+160/0	+250/0	±8	±12	+3/−13	+7/−18	+12/−27	−4/−20	0/−25	−12/−28	−8/−33	−21/−37	−17/−42	−25/−50	−34/−59	−39/−64	−51/−76
40	50	+480/+320	+340/+180	+290/+130	+142/+80	+89/+50	+64/+25	+34/+9	+16/0	+25/0	+39/0	+62/0	+100/0	+160/0	+250/0	±8	±12	+3/−13	+7/−18	+12/−27	−4/−20	0/−25	−12/−28	−8/−33	−21/−37	−17/−42	−25/−50	−34/−59	−45/−70	−61/−86
50	65	+530/+340	+380/+190	+330/+140	+174/+100	+106/+60	+76/+30	+40/+10	+19/0	+30/0	+46/0	+74/0	+120/0	+190/0	+300/0	±9.5	±15	+4/−15	+9/−21	+14/−32	−5/−24	0/−30	−14/−33	−9/−39	−26/−45	−21/−51	−30/−60	−42/−72	−55/−85	−76/−106
65	80	+550/+360	+390/+200	+340/+150	+174/+100	+106/+60	+76/+30	+40/+10	+19/0	+30/0	+46/0	+74/0	+120/0	+190/0	+300/0	±9.5	±15	+4/−15	+9/−21	+14/−32	−5/−24	0/−30	−14/−33	−9/−39	−26/−45	−21/−51	−32/−62	−48/−78	−64/−94	−91/−121
80	100	+600/+380	+440/+220	+390/+170	+207/+120	+125/+72	+90/+36	+47/+12	+22/0	+35/0	+54/0	+87/0	+140/0	+220/0	+350/0	±11	±17	+4/−18	+10/−25	+16/−38	−6/−28	0/−35	−16/−38	−10/−45	−30/−52	−24/−59	−38/−73	−58/−93	−78/−113	−111/−146
100	120	+630/+410	+460/+240	+400/+180	+207/+120	+125/+72	+90/+36	+47/+12	+22/0	+35/0	+54/0	+87/0	+140/0	+220/0	+350/0	±11	±17	+4/−18	+10/−25	+16/−38	−6/−28	0/−35	−16/−38	−10/−45	−30/−52	−24/−59	−41/−76	−66/−101	−91/−126	−131/−166
120	140	+710/+460	+510/+260	+450/+200	+245/+145	+148/+85	+106/+43	+54/+14	+25/0	+40/0	+63/0	+100/0	+160/0	+250/0	+400/0	±12.5	±20	+4/−21	+12/−28	+20/−43	−8/−33	0/−40	−20/−45	−12/−52	−36/−61	−28/−68	−48/−88	−77/−117	−107/−147	−155/−195
140	160	+770/+520	+530/+280	+460/+210	+245/+145	+148/+85	+106/+43	+54/+14	+25/0	+40/0	+63/0	+100/0	+160/0	+250/0	+400/0	±12.5	±20	+4/−21	+12/−28	+20/−43	−8/−33	0/−40	−20/−45	−12/−52	−36/−61	−28/−68	−50/−90	−85/−125	−119/−159	−175/−215
160	180	+830/+580	+560/+310	+480/+230	+245/+145	+148/+85	+106/+43	+54/+14	+25/0	+40/0	+63/0	+100/0	+160/0	+250/0	+400/0	±12.5	±20	+4/−21	+12/−28	+20/−43	−8/−33	0/−40	−20/−45	−12/−52	−36/−61	−28/−68	−53/−93	−93/−133	−131/−171	−195/−235
180	200	+950/+660	+630/+340	+530/+240	+285/+170	+172/+100	+122/+50	+61/+15	+29/0	+46/0	+72/0	+115/0	+185/0	+290/0	+460/0	±14.5	±23	+5/−24	+13/−33	+22/−50	−8/−37	0/−46	−22/−51	−14/−60	−41/−70	−33/−79	−60/−106	−105/−151	−149/−195	−219/−265
200	225	+1030/+740	+670/+380	+550/+260	+285/+170	+172/+100	+122/+50	+61/+15	+29/0	+46/0	+72/0	+115/0	+185/0	+290/0	+460/0	±14.5	±23	+5/−24	+13/−33	+22/−50	−8/−37	0/−46	−22/−51	−14/−60	−41/−70	−33/−79	−63/−109	−113/−159	−163/−209	−241/−287
225	250	+1110/+820	+710/+420	+570/+280	+285/+170	+172/+100	+122/+50	+61/+15	+29/0	+46/0	+72/0	+115/0	+185/0	+290/0	+460/0	±14.5	±23	+5/−24	+13/−33	+22/−50	−8/−37	0/−46	−22/−51	−14/−60	−41/−70	−33/−79	−67/−113	−123/−169	−179/−225	−267/−313
250	280	+1240/+920	+800/+480	+620/+300	+320/+190	+191/+110	+137/+56	+69/+17	+32/0	+52/0	+81/0	+130/0	+210/0	+320/0	+520/0	±16	±26	+5/−27	+16/−36	+25/−56	−9/−41	0/−52	−25/−57	−14/−66	−47/−79	−36/−88	−74/−126	−138/−190	−198/−250	−295/−347
280	315	+1370/+1050	+860/+540	+650/+330	+320/+190	+191/+110	+137/+56	+69/+17	+32/0	+52/0	+81/0	+130/0	+210/0	+320/0	+520/0	±16	±26	+5/−27	+16/−36	+25/−56	−9/−41	0/−52	−25/−57	−14/−66	−47/−79	−36/−88	−78/−130	−150/−202	−220/−272	−330/−382
315	355	+1560/+1200	+960/+600	+720/+360	+350/+210	+214/+125	+151/+62	+75/+18	+36/0	+57/0	+89/0	+140/0	+230/0	+360/0	+570/0	±18	±28	+7/−29	+17/−40	+28/−61	−10/−46	0/−57	−26/−62	−16/−73	−51/−87	−41/−98	−87/−144	−169/−226	−247/−304	−369/−414
355	400	+1710/+1350	+1040/+680	+760/+400	+350/+210	+214/+125	+151/+62	+75/+18	+36/0	+57/0	+89/0	+140/0	+230/0	+360/0	+570/0	±18	±28	+7/−29	+17/−40	+28/−61	−10/−46	0/−57	−26/−62	−16/−73	−51/−87	−41/−98	−93/−150	−187/−244	−273/−330	−414/−471
400	450	+1900/+1500	+1160/+760	+840/+440	+385/+230	+232/+135	+165/+68	+83/+20	+40/0	+63/0	+97/0	+155/0	+250/0	+400/0	+630/0	±20	±31	+8/−32	+18/−45	+29/−68	−10/−50	0/−63	−27/−67	−17/−80	−55/−95	−45/−108	−103/−166	−209/−272	−307/−370	−467/−530
450	500	+2050/+1650	+1240/+840	+880/+480	+385/+230	+232/+135	+165/+68	+83/+20	+40/0	+63/0	+97/0	+155/0	+250/0	+400/0	+630/0	±20	±31	+8/−32	+18/−45	+29/−68	−10/−50	0/−63	−27/−67	−17/−80	−55/−95	−45/−108	−109/−172	−229/−292	−337/−400	−517/−580